U0182941

城市空间信息学

主　编　蔡国印　李英冰　杜明义
参　编　刘　扬　曹诗颂　罗娜娜　徐世硕　陈　强

ZHEJIANG UNIVERSITY PRESS
浙江大学出版社
·杭州·

图书在版编目（CIP）数据

城市空间信息学 / 蔡国印，李英冰，杜明义主编
. — 杭州：浙江大学出版社，2023.7
ISBN 978-7-308-23729-1

Ⅰ．①城… Ⅱ．①蔡… ②李… ③杜… Ⅲ．①城市空
间－地理信息系统－高等学校－教材 Ⅳ．①TU984.11

中国国家版本馆 CIP 数据核字（2023）第 080849 号

城市空间信息学
CHENGSHI KONGJIAN XINXIXUE

蔡国印　李英冰　杜明义　主　编

责任编辑	吴昌雷
责任校对	王　波
封面设计	周　灵
出版发行	浙江大学出版社
	（杭州市天目山路148号　邮政编码310007）
	（网址：http://www.zjupress.com）
排　　版	杭州晨特广告有限公司
印　　刷	杭州杭新印务有限公司
开　　本	787mm×1092mm　1/16
印　　张	16
字　　数	350千
版 印 次	2023年7月第1版　2023年7月第1次印刷
书　　号	ISBN 978-7-308-23729-1
定　　价	45.00元

前　言

　　城市是人类群居生活的高级形式,是人类的交易中心和聚集中心。计算机技术、地理信息技术、云计算技术、物联网技术等的发展,在一定程度上改变了人们的生活,城市空间从物理城市、数字城市、智慧城市发展到新型智慧城市。在新工科思想指引下,本教材将基础理论与工程应用实践相结合,系统阐述了与城市空间信息相关的基本理论、技术方法和应用,为构建智慧城市服务。

　　本教材共分13章,其中第1章至第5章主要讲述城市空间信息概念、数据模型、数据获取、组织管理以及可视化表达。第6至12章结合具体工程实践介绍智慧国土空间规划、智慧交通、网格化城市管理、城市应急以及时空大数据。第13章结合云平台,介绍GEE支持下的城市空间监测方法。每章结束后附有思考题供学生对所学过的知识进行梳理,并鼓励学生通过资料收集、整理、研讨和探究的形式,加深对知识的理解。

　　本教材由北京建筑大学蔡国印副教授、杜明义教授、武汉大学李英冰教授负责全书的总体设计、组织、审校以及定稿等工作,并负责本书第1章、第2章、第3章、第5章、第6章、第10章和第11章内容的编写;北京建筑大学刘扬教授负责第8章内容的编写;曹诗颂博士负责第4章、第9章内容的编写;徐世硕副教授负责第7章内容的编写;罗娜娜副教授负责第12章内容的编写;陈强副教授负责第13章内容的编写。

　　本教材的出版得到中国高等教育学会工程教育专业委员会新工科专项教育基金和北京建筑大学教务处的大力支持。浙江大学出版社吴昌雷编辑为本书的出版付出了辛勤的劳动。在此一并表示衷心的感谢。

　　由于作者水平有限,书中难免有不妥之处,敬请读者予以批评指正。

CONTENTS >>> 目录

第8章　网格化城市管理系统

第9章　城市热环境遥感监测

第10章　城市灾害应急管理

第 **1** 章

城市空间信息概述

城市空间是地球空间上人居环境相对集中的地区,也是城市居民生产、生活所必需的活动空间。随着计算机技术、地理信息技术、网络通信技术、物联网技术以及云计算技术的发展,城市空间从数字化和信息化逐步走向智慧化发展。

1.1 城市空间信息

在当今信息时代,信息和知识已经成为生产力发展的决定性因素。信息的载体多为数据,对信息的进一步理解和挖掘则为知识,而智慧则是知识的融汇和贯通。

1.1.1 数据—信息—知识—智慧

1. 数据

数据是指那些未经加工的事实或着重对某一特定现象的客观描述,也就是人们为了反映客观世界而记录下来的可以鉴别的符号。它是客观事物的性质、属性、位置以及相关关系的抽象表示,是构成信息和知识的原始材料。数据是一种最普通,也是最关键的信息,其普通是由于其广泛存在,其关键在于其是形成信息、知识和智慧的源泉。

数据的载体多种多样,一些数值、字符、图表类型的数据在计算机出现以前多以数据、纸张、照片等形式呈现,而声音、视频等大都保存在磁带中。计算机的出现推动人类社会进入了数字时代,从而使当今社会中的绝大多数数据都以数字化的形式存在。对于任何类型的数据,如数字、文字、符号、声音、图像等,都可以转换成二进制数值的方式被计算机所接受。

2. 信息

有关信息的定义有很多种,它们从不同的侧面、不同的层次揭示了信息的特征与性质,但同时也都有这样或那样的局限。一般而言,信息一词有狭义和广义之分。狭义的信息理解为与数据等同。广义的信息指的是可以数字化的一切事物。信息是为了某些应用目的,经过选择、组织和处理后的数据,或者是经过解释后的数据。

人们一般说到的信息多指信息的交流,信息只有经过交流或传播,才能够被人们所利用。信息交流的范围、速度、形式及信息容量都产生了巨大的变化。这些变化不可避免地带来了信息量爆炸性的增长,促使人们发明更快、更有效的方法去处理和传播信息,又推动了信息革命的发展。

信息具有以下重要性质(边馥苓,2006)。

普遍性:信息是事物运动状态和状态变化的方式。因此,只要有事物存在,只要事物在不断地运动,就会有它们运动的状态和状态变化的方式,也就存在着信息,所以信息是普遍存在的,即信息具有普遍性。

无限性:整个宇宙时空中,信息是无限的,即使是在有限的空间中,信息也是无限的。一切事物运动的状态和方式都是信息,事物是无限多样的,事物的发展变化更是无限的,因而信息是无限的。

相对性:对同一个事物,不同的观察者所能获得的信息可能不同。

传递性:信息可以在时间上或在空间中从一点传递到另一点。

变换性:信息是可变换的,它可以用不同载体以不同的方式来载荷。

有序性:信息可以用来消除系统的不定性,增加系统的有序性。获得了信息,就可以消除认识主体对于事物运动状态和状态变化方式的不定性。信息的这一性质对人类具有特别重要的价值。

动态性:信息具有动态性质,一切信息都随时间而变化。因此,信息也是有时效的。信息是事物运动的状态和状态变化的方式,事物本身在不断发展和变化,因而信息也会随之变化。脱离了母体的信息因为不再能够反映母体的新的运动状态和状态的变化。它的效用就会降低,以致完全失去效用。这就是信息的时效性。所以,人们在获得信息之后,并不能就此满足,要及时让信息发挥效用,并不断进行补充和更新。

无损耗性:信息不同于能量,信息在传输过程中不会发生损耗。

数据和信息之间可以理解为:数据是处理过程的输入参数,而信息则是输出结果。数据是描述客观事实、概念的一组文字、数字或符号等,它是信息的素材,是信息的载体和表达形式。信息则是经过加工了的用于帮助人们做出正确决策的有用数据,它的表达形式是数据。根据不同的目的,可以从原始数据中得到不同的信息,同时也并非一切数据都能产生信息。

3. 知识

知识并非简单地从大量信息中提取出来的,知识可以被认为是基于某一特定的经验、目的或者应用而人为解译了的信息。比如,书本或者网络或者地图上的信息只有经过读者阅读和理解后才能变为知识。不同的读者对象,对信息的解译和使用的方式也存在很大不同,这主要依赖于作者以后的经验、技能和需求。

知识分为两类:隐性知识和编码知识。如果知识能够记录下来并能够很容易地传播给其他人,那么这类知识就是可编码的知识。编码知识是可以用语言、图形、符号、数字等明确地表示、表达、处理加工和传递的知识。它是潜在的可共享的知识,包括所谓事实知识、原理知识等。编码知识可以通过一定的信息技术手段转化为能为计算机所加工处理和传递的信息单位——比特(bit)。而隐性知识则不易获取且较难传播,包括信仰、隐喻、直觉、思维模式和所谓的"诀窍"。

知识具有如下特点:

无意识性,即意会知识的拥有者常常并没有意识到自己拥有的意会知识。

环境依赖性,即意会知识作用的发挥依赖特定的环境或氛围。

个体性,指意会知识的主要存在载体是个体。

来源于长期的经验体验,比如技能知识和人力知识等,即属于隐性知识。隐性知识是不能编码的知识,或者根据目前的理解和技术手段难以编码和估量的知识,它们不能被转化为比特的形式。对个人而言,掌握有价值的、独特的隐性知识无疑是重要的竞争性资源。

知识和信息的关系(Paul A. Longley 等,2005)可以理解为:

知识意味着博学。信息可以独立存在,但是知识却与人密切相关。

与信息比较,知识很难与有学问之人分开。人与人之间知识的传送、接收以及传播或者量化要比信息困难很多。

知识需要不同程度的消化。我们消化知识而非拥有知识。虽然我们可能会有相互冲突的信息,但是却很少拥有相互冲突的知识。

4. 智慧

相对于数据、信息和知识,要给出智慧的定义则更困难。一般而言,智慧基于可用的知识和证据,用于具有意见分歧的决策或策略的制定。智慧是高度个性化的,很难在群体中达成共识。智慧在决策制定的层次结构中处于最高层次,也是人类认知的知识层次中的最高一级。智慧同时也是人类区别于其他生物的重要特征。从决定制定的角度给出数据、信息、知识和智慧的比较如表1-1所示。

表1-1　决策支持层次结构序列

层次结构	共享程度的难易	实　例
智慧	难以共享,达成共识更困难	持股人共同制定所有人都接受的策略
知识	难以共享,尤其是对于隐性知识	关于位置和所关心问题的个人知识
信息	易于共享	由未经处理的地理事实所组成的数据库内容
数据	易于共享	原始的地理事实

总之,数据是对客观事物的数量、属性、位置及其相互关系进行抽象表示;信息是有一定含义的、有逻辑的、经过加工处理的、对决策有价值的数据流;通过人们的参与对信息进行归纳、演绎、比较等手段进行挖掘,使其有价值的部分沉淀下来,并与已存在的人类知识体系相结合,这部分有价值的信息就转变成知识;而智慧则是人类基于已有的知识,针对物质世界运动过程中产生的问题,根据获得的信息进行分析、对比、演绎,找出解决方案的能力。这种能力运用的结果是将信息的有价值部分挖掘出来并使之成为知识架构的一部分。简言之,

数据即为事实的记录,信息即为加入了人为理解的数据,知识即为解决问题的技能,智慧则是知识的融合、贯通和决策。

1.1.2 空间数据和空间信息

空间数据是指以地球表面空间位置为参照的自然、社会、人文、经济数据,可以是图形、图像、文字表格和数字等。空间数据所表达的信息即为空间信息,反映了空间实体的位置以及与该实体相关联的各种附加属性的性质、关系、变化趋势和传播特性等的总和。在实际应用中,空间数据与空间信息交互运用。

空间信息具有定位、定性、时间和空间关系等特性。定位是指在已知的坐标系里空间目标都具有唯一的空间位置;定性是指有关空间目标的自然属性,它与目标的地理位置密切相关;时间是指空间目标随时间的变化而变化;空间关系通常用拓扑关系表示。

空间数据描述的是现实世界各种现象的三大基本特征:空间、时间和专题属性。

1. 空间特征

空间特征是空间信息系统所独有的,是区别于其他信息的一个显著标志。空间特征是指空间地物的位置、形状和大小等几何特征,以及与相邻地物的空间关系。空间位置可以通过坐标来描述。地理信息中地物的形状和大小一般也是通过空间坐标来体现的。长方形的实体,在大多数GIS软件中也是由4个角点的坐标来描述的。而GIS的坐标系统也有相当严格的定义,如经纬度地理坐标系、一些标准的地图投影坐标系或任意的直角坐标系等。

空间特征不但有助于物体的位置和形态的分析,同时还是空间实体相互关系处理分析的基础。如果不考虑地理物体的空间性,空间分析就失去了意义。在地理信息系统中,直接存储的是空间目标的空间坐标。对于空间关系,有些GIS软件存储地物的空间关系,如相邻、连接等。而大部分空间关系则是通过空间坐标进行运算得到的,比如包含关系、通过而不相交关系等。事实上,空间目标的空间位置就隐含了各种空间关系。

2. 时间特征

严格来说,空间数据总是在某一特定时间或时间段内采集得到或计算得到的。由于有些空间数据随时间的变化相对较慢,因而有时被忽略。而在许多其他情况下,GIS的用户又把时间处理成专题属性,或者说,在设计属性时,考虑多个时态的信息,并可以利用多时相数据进行时空分析及动态模拟。

3. 专题特征

专题特征亦指空间现象或空间目标的属性特征,它是指除了时间和空间特征以外的空间现象的其他特征,如地形的坡度、坡向、某地的年降雨量、土地酸碱度、土地覆盖类型、人口密度、交通流量、空气污染程度等。这些属性数据可能是由专人采集,也可能从其他信息系统中收集,因为这类特征在其他信息系统中都可能被存储和处理。

1.1.3 城市空间信息

城市空间信息即是与城市这个特殊的区域相关联的地理空间信息的总称(余柏蒗，2009)。城市是地表上人居环境相对集中的地区，也是城市人们生产、生活所必需的活动空间。城市空间是以地表为依托，向空中和地下略有延伸的立体空间。因此，城市空间可以划分为地表、地上和地下三个部分，相应地，可以将城市地物划分为地表地物、地上地物和地下地物。地表地物要素主要包括地形、植被、建筑物、构筑物、道路等；地上地物要素主要包括地上轻轨、高架桥等；地下地物要素包括地铁、地下管线以及地下水等。此外，城市中还有一些有意义的空间现象，如行政界线、地籍界线、温度场、降雨量和人口分布等。

这些城市空间信息具有以下一些共同的特点(唐宏、盛业华，2000)。

(1)城市地物一般直接与地表相连或邻近。沿地面方向上，彼此独立性较强，以关联关系为主；在垂直方向上，存在覆盖或部分覆盖的方位关系，这种关系大多数是以地表为中介进行传递，即很少存在空间地物之间的覆盖且邻接的空间关系。因此，城市空间地物之间的三维空间关系较简单。

(2)城市地物由人工地物和自然地物组成，并以人工地物为主。人工地物多为规则地物，可以方便地进行模拟，即可以利用三维建模工具进行三维建模。

(3)绝大多数城市空间地物是根据人们的不同需要而设计和建造的。因此，它们具有动态变化的特点。

(4)城市空间现象变化多为空间位置到属性值的变换函数，即空间现象也是一种空间场。

城市空间基础信息指的是在一定尺度下，能完整地描述城市自然和社会形态的地物地貌信息(如建筑物、道路、水系、绿地等)、管理境界信息(各级行政管理单元边界，如市、区、街道办事处和重要单位界域及地理分区等)以及它们的基本属性信息。这里的空间基础信息不仅包括城市测绘所关心的地形信息，而且包含有关管理境界等信息以及它们相对应的基本属性信息。与全国范围的中小比例尺空间基础信息相比，城市空间基础信息具有尺度大、空间分辨率高、内容复杂、类型多样、变化速度快、获取与更新所需时间长、生产费用高等特点(钱健，2007)。

就城市部门和行业应用所涉及的基础空间信息类型而言，共包含 7 大类，即大地测量控制、数字正射影像、数字高程、交通、水文、行政单元和地籍及相关数据(李成名等，2005；肖建华等，2006)。

(1)大地测量控制数据：大地测量控制点坐标是获得其他地理特征的精确空间位置的基础。大地测量控制数据包括大地测量控制点的名称、标识码、经纬度和高程。

(2)数字正射影像数据：正射影像指消除了由于传感器倾斜、地形起伏及地物影响等所引起的畸变后的影像,具体指经过几何校正和正射处理后的数字遥感影像,可以是航空影像,也可以是航天影像。数字正射影像是信息提取和制作影像地图的基础。

(3)数字高程数据:指区域地面高程的数字表示,是建立在地图投影平面上的规则格网点的平面坐标(X,Y)及其高程(Z)的数据集,是基础地理信息系统空间分析所需的核心数据,包括陆地高程数据和水深数据。

(4)交通数据:包括各级公路、铁路、水运中心线、机场、港口、桥梁和隧道数据。

(5)水文数据:包括河流、湖泊和海岸线数据。

(6)行政单元:包括国家、省、区、市和县以及乡的行政边界和代码。

(7)地籍及相关数据:包括土地利用类型、地籍管理数据、房产数据等。

1.2 城市空间信息学的学科基础

地球空间信息科学是以全球定位系统(GPS)、地理信息系统(GIS)、遥感(RS)等空间信息技术为主要内容,并以计算机技术、通信技术、物联网技术、云计算技术等为主要技术支撑,用于采集、量测、存储、管理、分析、显示、传输和应用与地球和空间分布有关的数据的一门综合性和集成性的信息科学和技术(李德仁,1998),是地球信息科学的重要组成部分。

地球空间信息,广义上指各种机载、星载、车载和地面测地遥感技术所获取的地球系统各圈层物质要素存在的空间分布和时序变化及其相互作用的信息的总体。近几十年来,空间定位技术、航空航天遥感技术、地理信息系统技术和计算机网络等现代技术的发展及其相互渗透,逐渐形成了地球空间信息的集成化技术系统,使得人们能够快速、及时和连续不断地获得有关地球表层及其环境的大量几何与物理信息,形成地球空间信息流和数据流,从而促成了地球空间信息科学的产生。

地球空间信息科学不仅包含了现代测绘科学技术的全部内容,而且体现了多学科的交叉与渗透,并特别强调了计算机技术的应用。它不局限于数据的获取和采集,而是强调从采集到存储、管理、处理、分析、显示和发布的全过程。地球信息科学的这些特点,标志着测绘科学由单一学科走向多学科的交叉与渗透:从利用地面测量仪器进行局部地面数据采集到利用各种机载、星载传感器实现对地球整体的、连续的、长时间的数据采集;从提供静态测量数据和地图产品到实时提供随时空变化的测量数据和地图产品。

地球空间信息科学的主要研究内容包括地球空间信息的基准、标准化、时空变化、组织、空间认知、不确定性、解译与反演、表达与可视化等基础理论,及空间定位技术、航空航天遥感技术、地理信息系统技术和数据通信技术等基础技术(王家耀,2004)。

地理信息科学整合了地理学、地球科学、计算机科学、认知学和制图学,从而成为一门崭新的、多学科的、关注空间表达概念和空间计算的交叉学科。地理信息科学这个术语最早出现在 Michael F. Goodchild 于 1992 年在 *International Journal of Geographical Information Science* 上发表的一篇文章中。文章指出了地理信息系统应用中引发的一系列新的问题,对这些问题的系统研究可以形成一门科学,主要研究地理信息生成、处理、存储和应用地理信息过程中出现的基本问题(Longley,2005)。

城市空间信息学在地球空间信息科学框架下,以计算机和通信的当代发展为基础,利用新技术、新方法来理解、管理和设计城市。城市信息学将城市科学、地球空间信息科学和信息学相结合,基于多学科交叉的方法开展城市系统研究。城市科学提供对城市区域的各类活动、位置及流动的研究;地球空间信息学测量现实世界中的时空要素和动态城市对象,并为所探测数据的处理、管理提供科学理论和技术方法;信息学则提供信息处理、信息系统、计算机科学和统计的科学和技术以支持开发城市应用方面的探索。

在城市科学、地球空间信息学、信息学的支持下,城市空间信息学以计算技术为核心,基于新的传感技术、新的空间数据科学、新的分析方法,从空间计量经济学等传统统计方法,到机器学习的新发展,使得分析人员能够以前所未有的方式探索大数据,进而能够快速、深入地理解城市的运行方式,回答不同类型、不同规模城市产生的原因,城市的动态变化如何反映其扩张及衰退进程(Shi,2021)。

1.3 城市空间信息学的应用范畴

"数字城市"和"智慧城市"是城市空间信息学目前主要的应用领域。实际上,智慧城市是由"数字地球"发展而来的,其中经历了从概念"数字地球"到具体应用"数字城市",再由概念"智慧地球"到具体应用"智慧城市"的发展过程。具体沿革路径如图 1-1 所示。

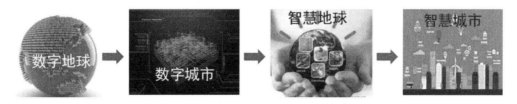

图 1-1 从数字地球到智慧城市

1.3.1 数字城市

伴随着城市的发展历程,信息化也经历了不同的发展阶段。1993 年 9 月美国启动"信息高速公路"计划。1995 年我国推动全国信息化的"八金"工程,这可以理解为城市信息化建设开始起步的标志。1998 年美国副总统戈尔提出"数字地球"概念。"数字化舒适社区建设"标志着城市信息化开始步入数字城市建设新阶段(李德仁,2018)。

我国已有上千个城市初步建成数字城市基础框架,国家测绘地理信息局发布在互联网上的"天地图"成为数字中国和数字城市的载体,已有数亿网民使用。数字城市是城市地理信息与城市其他信息相结合并存储在计算机网络上的、能供用户访问的一个将各个城市和城市外的空间连在一起的虚拟空间,是数字地球的重要组成部分,是赛博空间的一个子集。数字城市为城市规划、智能化交通、网格化管理和服务、基于位置的服务、城市安全应急响应等创造了条件,是信息时代城市和谐发展的重要手段。数字城市发展至今取得了很多成就。

数字城市是数字地球的重要组成部分,数字地球以空间位置为关联点整合相关资源(以地理信息系统和虚拟现实技术集成各类数据资源),实现了"秀才不出门、能知天下事"。基于这样的技术体系,数字城市实现了物理城市的数字化,通过数字化将物理城市装到电脑里,可以虚拟地展现城市的全貌,实现辅助规划、设计、城管、导航和决策等信息服务。但是,数字城市是一个"cyber space",只能实现"see everything on Web"。随着物联网技术的出现,通过物联网技术可将物理城市与数字城市信息有效融合。这样的需求呼唤着智慧城市的出现。

1.3.2 智慧城市

随着"数字地球"正向"智慧地球"转型,"智慧城市"孕育而生。世界将继续"缩小""扁平化"和"智慧",我们正在迈入全球一体化和智慧的经济、社会的时代。同时,智慧城市目前已经成为推进全球城镇化、提升城市治理水平、破解大城市病、提高公共服务质量、发展数字经济的战略选择。

1. 智慧城市的概念和内涵

早在2009年,IBM公司首席执行官彭明盛提出"智慧地球"这一概念,并建议新政府投资新一代的智慧型基础设施,后来逐渐发展到可操作的"智慧地球具体应用",即"智慧城市"。智慧城市是数字城市与物联网和云计算等技术有机融合的产物。基于数字城市的基础框架,各类物联网传感器将人及其相关的固定或移动物品连接起来,并将海量数据的存储、计算和交互服务交由云计算平台在"云端"处理,按照处理结果对城市实施实时自动化控制,就可以实现智慧的城市服务。

故而,有学者这样解释"智慧城市"的概念,说它是在数字城市建立的基础框架上,通过物联网将现实城市与数字城市进行有效融合,自动和实时地感知现实世界中人和物的各种状态和变化,由云计算中心处理其中海量和复杂的计算与控制,为城市运行管理、经济发展和大众民生提供各种智能化的服务。也有学者从时空信息角度对"智慧城市"进行了阐述,即它是基于统一的时空基准,将传感器装备到城市生活的各种物体上,通过超级计算机和云计算实现物联网整合,以实现智慧的服务。

这些概念共同关注的是如何高效地把各类传感器连接起来,形成物联网,并通过超级计算机和云计算对物联网获取的信息进行实时分析并控制,实现数字城市与现实世界的有机融合。在此基础上,可以在实时海量信息的辅助下,采取更加精细和高效的方式管理人类的生产和生活,从而达到智慧状态。

可以说,智慧城市是在城市全面数字化基础之上建立的可视、可量测、可感知、可分析、可控制的智能化城市管理与运营机制,包括城市的网络、传感器、计算资源等基础设施,以及在此基础上通过对实时信息和数据的分析而建立的城市信息管理与综合决策支撑等平台。在智慧城市中,我们将充分享受到智慧的电网、智慧的交通、智慧的医疗、智慧的教育、智慧的城管和智慧的应急等应用系统通过公共服务平台为每个人提供的定制化、个性化的服务,城市居民的生活将更加便捷、舒适和安全。

智慧城市理论研究在中国尚处于起步阶段,对其内涵的界定尚未形成统一的认识,目前主要从以下三种不同的角度切入。

(1)城市运行模式角度。智慧城市是"运用物联网基础设施、云计算、大数据、地理空间信息集成等新一代信息技术,促进城市规划、建设、管理和服务智慧化的新理念和新模式"。以科技公司为代表的城市运行模式强调信息技术支撑、核心系统内的数据和信息、智慧化手段,其目的是实现产业升级、高效管理和民生保障;以研究学者为代表的城市管理运营模式观点认为,智慧城市是一种智能化的数字城市与物联网相结合的产物。

(2)城市发展角度。从城市发展角度,可以认为智慧城市是城市经济、社会、自然和谐发展的新模式;是综合城市运行管理、产业发展、公共服务、行政效能为主的城市全面发展战略,是现代城市发展的高端形态;也是当今城市发展的新理念和新模式,是推动政府职能转变、推进社会管理创新的新手段和新方法,是新一代信息技术创新应用与城市转型发展深度融合的产物,是城市走向绿色、低碳、可持续发展的本质需求。

(3)系统论角度。从系统论出发,可以认为智慧城市是一个由新技术支持的涵盖市民、企业和政府的新城市生态系统。而这个系统是物理系统、社会系统与信息技术系统耦合的复杂系统,其着眼点在于数据、信息和知识的处理能力。另外,也有专业机构研究认为,智慧城市是对城市地理、资源、生态、环境、人口、经济、社会等复杂系统的全面网络化管理,对城市基础设施与生活发展相关的各方面内容进行全方面的数字化和信息化处理的,具有服务与决策功能的信息体系。

尽管不同的学者、专家、机构、企业、城市对智慧城市的理解存在差异,但智慧城市内涵界定有共同点和交叉点,即人、数据和信息、技术体系及物理系统共同构成智慧城市系统概念,以利用信息技术对城市管理与服务领域进行智慧化提升是智慧城市的出发点,以智慧基础设施、公共服务、产业体系、资源整合、安全保障、人文建设等方面为主要内容,以实现城市科学发展、高效管理与市民生活更美好为落脚点。

2. 智慧城市的特征

将数字城市与物联网以及云计算技术结合起来所形成的智慧城市应具备以下特征。

（1）智慧城市建立在数字城市的基础框架上

数字城市将城市中各类信息按照地理分布的方式统一建立索引和模型，为数字化的传感和控制提供了基础框架。智慧城市需要依托数字城市建立起来的地理坐标和城市中的各种信息（自然、人文、社会等）之间的内在有机联系和相互关系，增加传感、控制以及分析处理的功能。

（2）智慧城市包含物联网和云计算

在有了基础框架后，智慧城市还需要进行实时的信息采集、处理分析与控制，如同人除了躯干外，还需要触觉、视觉等用于采集信息，需要大脑处理复杂的信息，需要四肢来执行大脑的控制命令。物联网和云计算就是实现这些功能的关键。物联网和云计算的核心和基础是互联网，其用户端延伸和扩展到了任何物品与物品之间，使它们相互进行信息交换和通信，弹性地处理和分析。智慧城市中的物联网和云计算应该包括以下四个方面。

①智能传感网：利用 RFID 和二维码等物联设施随时随地获取物体的信息和状态。

②智能安全网：通过在互联网、广播网、通信网、数字集群网等各类型网络中建立各类安全措施，将物体的信息和状态实时、安全地进行传递。

③云计算智能处理：在云端采用各种算法和模型，实时对海量的数据和信息进行分析和处理，为实时控制和决策提供依据。

④智能控制网：采集的信息经过云端智能处理后，根据实际情况实时地对物体实施自动化、智能化的控制，更好地为城市提供相关服务。

（3）智慧城市面向应用和服务

智慧城市中的物联网包含传感器和数据网络，与以往的计算机网络相比，它更多的是以传感器及其数据为中心。与传统网络建立的基础网络适用于广泛的应用程序不同，由微型传感器节点构成的传感器网络则一般是为了某个特定的应用而设计的。它面向应用的、通过无线或有线网络节点相互协作地实时监测和采集分布区域内的各种环境或对象信息，并将数据交由云计算进行实时分析和处理，从而获得详尽而准确的数据和决策信息，并将其实时推送给需要这些信息的用户。

（4）智慧城市与物理城市融为一体

在智慧城市中，各节点内置有不同形式的传感器和控制器，可用以测量包括温度、湿度、噪声、位置、距离、光强度、压力、土壤成分、移动物体的大小和速度及方向等城市中的环境和对象数据，还可通过控制器对节点进行远程控制。随着传感器和控制器种类和数量的不断增加，智慧城市将城市与电子世界的纽带直接融入现实城市的基础设施中，自动控制相应的城市基础设施，自动监控城市空气质量、交通状况等，与现实城市融为一体。

（5）智慧城市能实现自主组网和自维护

智慧城市中的物联网需要具有自组织和自动重新配置的能力。单个节点或者局部节点由于环境改变等原因出现故障时，网络拓扑应能根据有效节点的变化而自适应地重组，同时自动提示失效节点的位置及相关信息。因此,网络还应具备维护动态路由的功能,保证不会因为某些节点出现故障而导致整个网络瘫痪。

3. 智慧城市的发展态势

近年来,我国智慧城市快速发展,成效显著。我国智慧城市发展大体上经历了四个阶段。

第一阶段为探索实践期,是从2008年智慧城市概念提出到2014年,其主要特征是各部门、各地方按照自己的理解来推动智慧城市建设,相对分散和无序。

第二阶段为规范调整期,是从2014年至2015年,其主要特征是国家层面成立了"促进智慧城市健康发展部际协调工作组",各部门不再单打独斗,开始协同指导地方智慧城市建设。

第三个阶段为战略攻坚期,是从2015年到2017年,其主要特征是提出了新型智慧城市理念并上升为国家战略,智慧城市成为国家新型城镇化的重要抓手,重点是推动政务信息系统整合共享,打破信息孤岛和数据分割。

第四个阶段为全面发展期,是从党的十九大召开到现在,其主要特征是各地新型智慧城市建设加速落地,建设成果逐步向区县和农村延伸。党的十九大提出建设智慧社会。智慧社会是智慧城市概念的中国化和时代化,更加突出城乡统筹、城乡融合发展,为深入推进新型智慧城市建设指明了发展方向。

在新一轮的信息化建设热潮中,智慧城市将带给我们全新的信息生活感受,焕发其无穷魅力。智慧城市将是未来城市的发展趋势,包括智慧的交通、智慧的商业、智慧的公共安全、智慧的居民健康和教育、智慧的环境等,这些城市系统构成了智慧城市的"神经元"。智慧城市延展和拓宽了城市信息化的新内涵,为城市管理和信息化专家、IT厂商提供了一个交流互动的平台,必定会促进智慧城市神经元的形成和有机发育。而城市空间信息,作为智慧城市建设中必不可少基础信息,也将支撑智慧城市里的各个关键系统和参与者进行和谐高效的协作,推动智慧城市从量变到质变。

思考题

1. 请查阅资料,探究物理城市、数字城市、智慧城市的内涵。

2. 请查阅资料,分析数字城市、智慧城市、新型智慧城市构建需要的关键技术,并探讨空间信息技术在其中如何发挥作用。

本章教学视频及课件

教学视频

课件

第 2 章

城市空间信息描述

对空间信息的正确认知和描述是建立数据模型和进行数据管理的关键。本章主要阐述城市空间认知的基本理论和方法,几种主要的城市空间关系、空间参照以及各坐标系之间的转换,以及空间数据模型和城市信息模型。

2.1 城市空间认知

认知(cognition)是一个人认识和感知其于生活过程中所经历的各个过程的总称,包括感受、发现、识别、想象、判断、记忆、学习等。奈瑟尔(Neisser)把认知定义为"感觉输入被转换、简化、加工、存储、发现和利用的诸过程"。可以说,认知就是"信息获取、存储转换、分析和利用的过程",简言之认知就是"信息的处理过程"。

20世纪50年代初,信息科学和计算机科学的问世给了人们一个很重要的启示:人脑就是一个加工系统,人们对外界的知觉、记忆、思维等一系列认知过程,可以看成是对信息的产生、接收和传递的过程。计算机和人脑两者的物质结构大不一样,但计算机所表现出的功能和人的认知过程却是如此的类同,即两者的工作原理是一致的,都是信息加工系统:输入信息、进行编码、存储记忆、输出结果。

空间认知是对结构、实体和空间关系的内心描绘或认识,即对空间和思想的重建和内在反映。地理(地球)空间认知,是研究人们怎样认识自己赖以生存的环境(地球的四大圈层及其相互关系),包括其中的诸事物、现象的相互位置、空间分布、依存关系,以及它们的变化和规律。对"空间"这一概念的强调,是因为我们所认知的对象是多维的、多时相的,且存在于地球空间之中。

地球空间认知通常是通过描述地理环境的地图或图像来进行的,即所谓的"地图空间认知"。地图空间认知中的两个重要概念:一是认知地图(cognitive mapping);二是心象地图(mental map)。认知地图,可以发生在地图的空间行为过程中,也可以发生在地图使用过程中。所谓空间行为,是指人们把原先已经知道的长期记忆和最新获取的信息结合起来后的决策过程的结果。基于地图的空间行为如利用地图进行定向、觉察环境的变化以及环境记忆等行为。心象地图,则是不呈现在眼前的地理空间环境的一种心理表征,是在过去对同一地理空间环境多次感知的基础上形成的,因此,心象地图是间接和概括性的,具有不完整性、变形性、差异性和动态交互性。心象地图可以通过实地考察、阅读文字材料、使用地图等方式建立起来。

地理（地球）空间认知包括感知过程、表象过程、记忆过程和思维过程等基本过程。地理空间认知的感知过程，是研究地理实体或地图图形（刺激物）作用于人的视感觉器官产生的对地理空间的感觉和知觉的过程。地理空间认知的表象过程，是研究在知觉基础上产生表象的过程，它是通过回忆、联想，将在知觉基础上产生的映像再现出来。地理空间认知的记忆过程，是人的大脑对过去经验中发生过的地理空间环境的反映，分为感觉记忆、短时记忆、长时记忆、动态记忆和联想记忆。其中，感觉记忆是指视觉器官感应到刺激时所引起的短暂（一般按几分之一秒计）记忆；短时记忆是指感觉记忆中能保存到 20 秒以下的记忆；长时记忆指保持时间在一分钟以上的信息存储；动态记忆指随着现实世界客观事物的不断变化如何组织记忆。空间信息系统中各种灵活多样的信息查询功能，信息的增加、删除、修改功能，就是计算机模拟人脑动态记忆过程的最好例证；联想记忆是指通过与其他知识的联系所获取的记忆。地理空间认知的思维过程，是地理空间认知的高级阶段，它提供关于现实世界客观事物的本质特性和空间关系的知识，在地理空间认知过程中实现着"从现象到本质"的转化，同样具有概括性和间接性（王家耀，2004）。

城市认知的地理学研究主要包括城市意象研究、地名认知研究、距离认知与城市空间认知扭曲研究。城市意象研究开创城市认知研究的先河，关注城市地标、节点、路径、区域、边界五个意象要素出现的频率，重点在于绘制城市意象空间图，是城市居民认知空间的可视化解析。城市意象空间图是城市空间在居民头脑中的显现，是城市居民对城市内各场所位置关系、场所属性、情感的综合反映，具有明显的结构特征和居民属性差异（许洁等，2011）。

2.2 城市空间参照系统

空间参考系是地面实体与数字几何对象之间对应的数学基础，具有定位基准的作用，是城市基础空间地理信息的基础。目前常用的空间参考系包括 CGCS2000 国家大地坐标系、1954 北京坐标系、1980 西安坐标系、世界坐标系 WGS-84、城市地方坐标系等。

空间定位控制点包括平面控制点、高程控制点、重力基本网点、重力加密网点等（肖建华，2006）。

2.2.1 地球的几何模型

地球的形状近似于球体，其自然表面是一个十分不规则的曲面，高低起伏不平。陆地上最高点和海洋中最低点相差近 20km。为了准确表达空间信息，常选用一个与大地球体相近的、可以用数学方法表达的旋转椭球来代替大地球体，通常称为地球椭球体，简称椭球体。凡是能与局部地区的大地水准面拟合最好的旋转椭球，就称为参考椭球。目前，世界上有许多的国家的学者根据不同的资料来源以及地区情况，提出了诸多不同参数的参考椭球。

我国在1952年以前主要采用的是海福特椭球体,从1953年到1980年采用克拉索夫斯基椭球体,1980年到2008年采用的是1980年大地参考系统GRS80(geodetic reference system of 1980),2008年至今采用的是CGCS 2000(China Geodetic Coordinate System 2000)椭球。

2.2.2 坐标系

坐标系是指确定地面点或空间目标位置所采用的参考系。人们要表达空间信息的准确位置,必须建立坐标参考,并在一定的坐标参考下进行表述。在当前各种智慧城市相关工程建设中,为各类要素建立一个坐标系是首要的内容和基础性工作。

1. 地理坐标系

用地理经度和地理纬度表示地面上点的位置的球面坐标为地理坐标。地理坐标系是以地理极(北极、南极)为极点。地理极是地轴(地球椭球体的旋转轴)与椭球面的交点。所有含有地轴的平面,均称子午面。子午面与地球椭球体的交线,称为子午线或经线。经线是长半径为 a,短半径为 b 的椭圆。所有垂直于地轴的平面与椭球体面的交线,称为纬线。纬线是不同半径的圆,赤道是其中半径最大的纬线(张超,2008)。

经纬度的测定方法主要有两种,即天文磁测量和大地测量。以大地水准面和铅垂线为依据,用天文测量的方法,可获得地面点的天文经纬度。测有天文经纬度坐标 (λ, Φ) 的地面点,称为天文点。以旋转椭球和法线为基准,用大地测量的方法,根据大地原点和大地基准数据,由大地控制网逐点推算各控制点的坐标 (L, B),称为大地经纬度。根据地理坐标系,地面上任一点的位置可由该点的纬度和经度来确定。

2. 平面坐标系

将椭球面上的点,通过投影的方法投影到平面上时,通常使用平面坐标系。平面坐标系分为平面极坐标系和平面直角坐标系。平面极坐标系采用极坐标法,即用某点至极点的距离和方向来表示该点的位置的方法来表示地面点的坐标。主要用于地图投影理论的研究。平面直角坐标系采用直角坐标(笛卡儿坐标)来确定地面点的平面位置。

2.2.3 坐标转换

1. 常用坐标系简介

(1)参心坐标系。参心坐标系是各个国家为了研究局部地球表面的形状,在使地面测量数据归算至椭球的各项改正数最小的原则下,选择和局部区域的大地水准面拟合最好的椭球作为参考椭球建立的坐标系。"参心"指参考椭球的中心。

①1954北京坐标系。1954北京坐标系是新中国成立以后我国建立的第一个大地坐标系。其参考椭球是苏联的克拉索夫斯基椭球,大地原点在苏联的普尔科沃。1954北京坐标系实际上是苏联普尔科沃坐标系在中国境内的延伸。其控制网先按一等三角锁分区局部平差,再进行二等网平差,然后逐级控制平差。受技术条件所限,1954年北京坐标系存在如下

缺陷与不足(裴俊红,2012):①所采用椭球参数误差较大;②克拉索夫斯基椭球仅有两个几何参数:长半轴和扁率,不能满足现代大地测量的需求;③椭球定位所确定的椭球面与我国大地水准面符合较差,由西向东存在着明显的系统倾斜,其数值最大达60余米;④椭球短半轴指向不明,与现在通用的地极不一致;⑤坐标精度差,不同区域的尺度差异很大。坐标传递的积累误差也很明显。

②1980西安坐标系。1980西安坐标系是在1954北京坐标系的基础上对全国天文大地网进行整体平差后建立的。其大地原点在陕西省泾阳县,椭球参数采用1975年国际大地测量与地球物理联合会(IUGG)第16届大会推荐的参数,椭球定位时按我国范围内高程异常值平方和最小为原则求解参数。高程基准为1956年青岛验潮站求出的黄海平均海水面。同1954年北京坐标系相比,1980西安坐标系由于采用严密平差,大地点的精度大大提高,最大点位误差在1米以内,边长相对误差为1/20万;此外,在全国范围内,参考椭球面和大地水准面符合很好,高程异常为零的两条等值线穿过我国东部和西部,大部分地区高程异常值在20m以内,它对距离的影响小于1/30万。由于参考椭球、定位、定向及平差方法的不同,1980年西安坐标系平差后提供的大地点成果和1954年北京坐标系的成果存在差异。

③独立坐标系。独立坐标系主要是根据城市或工程建设需求而建立的,控制网普遍采用传统的三角导线方法布测,其主要特点是限制长度变形,要求实地量测边长与坐标反算边长应满足2.5cm/km。一般情况下,建立独立坐标系采用国家坐标系椭球参数,根据城市或区域中心的地理位置设定高斯投影中央子午线,或以测区平均高程面作为坐标投影面,通过抬高或降低坐标投影面的方法解决变形问题;有些独立坐标进行加常数或者平移旋转变换等。

(2)地心坐标系。地心坐标系是以地球质量中心为原点的坐标系,其椭球中心与地球中心重合,且椭球定位与全球大地水准面最为密合。

①2000国家大地坐标系(CGCS 2000)。1954年北京坐标系、1980年西安坐标系在我国的经济建设和国防建设中发挥过巨大作用,但其成果受当时的技术条件制约,精度偏低,已不能适应科学技术特别是空间技术的发展需要。我国于2008年7月1日起启用了CGCS2000地心坐标系(程鹏飞,2017)。2000国家大地坐标系的原点为包括海洋和大气的整个地球的质量中心。其Z轴由原点指向历元2000.0的地球参考极的方向,该历元的指向由国际时间局给定的历元为1984.0作为初始指向来推算,X轴由原点指向格林尼治参考子午线与地球赤道面(历元2000.0)的交点;Y轴与Z轴、X轴构成右手正交坐标系。

②WGS-84坐标系。WGS-84坐标系的原点为地球质心;Z轴指向BIH 1984.0定义的协议地极(CTP),X轴指向BIH 1984.0定义的零子午面与CTP相应的赤道的交点;Y轴与Z轴、X轴垂直构成右手坐标系,其椭球采用国际大地测量与地球物理联合会第17届大会大地测量常数推荐值。WGS-84坐标系由全球分布的26个监测站的坐标来实现,这些监测站就是WGS-84坐标系的框架点。

2. 空间转换思想与转换模型

在同一椭球内的坐标转换是基于严密的数学模型的。而采用不同参考椭球的坐标系之间的转换,则是不严密的。即 WGS-84 坐标与 1954 北京坐标、1954 北京坐标与 1980 西安坐标之间的转换是不严密的。它们之间不存在一套转换参数可以在全国范围内通用,每个地方的转换参数均存在差异。因此每个地方的转换参数都要分别求取。

在进行空间转换时,当工作区内有足够的已知两个坐标系的坐标时,首先选择 3 对高精度的控制点坐标对,这 3 个点应尽量布设均匀,各边边长应尽量接近,从而构成稳定的图形条件。

(1)布尔莎七参数转换模型

七参数法是比较严密的不同椭球间的坐标转换方法(冯帅,2008),即 X 平移(ΔX)、Y 平移(ΔY)、Z 平移(ΔZ)、X 旋转(ε_x)、Y 旋转(ε_y)、Z 旋转(ε_z)、尺度参数 k。布尔莎七参数模型表达如下:

$$\begin{bmatrix} X_A \\ Y_A \\ Z_A \end{bmatrix} = \begin{bmatrix} \Delta X \\ \Delta Y \\ \Delta Z \end{bmatrix} + (1+k) \begin{bmatrix} 1 & \varepsilon_z & -\varepsilon_y \\ -\varepsilon_z & 1 & \varepsilon_x \\ \varepsilon_y & -\varepsilon_x & 1 \end{bmatrix} \begin{bmatrix} X_B \\ Y_B \\ Z_B \end{bmatrix} \tag{2.1}$$

由公式(2.1)可知,如果需要计算两个坐标系转换的七参数,需要在一个地区有 3 个以上的公共已知点。利用已知公共点坐标,求得七参数后,把转换点坐标代入公式(2.1),即可以实现从一个坐标到另一个坐标的转换。

①七参数的计算

·将 3 个已知点的 1954 北京平面坐标根据克拉索夫斯基椭球参数进行高斯反算,由公式(2.2)求出这 3 个点的空间大地坐标:

$$\begin{cases} B = Bf - \left[1 - \left(b_4 - 0.12Z^2 \right) Z^2 \right] Z^2 b_2 \rho \\ l = \left[l - \left(b_3 - b_5 Z^2 \right) Z^2 \right] Z \rho \\ L = L_0 + l \\ Bf = \beta + \left\{ 50221746 + \left[293662 + \left(2350 + 22\cos^2\beta \right) \cos^2\beta \right] \cos^2\beta \right\} \times 10^{-10} \sin\beta\cos\beta \times \rho \\ \beta = X\rho/6367558.4969 \\ Z = Y/\left(Nf\cos^2\beta \right) \\ Nf = 6399698.902 - \left[21562.267 - \left(108.973 - 0.312\cos^2 Bf \right) \cos^2 Bf \right] \cos^2 Bf \\ b_2 = \left(0.5 + 0.003369\cos^2 Bf \right) \sin Bf \cos Bf \\ b_3 = 0.333333 - \left(0.166667 - 0.001123\cos^2 Bf \right) \cos^2 Bf \\ b_4 = 0.25 + \left(0.16161 + 0.00562\cos^2 Bf \right) \cos^2 Bf \\ b_5 = 0.2 - \left(0.1667 - 0.0088\cos^2 Bf \right) \cos^2 Bf \end{cases} \tag{2.2}$$

式中,B 表示大地坐标的纬度,L 表示大地坐标的经度,L_0 为中央子午线的经度,X,Y 为 1954

北京平面坐标,$\rho = 206264.806$。上式的高斯反算是由泰勒级数展开式舍去高于 6 次项的结果,计算经度可达 0.0001s。

·根据北京 54 坐标系的椭球体由公式(2.3)将空间大地坐标 $(B,L)^T$ 换算成空间直角坐标 $(X_{54}, Y_{54}, Z_{54})^T$

$$\begin{bmatrix} X \\ Y \\ Z \end{bmatrix} = \begin{bmatrix} N\cos B\cos L \\ N\cos B\sin L \\ N(1 - e^2) \end{bmatrix} \tag{2.3}$$

式中,e^2 表示椭球体的第一偏心率,其余各个符号所表示的内容同公式(2.3)中对应符号所表示的内容一致。

·将 GPS 测定的 3 个大地坐标 $(B_{84}, L_{84})^T$,由 WGS-84 椭球参数,按公式(2.3)转换成空间坐标形式 $(X_{84}, Y_{84}, Z_{84})^T$。

·根据具有 WGS-84 坐标又具有 1954 北京坐标的 3 个已知点,利用七参数模型,应用最小二乘原理可以求出两个坐标系进行旋转的 7 个参数,其误差方程为公式(2.4):

$$\begin{bmatrix} V_x \\ V_y \\ V_z \end{bmatrix} = \begin{bmatrix} 1 & 0 & 0 & X'_{84} & 0 & -Z'_{84} & Y'_{84} \\ 0 & 1 & 0 & Y'_{84} & Z'_{84} & 0 & -Y'_{84} \\ 0 & 0 & 1 & Z'_{84} & -Y'_{84} & X'_{84} & 0 \end{bmatrix} \begin{bmatrix} \Delta x \\ \Delta y \\ \Delta z \\ k \\ \varepsilon_x \\ \varepsilon_y \\ \varepsilon_z \end{bmatrix} + \begin{bmatrix} X'_{84} - X'_{54} \\ Y'_{84} - Y'_{54} \\ Z'_{84} - Z'_{54} \end{bmatrix} \tag{2.4}$$

通过上述模型,利用重合点的两套坐标值,采取平差的方法可以求得转换参数。求得转换参数后,再利用上述模型进行坐标转换。对于重合点来说,转换后的坐标与已知坐标值有一差值,其差值的大小反映了转换后坐标的精度。其精度与被转换的坐标精度有关,也与转换参数的精度有关。

②WGS-84 坐标转换至 1954 北京坐标

·利用求得的七参数和公式(2.1)将所有需要转换的 WGS-84 坐标全部转换为北京 54 坐标,即将 $(X'_{84}, Y'_{84}, Z'_{84})^T$ 转换为 $(X_{54}, Y_{54}, Z_{54})^T$。

·根据 1954 北京坐标的克拉索夫斯基椭球参数,利用公式(2.5),将 $(X_{54}, Y_{54}, Z_{54})^T$ 转换为大地坐标 $(B'_{84}, L'_{84})^T$。

$$\begin{cases} L = \arctan\left(\dfrac{Y_{54}}{X_{54}}\right) \\ B = \arctan\dfrac{a\sqrt{a^2 - x^2 - y^2}}{b\sqrt{X^2 + Y^2}} \end{cases} \tag{2.5}$$

·将正算得到的1954北京大地坐标利用公式(2.6)进行高斯正算,得到的结果即为1954北京平面直角坐标。

$$
\begin{cases}
X = 6367558.4969\dfrac{B}{\rho}\left\{a_0 - \left[0.5 + \left(a_4 + a_6 l^2\right)l^2\right]l^2 N\right\}\cos B\sin B \\[2mm]
Y = \left\{\left[1 + \left(a_3 + a_5 l^2\right)l^2\right]N\right\}\cos B \\[2mm]
N = 6399698.902 - \left[21562.267 - (108.973 - 0.612\cos^2 B)\cos^2 B\right]\cos^2 B \\[2mm]
a_0 = 32140.404 - \left[135.3302 - (0.7092 - 0.004\cos^2 B)\cos^2 B\right]\cos^2 B \\[2mm]
a_4 = (0.25 + 0.00252\cos^2 B)\cos^2 B - 0.04166 \\[2mm]
a_6 = (0.166\cos^2 B - 0.084)\cos^2 B \\[2mm]
a_3 = (0.3333333 + 0.001123\cos^2 B)\cos^2 B - 0.166666 \\[2mm]
a_5 = 0.0083 - \left[0.1667 - (0.1968 + 0.004\cos^2 B)\cos^2 B\right]\cos^2 B
\end{cases}
\tag{2.6}
$$

上式的高斯正算公式是由泰勒级数展开舍去6次项的结果,X,Y的计算精度可达 0.001m。在该公式中,$l = L - L_0$,其中L表示WGS-84坐标系某一点的纬度,L_0表示该点所在区域的中央经线的纬度。

(2)数值拟合转换

如果无法获取参与坐标转换的空间参考的投影信息,可以采用单纯数值变换的方法实现坐标转换。

①多项式拟合。根据两种投影在变换区内的已知坐标的若干同名控制点,采用插值法、有限差分法、有限元法、待定系数最小二乘法等,实现两种投影坐标之间的变换。这种变换公式表达为:

$$
\begin{cases}
X = \displaystyle\sum_{i=0}^{m}\sum_{j=0}^{m-1} a_{ij} x^i y^j \\[4mm]
Y = \displaystyle\sum_{i=0}^{m}\sum_{j=0}^{m-1} b_{ij} x^i y^j
\end{cases}
\tag{2.7}
$$

如果取m=3,则有

$$
\begin{cases}
X = a_{00} + a_{10}x + a_{01}y + a_{20}x^2 + a_{11}xy + a_{02}y^2 + a_{30}x^3 + a_{21}x^2 y + a_{12}xy^2 + a_{03}y^3 \\[2mm]
Y = b_{00} + b_{10}x + b_{01}y + b_{20}x^2 + b_{11}xy + b_{02}y^2 + b_{30}x^3 + b_{21}x^2 y + b_{12}xy^2 + b_{03}y^3
\end{cases}
\tag{2.8}
$$

为了解算以上三次多项式,需要在两投影间选定相应的10个以上控制点,其坐标分别为x_i,y_i和X_i,Y_i按最小二乘法组成法方程,并解算该方程组,得系数a_{ij},b_{ij},这样就可确定一个坐标变换方程,由该方程对其他变换点进行坐标转换。

①数值—解析变换。数值—解析变换是先采用多项式逼近的方法确定原投影的地理坐标,然后将所确定的地理坐标代入新投影与地理坐标之间的解析式,求得新投影的坐标,从而实现两种投影之间的变换。多项式形式为:

$$\begin{cases} \varphi = \sum_{i=0}^{n} \sum_{j=0}^{n} a_{ij} x_i y_j \\ \lambda = \sum_{i=0}^{n} \sum_{j=0}^{n} b_{ij} x_i y_j \left(i + j \leqslant n \right) \end{cases} \tag{2.9}$$

式中，n 为多项式的次数。

3. 转换模型实例

（1）WGS-84坐标至1954北京坐标的转换

在进行 WGS-84 和 1954 北京坐标转换时，一般要经过的流程如图2-1所示。该转换过程包括两部分：首先用 3 个公共点的坐标求解七参数，然后将待定点的 WGS-84 坐标利用解出的七参数，求得其转换到 1954 北京坐标系的坐标（徐仕琪，2007）。

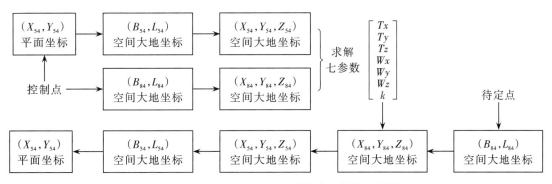

图2-1　WGS-84至1954北京坐标转换流程图

在工程实践中，为满足坐标转换的精度要求，通过3个以上的控制点计算得到坐标转换参数，再利用该转换参数回代，求得控制点的转换坐标，进而计算各控制点的坐标残差。分析残差值较大的点的可靠性，检查点位和成果的正确性，对残差较大的粗差点进行剔除后重新确定坐标转换控制点，利用确定的控制点再次计算坐标转换参数，直到回代残差达到要求为止。同时需要注意的是，在转换参数时不能只追求回代精度，也应兼顾控制点的合理空间布局。

（2）1954北京坐标至CGCS2000的转换

转换思想与 WGS-84 至 1954 北京坐标的转换思想相同。具体实现步骤为（谭清华，2010）：

①首先需要获取工程区分布合理的多个控制点信息，分别获取CGCS2000下的空间直角坐标X2000、Y2000、Z2000和1954北京平面坐标x54、y54。

②利用高斯反算将x54、y54转为经纬度坐标L54、B54；

③利用大地坐标与空间直角坐标的转换公式，将L54、B54转换为空间直角坐标X54、Y54、Z54；

④利用转换模型计算CGCS2000与1954北京坐标系之间的转换参数；

⑤利用上述转换参数可以实现从1954北京平面坐标至CGCS2000平面坐标的转换。

2.3 城市空间数据模型

数据模型是一系列在计算机中描述和表达现实世界的构建方法。现实世界中的地理实体极为复杂,而计算机却是有限的、相对简单且只能处理数字数据。当在计算机中表达现实世界时,一般有四个层次的抽象水平(Paul A. Longley,2005)。第一个层次是现实世界的物理实体(reality),如建筑、道路、河流、湖泊以及人等;第二个层次是概念模型(conceptual model),是面向人类的,通常都是部分地构建与某一特定应用领域相关的地物或过程;第三个层次是逻辑模型(logical model),是面向实施的,通常以流程图或列表的形式来表达;最高的一层是物理模型(physical model),是描述如何在计算机中予以实现的,通常是由存在的文件或数据库中的表组成。对于城市空间,更多关注的是三维数据模型(王家耀,2014)。

三维空间数据模型大致可以分为两大类:一类是基于表面表示的数据模型,如格网结构(grid)、不规则三角形格网(TIN)、边界表示(BR)和参数函数等。这类数据模型侧重于3D空间表面表示,如地形表面、地质表面等,通过表面表示形成三维空间目标,其优点是便于显示和数据更新,不足之处是空间分析难以进行;另一类是基于体表示的数据模型,如3D栅格(array)、八叉树(octree)、实体结构几何法(CSG)和四面体格网(TEN)等,这类数据结构侧重于三维空间体的表达,如水体、建筑物等,通过对体的描述构建3D空间目标,其优点是适于空间操作和分析,但占用存储空间较大,计算速度也较慢。

2.3.1 基于表面表示的数据模型

1. 规则格网(grid)

格网结构是DEM中常用的一种数据结构。地形被划分成规则的$m \times n$格网,如图2-2所示。每个格网点有一个高程值相对应,其基本元素是一个点,主要用于DEM中等高线的2.5维表示。

2. 形状模型(shape)

形状结构通过表面点的斜率来描述,基本元素是表面上各单元所对应的法线向量,如图2-3所示。其基本思想是以像素的明暗变化来反映地表的坡度变化,通过坡度变化可以求出像素之间的高度变化,最终确定地形的3D表面。主要用于表面的3D重建。

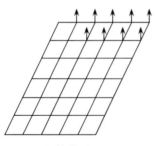

图2-2 网格模型

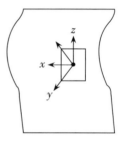

图2-3 形状模型

3. 面片模型(facets)

面片模型是用不同形状的面片近似表示对象的表面。面片的形状有正方形、规则三角形、不规则三角形和泰森多边形等。其中,不规则三角形(TIN)是最常用的一种面片,它具有许多特点。例如在绘制等高线时避免了"鞍部点问题";计算坡度等地形参数容易实现;不规则的点分布符合采样的实际情况;可以根据表面的复杂程度变化三角形的大小,以消除多余数据,并较好地近似对象表面。把高程值结合到每一个三角形的顶点,便形成地形表面的2.5维表示。

4. 边界模型(boundary representation,BR)

边界模型即边界表示,是一种分级表示方法。其基本思想是:空间的任何对象都可以分解为点、线、面、体四类元素的组合,每类元素由几何数据、分类标志及与其他类元素的相互关系(拓扑关系)来描述,如图2-4所示。在实际应用中,为了将观测数据转换成边界表示,元素之间的关系必须确定下来。而地学的研究对象通常是未知的,因而这个过程非常困难,有时甚至不可能实现,而且边界表示对于布尔操作难以进行,整个特征的计算也很费时。所以,目前边界表示主要用于CAD/CAM系统及工程等方面。

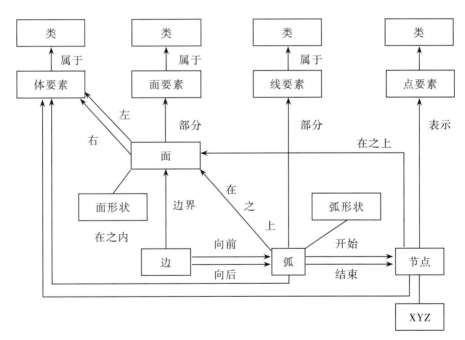

图2-4 边界模型

5. 参数函数(parameter function)

采用函数法如非均匀有理B样条(NURBS)函数表示地学表面,具有节省存储空间、数据处理简便易行且可以保证空间唯一性和几何不变性等优点。非均匀有理B样条函数是B样条函数的一种,它保留了B样条的优点,具有透视不变性(控制点经过透视变换后生成的曲面与生成曲面再变换是等价的）。不仅可以表示自由曲面，而且还可以精确表示球面等形状，能给出更多的控制形状的自由度以生成多种形状。这些特点能较好地适应3维GIS中有关面的表示的需要。因此，NURBS对于地学表面的表示有很高的应用价值。

综上所述，这五种数据模型中，边界表示适于表示具有规则形状的对象，其他四种则适于表示具有不规则形状的对象。

2.3.2 基于体表示的数据模型

1. 3D栅格（array）

3D栅格是一个排列紧密充满三维空间的阵列，其元素值是0或1，其中"0"表示空，"1"表示对象占有。这种数据结构存储数据没有任何压缩，存储空间浪费很大，计算速度也较慢，一般只作为中间表示使用。

2. 行程模型（run length）

它是在对3D栅格进行改进的基础上产生的。该结构利用行程编码技术来减少占用的存储空间，其具体做法是在每个(X,Y)位置上，对其相应的Z方向进行编码，以达到数据压缩的目的。

3. 八叉树模型（octree）

八叉树结构是2D四叉树结构在空间的扩展，如图2-5所示。在八叉树的树形结构中，根节点表示一个包含整个目标的立方体，如果目标充满整个立方体，则不再分割；反之，要分成八个大小相同的小立方体。对每一个这样的小立方体，如果目标充满它或它与目标无关，则不再分割；否则继续将其分成八个更小的立方体。按此规则一直分割到不再需要分割或达到规定的层次为止。如果层次数为n，则八叉树的表示与"$2n×2n×2n$"的3D栅格相对应。

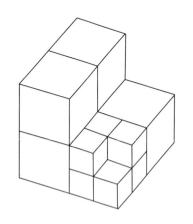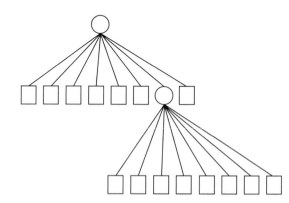

图2-5 八叉树模型

八叉树的编码方法有四种，即普通八叉树、线性八叉树、三维行程编码和深度优先编码。其中，线性八叉树和三维行程编码由于数据压缩比大、操作灵活，在三维GIS中应用较多。

它是一种近似表示,特别适于表示复杂形状的对象;它对于布尔操作和整数特征的计算效率很高,明显优于边界模型;八叉树模型由于内在的空间顺序使其便于显示,它的不足之处是难以进行几何变换。

有些学者提出了"扩展八叉树"的概念,其目的是将矢量表示的优点与八叉树结合起来。在扩展八叉树中,除了八叉树原有的节点类型以外,还增强了面节点、边节点和顶点节点等新的节点类型,这样就减少了划分层次,达到减小存储空间和提高布尔操作速度的效果。

4. 结构实体几何法(construction solid geometry,CSG)

CSG 的基本概念由 Voelcker 和 Requicha 提出。它是用预先定义好的具有一定形状的基本体素的组合来表示对象,体素之间的关系包括几何变换和布尔操作,表示一个 CSG 模型的最自然的方法是布尔树(见图 2-6),按如下方式定义:

<CSG 树>::=<体素>|<CSG 树><集合运算><CSG 树>|

<CSG 树><刚体移动>

其中,<体素>是物体体素的引用,它通过一个体素标识符和一系列尺寸参数来表示;<刚体移动>是一个平移或一个转动;<集合运算>是布尔集合运算之一,包括并、交、差。于是,体被表示成 CSG 树的叶,而内部的节点用一个布尔集合运算或一个刚体移动来标识。

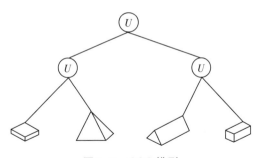

图 2-6　CSG 模型

5. 四面体格网模型(tetrahedral network,TEN)。

四面体格网模型(TEN)是不规则三角形格网模型(TIN)向 3D 空间的扩展,它以不规则四面体作为最基本的体素来描述对象。TEN 是以连接但不重叠的不规则四面体构成的格网,并且满足 Delaunay 条件(见图 2-7)。该模型是基于简单的组合,即点、线、面形成体;是基于线性的组合,即它的几何变换可以变为每个四面体变换后的组合;它可以被视为一种特殊的体元结构(不规则大小),具有包括快速几何变换在内的许多体结构的

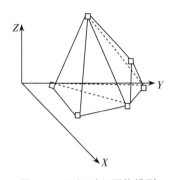

图 2-7　不规则四面体模型

优点,而且不需要像体结构那么多的存储空间。它也可以看作是一种特殊的 BR 表示(最简单),也具有诸如拓扑关系的快速处理等一些 BR 结构的优点;因为在 3D 空间每一个四面体相对观察点是独立的,可以用计算机图形学中最简单的算法来消除隐藏面,所以 TEN 适用于

快速显示。

上述三维数据模型中,CSC适于表示规则形状的对象,3D栅格模型、八叉树模型和行程模型适于表示不规则形状的对象,而TEN则既可以表示规则形状的对象,也可以表示不规则形状的对象。

2.3.3 三维空间数据模型的集成

采用单一的数据模型很难有效地描述各种类型的空间实体,而且三维GIS的应用领域非常广泛,不同的应用领域对空间目标所要进行的操作和分析差别很大,可以说,没有一个实体的模型或抽象能表示实体的所有方面,设计一种适合所有情况的数据模型是很困难的,甚至是不可能的。实际上,在处理像三维地理空间复杂对象时,有些模型适于表示规则对象,另一些模型则适于描述不规则目标;矢量模型有利于图形输出,而不利于空间分析,栅格模型则具有相反的特点。所以,充分利用不同数据模型对描述不同空间实体所具有的优点,将它们集成在一起,是完整地描述三维地理空间对象的有效途径。

1. TIN 与 CSG 的集成

这种集成数据模型适用于城市对象。因为在三维城市地理信息系统中,描述的主要三维地理空间对象是地形和建筑物。地形是不规则的,用TIN来描述;建筑物是几何形状已知的规则目标,在很多情况下,人们关心的是它的整体结构而不是它内部的拓扑关系,因此用CSG来描述。

与规则格网DEM相比,TIN对于复杂表面的表示具有较高的精度、较小的数据量和较短的计算时间。通过增加约束条件,如山脊线、谷底线、边界等,TIN模型能够有效地描述各种特点的地形形态。TIN模型生成的关键是确定唯一的一组能有效描述地形特征的三角形,在多种三角形格网中,Delaunay三角形格网具有突出的特点,并被广泛用于TIN模型。

用CSG表示规则地理空间目标,可以将其描述为一棵树。树中的叶节点对应一个体素并记录体的基本定义参数;树的根节点和中间节点对应于一个正则集合运算符;一棵树以根节点作为查询和操作的基本单元,它对应于一个目标名。

TIN与CSG的集成与CAD中的CSG与BR的集成不同,后者是对同一目标的两种不同表示,并以一种表示为主;而前者是两种模型分别表示两类目标,即CSG模型表示建筑物,TIN表示地形,两种模型的数据分开存储。为了实现TIN与CSG的集成,在TIN模型形成过程中将建筑物的地面轮廓作为内部约束,如同处理水域等面状地物一样,同时将CSG模型中建筑物的编号作为TIN模型中建筑物的地面轮廓多边形的属性,并且将两种模型集成在一个用户界面。

2. 八叉树与 TEN 的混合模型

这种混合数据模型适用于地质、矿山和海洋等领域。在这种混合数据模型中,八叉树做整体描述,四面体格网(TEN)做局部描述。对于八叉树模型,其数据量随着分辨率的提高将成倍增加,且是一个近似表示,但它具有结构简单、操作方便等优点;而对于四面体格网,其优点是能保存原始观测数据,具有精确表示目标和较复杂的空间拓扑关系的能力,但其结构较八叉树复杂,在某些情况下数据量较大。单独采用八叉树或 TEN 会造成数据量巨大、难以处理的困难。所以,将两者结合起来,充分发挥各自的优点,实现一种基于两者的混合数据模型。图 2-8 是利用混合模型精确表示一个三维目标的示例,图 2-9 是相应的数据组合。在图 2-9 中,SX 用来实现八叉树与 TEN 的结合,其中"S"是标识符,"X"是指针,如某一八叉树编码的属性值"SX"为 73,则表示该八叉树编码引导一局部的四面体格网,指针用来在四面体数据中搜索对应的内容。另外,通过八叉树编码可以得到编码对应的八分体的八个顶点,如图 2-8 中的(3,3,2)和(3,4,2)等,将它们与八分体内的特征点(如 201 和 202 等)结合起来,就可以形成局部四面体格网。

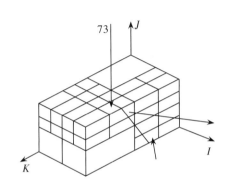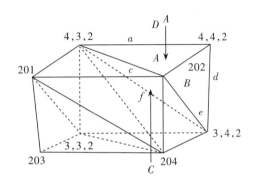

图2-8 混合矢量模型

八叉树

编码	属性
...	
73	SX
...	

四面体

体号	面号	属性
	...	
1	A,B,C,D	SX
...	...	

三角形

面号	线段号	属性
A	a,b,c	
B	b,d,e	
C	c,e,f	
D	a,d,f	
...		

线

线号	起点	终点	属性
a	4,3,2	4,4,2	
b	202	4,4,2	
c	4,3,2	202	
D	4,4,2	3,4,2	
...			

节点

点号	X	Y	Z	属性
201	X_{201}	Y_{201}	Z_{201}	
202	X_{202}	Y_{202}	Z_{202}	
203	X_{203}	Y_{203}	Z_{203}	
204	X_{204}	Y_{204}	Z_{204}	
...				

图2-9 混合模型的数据组织

尽管混合模型有许多优点,但在实际应用中,并非一概都要采用这种混合模型,而应根据实际情况来决定。例如,在描述地质体的构模中,当地质体比较完整时,采用八叉树模型来描述效果较好;当地质体比较破碎、断层较多时,比较适合用 TEN 模型来描述;而当地质体中断层较少时,采用混合模型来描述比较合适。

3. 矢量栅格集成的三维空间数据模型

它是一种能表示空间点、线、面和体各种类型目标的具有一般性的矢量栅格集成的三维空间数据模型(见图 2-10)。在这个模型中,空间目标被分为点(0D)、线(1D)、面(2D)和体(3D)等四类。目标的位置、形状、大小和拓扑关系信息都可以得到描述。其中,目标的位置信息包含在空间坐标中;目标的形状和大小包含在线、面和体目标中;目标的拓扑信息包含在目标的几何要素及几何要素之间的联系中。模型中包含矢量和栅格模型,栅格模型中包括了八叉树;矢量模型中包含了 TIN、TEN、GRID、CSG 和 BR。应根据不同的应用要求选择一个或多个合适的数据模型对空间目标进行描述,以完整地表示空间目标的几何和拓扑关系。

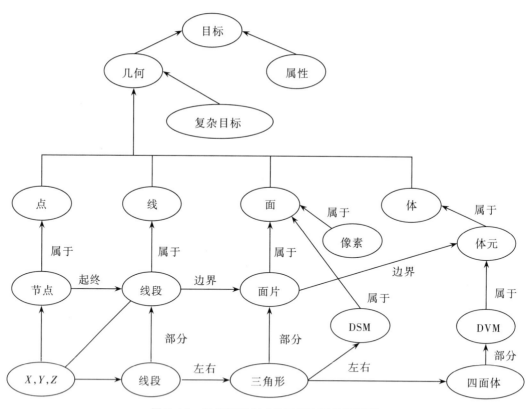

图 2-10　矢量栅格集成的三维空间数据模型

4. TIN、CSG 和 BR 集成的三维空间数据模型.

针对 TIN 和 CSG 集成模型在面向城市应用中存在两方面的不足:①不能较完整地表达城市空间信息。城市中除了建筑物以外,还有一些较为重要的空间信息,如地籍界线、道路等这些非体状要素,它们不能通过基本体素(如球、圆柱、长方体等)之间的布尔运算来构造;

②不能形成地物之间的空间关系。地物的几何信息是一个整体,它以编号的形式作为TIN表面上的地面轮廓的一个属性,同时地面轮廓也只是TIN形成过程中的一个约束。因此,无法创建地物之间的空间关系。唐宏、盛业华(2000)提出了TIN、CSG与BR在二维GIS拓扑关系的基础之上扩展立体方位关系的集成数据模型,即以TIN模型表达地形,以BR、CSG表达其他以点、线、面、体的形式出现的空间信息,而地物的空间关系在二维GIS拓扑关系的基础上进行扩展,主要是增加立体方位关系的表达。

TIN、BR、CSG是互不相同的三种数据结构,必须分别予以存储,因此,如何协调它们之间的关系就成为问题解决的关键。一般而言,任何空间地物都可以被看成是一个空间对象,由于空间对象的多样性,任何一种数据模型都不可能适合描述所有的空间对象。因此,对空间对象的内部数据结构应进行封装,同时建立空间对象之间的空间关系。城市中以地表地物为主,即建筑物、构筑物、道路、地籍界线等有形和无形地物是所要表达的主要对象,这些对象共同的承载体是地形,它们之间的关系都是通过地理位置来传递,地形是地球表面在某一地理空间中的高程分布,它是地理空间绝对空间位置最直接的表现形式。

在现实生活中,一般将地物分为空中地物、地上地物、地表地物和地下地物。根据这种划分方式,可以在拓扑关系的基础之上,加上上下的方位关系。基于以上的考虑,可以按如下的方法来组织空间地物:①按空中地物、地上地物、地面地物和地下地物的顺序,将TIN与地物平面线画图进行叠加,构造各类地物的地面轮廓;②以平面线画图为基础建立地物之间的平面拓扑关系;③以地面轮廓图为基础,按空中地物、地上地物、地面地物和地下地物的顺序依次引入地物并建立它们之间的方位关系;④形成整体三维空间数据。

2.4 城市信息模型

2.4.1 城市信息模型概述

城市信息模型(City Information Modeling,CIM)是以建筑信息模型(BIM)、地理信息系统(GIS)、物联网(IoT)等技术为基础,整合城市地上地下、室内室外、历史现状未来多维多尺度空间数据和物联感知数据,构建起三维数字空间的城市信息有机综合体(《城市信息模型(CIM)基础平台技术导则》(修订版),2021)。

从CIM发展历程来看,CIM逐步从分析图示、二维分析、三维联动走向多维实时联动。对于CIM的起源,大致可分为三种(于静,2022):

(1)不严格地说,一种关于CIM的讨论源于经济地理学或城市交通学,CIM大体等价于城市模型,被视为是城市理论的数理验证和推理工具,后期融入了社会认知学、环境行为学、城市心理学等领域的分析与模拟,也可统称为城市物理学与城市动力学。这类型的CIM属于多种模型的大杂烩,松散地包括成本收益模型、运筹模型、中心边缘模型、博弈模型、城市动力模型、交通四步法模型、元胞自动机(CA)模型、多代理人系统(MAS)等。在早期,这些模型主要偏向模拟较为宏观的社会经济现象在空间上的分布机制,其中不少都强调描述与推演城市动态运行状态,而中微观尺度上的精细化模型一直都处于理论探索之中。

(2)另一种关于CIM的讨论源于城市形态学、城市设计学以及建筑学,强调三维实体和空间形态的度量与调整,特别是运用参数化建模。例如,在全生命周期的城市设计之中,这类CIM被应用于评估、模拟、生成不同的城市设计方案,探索三维形体如何随社会、经济、环境等要素的变化而发生改变,适用于方案决策之中。大体而言,形状语法(Shape Grammars)、模式语言以及空间句法等都属于这一类偏物质形态的CIM范畴。当然,随着个体认知学对城市形态研究的影响更为深入,这类CIM也被初步用于城市驾车识路、室内逛商店、广告标识布置等。

(3)还有一类关于CIM讨论源于建筑信息模型(BIM)对城市环境的影响。不少建筑师、工程师或建造师认为:各种BIM的汇聚集合就是CIM。在早期,土木工程师或造价师会关注BIM所具备的建筑材料运输、成本流转、生产加工厂家等信息,分析这些信息在城市乃至区域内的分布和流转情况,就自然而然地去试图结合BIM与GIS,在城市宏观尺度上刻画房屋上微观信息的流动情况,辅助施工组织与调度管理。之后,由于基于房屋和市政BIM,CIM可达到部件级精度,因此它被广泛地用于项目工程管理、交通监测、应急模拟、不动产交易等动态仿真。

城市信息模型(CIM)的关键词是"模型",而这种模型至少具备为城市提供信息的能力,即数据及其分析的表达表现(representation)、方法的模拟仿真(simulation)、解释性理论的建构(explanation)等。一般而言,模型是对真实世界的再现与仿真,大体分为三类:一是抽象系统的模拟,如数学模型或逻辑模型;二是具象实物的模拟,如1:1的足尺建筑模型或航天模型;三是类比概念的模拟,如城市的绿肺或脉搏。不管哪种类型的模型,其核心目的是表达、推演、预判真实世界的动态运转,帮助人们理解城市运行的规律,并在生产与生活之中去预测未来的事件,或规避风险,或制定计划,或实施处置等。因此,城市信息模型的初衷是尽可能地揭示城市本身动态运转的机制,并借助此去推演城市下一步的运行情况。从维度、精度、粒度等方面,城市信息模型本意是尽可能地与真实城市一致,且使得人们有能力去参与到"虚拟化"的城市信息模型本身的演进之中,辅助人们在真实世界之中做出相应的及时决策。因此,从城市规划、建设、管理或治理的全生命周期动态闭环看,CIM平台不是一张表达性的静态地图,不管三维,还是多维;而是有能力提供信息共享、分析可视、监督预警、模拟仿真、辅助决策、联动处置等基本性核心功能的系统性平台。

CIM技术的本质是在云计算基础上实现"大场景的GIS技术+小场景的BIM技术+微观物联网IOT技术"的有机结合。也有学者类比国内外数字孪生城市的概念,认为CIM是与实体物理城市同步的"数字孪生城市"的一个基础。但值得说明的是,"数字孪生"可能会缩小"CIM"的内涵,CIM涉及城市三维全要素全空间海量信息的汇聚、融合、管理和应用,目标是要实现信息、技术、业务的协同联动；而"数字孪生"更多强调的是信息的汇聚和可视化，目标是要实现对城市的真实再现，并未过多地强调信息的融合和支撑应用，无法发挥数据赋能的最大价值(汪科，2022)。

2.4.2　城市信息模型基础平台

CIM 基础平台是在城市基础地理信息的基础上，建立建筑物、基础设施等三维数字模型，表达和管理城市三维空间的基础平台，是城市规划、建设、管理、运行工作的基础性操作平台，是智慧城市的基础性、关键性和实体性的信息基础设施《城市信息模型(CIM)基础平台技术导则》(修订版)。

CIM 基础平台总体架构包括三个层次和两个体系，即设施层、数据层、服务层以及标准规范体系和信息安全与运维保障体系(见图 2-11)。设施层主要是信息基础设施和物理感知设备；数据层包括时空基础地理信息数据、资源调查、规划管控、工程建设项目、物联感知和公共专题等类别的 CIM 数据资源体系；服务层提供包括数据汇聚与管理、数据查询与可视化、平台人分析、平台运行与服务、平台开发接口等功能与服务；标准规范体系主要用于指导CIM 基础平台的建设和管理，与国家和行业数据标准和技术规范衔接；信息安全与运维保障体系是按照国家网络安全等级保护相关政策和标准要求建立运行、维护、更新与信息安全保障体系，确保 CIM 基础平台网络、数据、应用和服务的安全稳定运行。

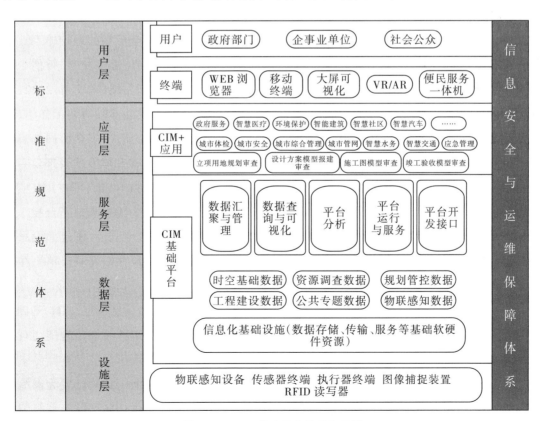

图 2-11　CIM 基础平台总体架构图

我国城市信息模型基础平台的建设经历了试点探索及政策指导阶段,目前已在全国多地开展。2018以来,住房和城乡建设部先后印发文件,将广州、厦门、南京、北京城市副中心、雄安新区、中新天津生态城等6个城市(地区)列入CIM平台建设试点城市进行经验探索。在当前各项政策的推动下,CIM基础平台建设的市场项目快速发展,截至2022年2月,全国范围内共有50多个城市启动了CIM基础平台建设工作,其中苏州、福州、济南、青岛、佛山、常德、天津、鹤壁已完成项目招投标,进入实质性建设阶段。除市级项目外,在一些开发园区、片区以及具体项目层面,也纷纷提出了CIM基础平台建设和基于CIM基础平台的应用,例如浙江岱山经济开发区、桐庐经济开发区、长春净月高新技术开发区、山东济南市大涧沟片区、广东番禺区等已开始进行CIM平台(一期)建设项目,青岛上合示范区、深圳空港新城、顺义区双丰街道也开展了集成开发数字化治理CIM管理平台搭建项目。CIM+应用方面,市场项目也初步开展,贵阳、昆明等城市已经开展了基于CIM基础平台的应用系统开发及建筑风貌管控应用(王新歌,2022)。

2.4.3 CIM支撑新型智慧城市发展

1. 新型智慧城市发展需要CIM支撑

新型智慧城市是城市信息化发展的最新阶段,是在之前数字城市与智慧城市基础上逐步发展起来的。智慧城市是以互联网、物联网、空间信息技术等为主要支撑的城市信息化阶段,实现从数字化到网络化再到智慧化。新型智慧城市旨在打造以无处不在的惠民服务、透明高效的在线政府、融合创新的信息经济、精准精细的城市治理、安全可靠的运行体系五位一体的智慧城市,借助数字孪生城市的全局视野、精准映射、模拟仿真、虚实交互、智能干预等典型特性,新型智慧城市在城市治理和各行业领域的应用正在创新发展(党安荣,2022)。

2016年新型智慧城市发展以来,国家发改委联合20多个部委成立部际协调工作组,推进新型智慧城市有序发展,并强调以人为本的新理念、共享服务的新模式、安全协同的新体系,其中共享服务信息平台的建设与应用需要CIM支撑。2018年,住房和城乡建设部发布行业标准《"多规合一"业务协同平台技术标准》的征求意见,鼓励有条件的城市,可在BIM应用的基础上建立CIM。2020年9月,住建部办公厅印发《城市信息模型(CIM)基础平台技术导则》,旨在规范CIM研发。为进一步完善CIM基础平台的技术,2021年6月,住建部发布了《城市信息模型(CIM)基础平台技术导则》(修订版),以进一步指导地方做好城市信息模型(CIM)基础平台建设,推进智慧城市建设。2022年1月,CIM领域第一部住建行业标准《城市信息模型基础平台技术标准》CJJ/T315-2022正式发布,旨在规范城市信息模型(CIM)基础平台建设,推动城市建设、管理数字化转型和高质量发展,提升城市治理体系和治理能力现代化水平。

3DGIS+BIM+IoT的集成技术在实现城市彻底数字化的基础上引入CIM,已成为新型智慧城市基础信息平台建设的新模式。以3DGIS+BIM+IoT为主体构建CIM支撑新型智慧城市,可以使得符合智慧城市建设的规划及应用解决方案都能够首先在CIM平台上得到模拟仿真和分析验证,并且从中获取城市动态变化发展过程中形成的智慧,解决城市生活宜居、便捷、安全的智慧,城市可持续发展与提升核心竞争力的智慧,以用于支撑新型智慧城市规划与建设;同时,在新型智慧城市运行阶段,通过CIM将移动互联网及物联网与实体城市关联,动态感知实体城市的运行体征,实时连接孪生数字城市,双向互动实现新型智慧运行管理。

2. 基于CIM的新型智慧城市应用框架

CIM基础平台是智慧城市的信息基础设施,致力于为新型智慧城市的建设提供一体化的、全局联动的、智能可视的基础性平台,并在此基础上,实现数据融合和技术融合,以及业务自治和业务协同,为各行业提供丰富的解决方案(汪科,2021)。

(1)城市感知和海量数据汇聚

在新一代信息技术的影响下,各种传感器终端、社交媒体、公众网络等城市感知设备和感知手段越来越丰富,提供信息的精度和频度也不断刷新,这就为城市海量多源异构数据的采集提供了新的手段,可以更加实时、有效地监测城市空间。而基于CIM平台,各类遥感数据、地理信息数据、BIM数据、倾斜摄影数据、互联网感知数据、业务专题数据均以城市地理空间地址为纽带,进行汇聚融合,确保各类信息和要素空间位置唯一,拓扑关系正确,信息挂接精准,共同构成城市的数字空间资产。

(2)确立统一的标准体系

鉴于各类城市信息数据来源不同,数据格式丰富多样,数据更新的频率也不相同,需要基于相关的数据标准、接口标准、安全标准、交付标准等来确立CIM统一的分类和编码、明确基础的坐标体系、规范各行业的数据接口、形成规范的数据交付成果等,保障信息有效融合,安全利用。

(3)建立CIM基础平台

在统一的标准体系下,城市信息多源海量信息数据汇聚至CIM基础平台,可在CIM基础平台中实现数据采集、汇聚、处理、分发、共享等全流程的数据治理以及三维可视化、空间分析等强大的支撑能力。但值得说明的是,CIM基础平台并非全新建设的平台,需要针对现有平台基础进行整合、优化,使其具有管理城市二三维全空间要素,多种结构丰富的海量数据以及提供基础支撑服务的能力。

(4)基于CIM+的应用服务

各行业基于自身的业务决策、分析、模拟模型的基础上,基于CIM基础平台搭载和拓展各类业务和行业应用,形成相应的应用场景,面向居民、政府、行业等提供各种解决方案,实现业务间的协同联动,进而为城市治理、社会治理、智慧城市提供服务。

3. 城市更新背景下的CIM新型智慧城市应用

CIM中储存了不同空间尺度的模型,可以在城市规划、建设、维护等各个阶段应用。比如项目级管理,其是以BIM模型为基础,结合了附近实体环境中采集到的GIS信息,可由原来的宏观地理空间转变为微观环境。在BIM模型基础上全面分析项目能耗、资产管理情况,并且开展实时监控,搭建典型应用场景,具有智能审图功能。再如园区级应用,应用对象为工业园区、医院这一类面积相对适中的区域,管理应用也集中在小范围,实施社区、校园等的安全管理等。最后,城市级应用的范围比较大,如城市建成区与新区,是在三维城市空间底板基础上应用大数据技术进行信息挖掘与空间分析,制定行业决策模型后实施等量化分析,加强城市决策治理方案落实的准确性与精准性(方建明,2022)。

CIM平台中整合了城市各个阶段的多源数据,根据城市生命周期可划分为过去、现在、未来相应空间,在CIM平台中组建专门针对不同阶段的CIM应用体系。各个阶段得到的应用成果在CIM平台当中沉淀,再利用CIM平台共享数据,为一体化协同管理目标的实现提供服务。实际上处于规划阶段,建议立足于城市三维空间编制多种设计方案,开展空间模拟、对比、智慧审查。进入到建设阶段之后,按照创建的BIM模型可以实现一些重点微观场景、线性工程智慧建设,对其中涉及的所有设备进行安全管理及碰撞检测,同时以BIM模型为基础实施装配式设计。CIM平台中涵盖多源数据,例如城市现有人口、房屋数量与规模、企事业单位,将这些多项专题数据和空间实体数据挂接,成为城市更新建设不可缺少的数据基础。一些城市更新项目搭建了CIM平台之后,便对城市拆迁量、实际受到影响的人口以及经济投入量等重要数据进行定量估算,得到的估算结果是决策部门制定、调整方案的基础。已经进入到运营管理阶段时,CIM平台整合了各个行业相关的多源数据,通过IOT技术达到城市智慧化管理、运营的目的。对于一些城市尺度大场景,还具有基础设施服务效率以及社会、城市治理能力评价的功能。比如城市交通方面,便可以应用CIM平台设计交通信息数据专项网络,将城市有关的环境保护、气象、地铁运营等数据加以整合,确保数据、信息资源能够得到有效利用,还可以在专项网络中加以协调,使交通领域的数据实现共享、联动,实时了解到城市中交通状态、交通流量情况,还可以提供预警、应急监测与安全导航等服务。

思考题

1. 请查阅资料,分析CGCS2000坐标系与WGS-84坐标系相同及不同之处。

2. 请查阅资料,理解CIM数据、CIM基础平台、CIM应用的关系,并以构建校园CIM为例,分组讨论空间信息技术如何在其中发挥作用。

本章教学视频及课件

教学视频

课件

第 3 章

城市空间信息的获取

城市空间是以地球表面为依托,向空中、地面、地下三个方向不断延伸发展。城市空间信息可划分为三大类:地表信息(主要包括水域、植被、城市建筑、道路等),地上信息(立交桥、高压输电线等),地下信息(城市地铁、地下管道等)。

城市空间信息获取手段主要分为两类:一类是以专业传感器为中心,包括遥感和移动感知两类。其中,遥感以卫星和无人机为平台,获取多时相、多分辨率、多光谱城市高清影像。移动感知以运动车辆为移动平台,搭载高清相机、线结构光、激光雷达、环境监测仪器等,获取道路、建筑物、植被、水系以及温度、湿度、空气污染物等数据。另一类是以人为载体,借助普及化、非专业的传感器,测量人类活动、群体情绪、社会态势等。其中社会感知借助于通信与互联网、公共交通、社交网络等获得与人相关的各类时空大数据。众包感知利用海量的廉价传感器,如定位传感器、惯性传感器,车载摄像头等,完成特定的城市空间感知任务。

3.1 基于遥感影像的城市空间信息获取

3.1.1 电磁波及光谱指数特征

遥感即遥远感知,是在不直接接触的情况下,对目标或自然现象远距离探测和感知的一种技术。遥感之所以能够根据收集到的电磁波来判断地物目标和自然现象,是因为一切物体,由于其种类、特征和环境条件的不同,而具有完全不同的电磁波的反射或发射辐射特征。

1. 电磁波

根据麦克斯韦的电磁场理论,变化的电场能够在它周围引起变化的磁场,这一变化的磁场又在较远的区域内引起新的变化电场,并在更远的区域内引起新的变化磁场。这种变化的电场和磁场交替产生,以有限的速度由近及远在空间内传播的过程称为电磁波。电磁波是一种横波,γ 射线、X 射线、紫外线、可见光、红外线、微波、无线电波等都是电磁波。

地物波谱特性是指各种地物各自所具有发射辐射或反射辐射等电磁波特性。遥感图像中灰度与色调的变化是遥感图像所对应的地面范围内电磁波谱特性的反映。对于遥感图像的三大信息内容(波谱信息、空间信息、时间信息),波谱信息用得最多。

测量地物的反射波谱特性曲线主要有以下三种作用:①它是选择遥感波谱段、设计遥感仪器的依据;②在外业测量中,它是选择合适的飞行时间的基础资料;③它是有效地进行遥感图像数字处理的前提之一,是用户判读、识别、分析遥感影像的基础。遥感技术的基础,是通过观测电磁波,从而判读和分析地表的目标以及现象,其中利用了地物的电磁波特性,即"一切物体,由于其种类及环境条件不同,因而具有反射或辐射不同波长电磁波的特性",所以遥感也可以说是一种利用物体反射或辐射电磁波的固有特性,通过观测电磁波,识别物体以及物体存在环境条件的技术。如图3-1所示是几种常见地物的电磁波反射曲线。

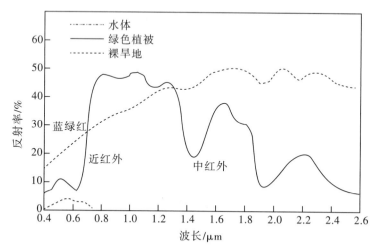

图 3-1 几种常见地物(水、绿色植被、裸旱地)的电磁波反射曲线

2. V-I-S模型

M.K.RIDD 在1992年提出了 V-I-S 模型,即植被(Vegetation)-不透水面(Impervious)-土壤(Soil)模型。V-I-S模型将具有巨大差异的城市土地利用和土地覆盖类型简化成植被、不透水面、土壤三种类型。

城市的不透水面是由建筑物屋顶,城市道路,停车场和城市基底建筑等人工建筑材料组成,其内部格局代表着城市内部的空间格局和空间结构。城市植被由城市森林,草地等组成,城市水域由湖泊,河流和人工水池等构成,这些城市土地利用/土地覆盖类型相互交错,可按照V-I-W模型,进行进一步的归类认识。城市不同地物在 V-I-W 模型中的依存关系如图3-2所示。

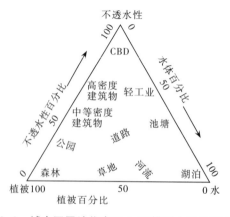

图 3-2 城市不同地物在 V-I-W 模型中的依存关系

3. 光谱指数特征

光谱指数方法能从影像的背景中突出显示感兴趣物体的像素,由于指数法易于实现,经常被用于时间序列和大规模分析。

(1)一化差异植被指数法(NDVI)

归一化差异植被指数法(NDVI)是目前使用最广泛的植被指数。植被在蓝波段(B)和红波段(R)对电磁波有一个高吸收峰,在绿波段(G)和近红外波段(NIR)有一个高反射峰,植被的反射率大概从750nm开始急剧升高,也就是常说的"红边"区域。水体和植被在红光波段和近红外波段反射率有着较大差异,可以利用二者反射率的不同来增强水陆差异。NDVI可以很好地区分水体和植被,但是容易将薄云区域和水体混淆。其具体公式如下:

$$NDVI = (NIR - R)/(NIR + R) \tag{3.1}$$

(2)归一化差异水体指数(NDWI)

归一化差异水体指数(NDWI)旨在通过使用绿色波长最大化水的反射率,同时利用植被和土壤特征对近红外的高反射率,从而最大限度地减少水体的低反射率。在NDWI中,水体为正值,而植被和土壤通常为零或负值,从而达到区分水体和陆地的效果。具体公式如下:

$$NDWI = (G - NIR)/(G + NIR) \tag{3.2}$$

(3)改进的归一化差异水体指数(MNDWI)

NDWI在具有建成土地背景的水域中的应用并没有达到预期的目标。这些地区提取的水信息往往与积聚的土地噪音混合在一起。这意味着许多已建成的土地要素在NDWI影像中也具有正值。为了消除积聚的陆地噪音,需要检查其标志性特征。绿波段和近红外波段中建成土地的反射率模式与水相似,即它们反射的绿光都多于反射近红外光。因此,NDWI的计算也为建成土地和水产生了正值。然而中红外(MIR)波段远大于绿色波段的数值。因此,如果在NDWI中使用MIR波段而不是NIR波段,则建成的土地应为负值,从而能够使得水体与建筑物的反差明显增强,快速准确地区分水与非水特征。改进的归一化差异水体指数(MNDWI)可以表示如下:

$$MNDWI = \frac{G - MIR}{G + MIR} \tag{3.3}$$

与NDWI相比,MNDWI更适合在背景中有许多建成土地区域的情形,因为它可以有效地减少甚至消除积聚的土地噪音。

(4)土壤调节植被指数(SAVI)

Huete等人基于NDVI和大量观测数据研究,提出了土壤调节植被指数(SAVI),用以减小土壤背景对植被的影响,其定义如下:

$$SAVI = \frac{(NIR - R) \times (1 + L)}{(NIR + R + I)} \tag{3.4}$$

SAVI的引入能够提高植被的提取精度。

（5）比值指数（RI）

在提取城市空间中，由于高分辨率遥感影像波段数量较少，无法利用更为丰富有效的波段运算来突出地物特征，因此需要充分挖掘有限的波段与波段之间的关系，服务于城市空间信息提取，Salehi等人通过研究发现，绿波段（G），加上密度，形状特征，可以有效地区分道路和建筑物，其比率（RatioG）可反映绿波段（G）对图像对象总亮度的贡献，计算公式如下：

$$RatioG = \frac{G}{B + G + R + NIR} \tag{3.5}$$

3.1.2 遥感平台及运行特点

在遥感技术中，接收从目标反射或辐射电磁波的装置叫做遥感器，而搭载这些遥感器的移动体叫做遥感平台，包括飞机、人造卫星等，甚至地面观测车也属于遥感平台。

遥感平台按平台距地面的高度大体上可分为三类：地面平台、航空平台、航天平台。地面遥感平台指用于安装遥感器的三脚架、遥感塔、遥感车等，高度在100km以下。在上放置地物波谱仪、辐射计、分光光度计等，可以测定各类地物的波谱特性。航空平台指高度在100m以上，100km以下，用于各种调查、空中侦察、摄影测量的平台。航天平台一般指高度在240km以上的航天飞行器和卫星等，其中高度最高的要数气象卫星GMS所代表的静止卫星，它位于赤道上空3600km的高度上，Landsat、SPOT等地球卫星高度也在700~900km。表3-1列出了常用的遥感平台。

表3-1 常用的遥感平台

遥感平台	高度	目的和用途	其他
静止卫星	36000km	定点地球观测	气象卫星
地球观测卫星	500~1000km	定期地球观测	Landsat、SPOT、MODDIS
小卫星	400km左右	各种调查	
航天飞机	240~350km	不定期地球观测	
高高度喷气机	10000~12000m	侦察大范围调查	
飞艇	500~3000m	空中侦察各种调查	
直升机	100~2000m	各种调查摄影测量	
无线遥控飞机	500m以下	各种调查摄影测量	飞机直升机
地面测量车	0~30m	地面实况调查	车载升降台

近20年来，随着大量遥感卫星相继成功发射，标志着地球空间数据获取新纪元的来临。目前，我国已实现60~70颗遥感卫星同时在轨工作，每天获取的数据量达到数百个TB，数据总规模已接近100PB，这些都表明遥感大数据时代已然来临。国内外遥感卫星发展趋势如图3-3所示。

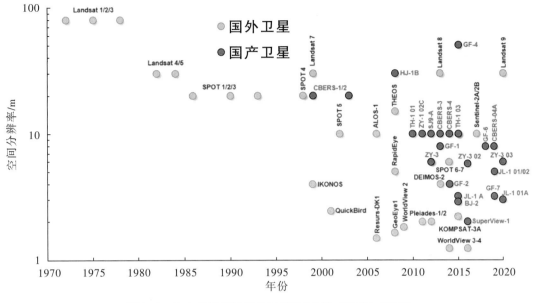

图3-3 国内外遥感卫星发展趋势(来源:柳思聪,2022)

近三十年来,随着空-天-地多平台、多传感器的遥感数据大量积累,使得可获取多时相遥感影像的"量"和"质"均有显著提升。另一方面,基于中、低分辨率数据发展起来的传统变化检测技术主要依赖光谱特征的分析。随着新型传感器数据的涌现和遥感数据时-空-谱分辨率的提高,单纯依赖光谱变化的传统方法受到了极大的挑战,难以有效直接迁移与应用,进而导致实际算法性能的降低和较高漏检、错检误差的产生。而机器学习方法的直接引入与应用,易造成唯方法论的短板,导致检测精度提升快但解释性差、与实际地物变化的遥感机理关联性弱、模型泛化和迁移能力差等问题。

3.1.3 基于高分多光谱遥感影像的信息获取

卫星遥感具有视点高、视域广、数据采集快速高效、可连续观察的特点,获取的资料容易数字化,方便编辑保存,作为调查监测手段具有巨大优势。

1. 深度学习网络模型工作原理

深度学习网络是一种从训练数据出发,经过端到端的模型,直接输出最终结果的模式。深度学习网络一般由卷积层、池化层、全连接层、激活函数和分类器组成,如图3-4所示。卷积层为卷积神经网络的核心层,其作用在于逐像素地搜索图片中的有用信息,每次卷积都将图像中特征信息进一步抽象提取,并输出特征图。池化层主要起过滤作用,降低输入的特征向量的维数,减少参数以简化网络计算复杂度,削弱过拟合影响。激活函数是将非线性因素引入网络,使得网络可以表达更加复杂的函数模型。分类器则是通过训练数据寻找到最佳分类结果。全连接层是对卷积层和池化层得到的特征进行综合,特征图在全连接层中会失去3维结构,被展开为向量并通过激活函数传递至下一层,最后的分类器就是对全连接层产生的结果进行分类,输出分类结果。选取合适的网络深度,测试不同激活函数,增强网络函数表达能力,使模型具有线性和非线性处理功能且网络大小适宜。使用广州市已有的数据训练模型,寻找最优参数,并做真实实验检验,将正确分类结果引入样本数据库,增加深度网络的样本库和包容性。

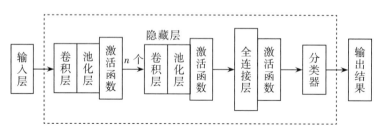

图3-4 深度网络模型结构

深度学习平台的工作流程:将高分辨率遥感影像和多光谱影像进行影像融合,由深度学习网络对自然资源调查要素分类并提取信息,与目视解译结果对比,将成功识别的目标标注,纳入样本库。

2. 高分多光谱遥感影像融合技术流程

遥感影像融合前需要做数据预处理,主要包括几何配准、辐射定标、几何校正、大气校正,流程如图3-5所示。几何配准主要是消除多幅影像间由拍摄角度、时间、分辨率造成的成像差异。几何校正主要是消除单幅影像因卫星姿态、地形起伏以及传感器内部性能差异带来的成像差异。辐射校正包括辐射定标和大气校正两步,主要消除由于外界环境造成的地物辐射失真而带来的影像畸变。

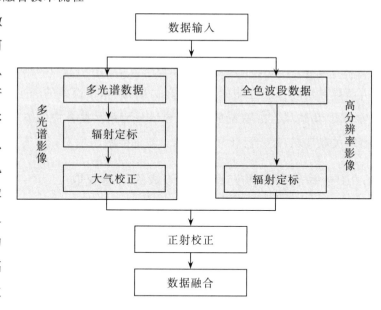

图3-5 遥感影像数据融合步骤

多光谱影像和高分辨率影像(全色波段)的融合采用基于PCA变换和基于NSCT的融合方法。PCA变换融合可用于多波段光谱图像,先对多光谱图像中的信息进行正交分解得到互不相关的两组:主要成分信息和其他信息,主成分主要包含亮度信息,其他信息为光谱信息,而全色波段的数据主要为亮度信息,经过直方图匹配后,替换主成分信息,做PCA逆变换,得到融合图像。

3. 基于深度学习的遥感图像精细分类

通过分析多时相遥感影像数据,可实现对建设用地变化情况、水域使用情况、绿地面积变化情况等动态跟踪。多实相遥感影像变化检测具体方法采用基于特征级的变化检测和基于决策级的变化检测。输入不同时间下的遥感影像地图,基于深度学习的遥感分类检测结果,精确识别监测对象,提取地物特征,采用面向对象的变化检测方法,综合考虑调查单元图斑的光谱、空间和纹理信息,提高变化检测结果的精度和完整性。

(1)建筑物

遥感影像能够宏观感知建筑物群落分布特征,通过在图像上提取建筑物边界信息,可以计算出建设用地面积。不同功能的建筑群落具有不同的结构和几何外观,高分辨率遥感影像清晰表达了这些特性,提高了深度网络模型识别目标特征的准确度。如:学校建筑物较低,结构一致,排列较紧密,阴影小,附近一般有操场和篮球场;居民区住宅排列紧密;地标性建筑物结构独特;商业中心整齐有序,建筑物高大。利用深度学习网络能自动识别建筑群落,勾绘建筑边界,采集图斑信息。

(2)绿色空间

绿色空间包括湿地、耕地、草地、林地、种植园地,基于深度学习平台可以快速分割提取绿色空间图斑,精确提取图斑的边界信息,计算出城市绿化面积、种植园地面积、耕地面积等,利用植被反射光谱在可见光和近红外波段上明显的不同,构建遥感植被指数,自动识别出绿色空间中的植物种类、生物量、土壤特性等,监测种植园地、耕地、林地中植物生长健康状况。

(3)水域

通过遥感影像可以迅速获取水域面积、河流走向、长度、宽度、含沙量、叶绿体含量等水文特征以及反航运情况、水域设施建设情况。根据广州市河流成分特点,采集数据,绘制河流光谱特性曲线,能够精确识别每一条河流,及时发现河流的污染源。水色遥感技术可以实时监测水域的受污染状况,如黑臭水体、赤潮和水华等,多光谱能在污染产生初期监测到水质变化,高分辨率能够精准追溯污染源头,及时防控治理。

(4)道路

道路内容包括公路、城市道路、匝道、人行道、人行天桥、绿道、绿道驿站、道路附属设施等。道路要素在遥感影像上呈现为带状,且同一条道路的材质基本相同,基于深度学习平台的遥感影像自动识别提取模型,在有少量植物、建筑物、阴影遮挡的情况下,能保证道路要素的完整性和连通性。基于高分辨率的遥感影像数据可以直接量测道路图斑属性,如路面宽度,道路长度,车道数等。

【案例】高分六号卫星影像分类

采用高分六号卫星影像,其全色影像的空间分辨率为2m,多光谱影像空间分辨率8m,有蓝、绿、红、近红外四个多光谱波段。通过对原始影像进行辐射校正、几何校正等预处理后,利用融合方法得到2m的融合多光谱影像作为实验数据。黄阁镇实验区内以建设用地为主,存在一定面积的林地和少量用地、园地等。经过自动变化检测处理,发现在影像的底部存在一定的地物变化。利用土地利用数据生成的样本对变化区域进行最近邻分类结果如图3-6所示。变化区域内主要是非建设用地转换成建设用地,在分类结果中基本准确分类出来,有少量道路绿化和小区绿化植被被误分为用地。

彩图效果

○ 建设用地　　○ 其他草地　　● 果园　　● 用地　　● 乔木林地　　● 水体

图3-6　高分六号卫星影像分类

3.1.4　基于无人机倾斜式摄影测量的信息获取

无人机采用倾斜式摄影空中三角测量技术。该技术顾及相机多视几何间强相关约束条件,弱化对姿态测量设备的要求,空三精度达到同等条件下垂直航摄区域网空三精度水平。包括三维自动建模基于摄影测量、计算机视觉与计算几何算法,支持全自动空三计算、密集点云生成、构建TIN网、自动纹理映射等步骤,实现真三维模型的快速生成。

1. 数据采集

倾斜摄影测量提供了空中全方位的视角,极高的重叠冗余度使全自动匹配成为可能。通过集成倾斜摄影与地面移动采集数据到统一的作业系统,构建空地一体的多视角三维建模环境,形成严格成像关系下的精密重建,弥补了单一数据源的视角、分辨率、遮挡等局限,集成化的建模环境大幅提升作业精度和效能。如图3-7所示。

无人机飞行的准备阶段首先是空域申请,根据收集到的地形地貌、道路交通、人口密度等数据资料,选取合适的起降场地,并制定应急方案。在实地踏勘完成后,需要设计航飞的整个技术方案,根据飞行高度、测区大小、航拍旋转角度以及影像重叠度设计飞行航线,其中影像的重叠度需要根据不同地形进行设置。根据需求设计无人机搭载的设备,无人机平台搭载GPS接收机、IMU设备能够获取摄站的POS信息,为影像的空中三角测量计算提供初值,提高空三的精度。

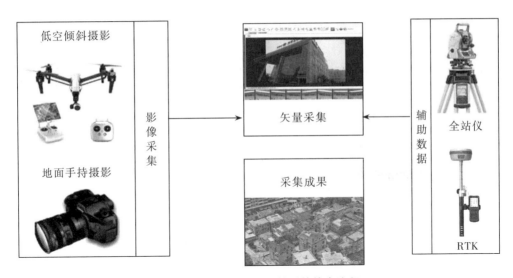

图3-7 基于实景三维模型的技术流程

与传统的垂直摄影相比,倾斜摄影可获取地物多视角的影像,并且地物的影像数量相较传统垂直摄影方法增加不少,提高了影像匹配的精度;由于倾斜摄影测量具有更加丰富的三维纹理信息,也为影像三维模型的重建提供了大量的纹理数据保障。利用倾斜摄影测量五镜头相机获取多角度影像,通过内业空中三角测量解算影像的外方位元素和加密点的坐标。进行影像的密集匹配并且在生成的密集点云的基础上构建三角网生成三维模型,将纹理信息映射到三维模型的表面,生成具有真实纹理信息的实景三维模型。利用实景三维模型能够直接量取广州市城市地理实体的距离与角度信息,并且能够进行多角度观察,读取广州市城市地理实体的相关属性信息。

在准备工作完成后,使用地面控制系统按照规划的航线控制飞行路线,遥控空中控制子系统按照预设的航线和拍摄方法进行影像拍摄。在飞行过程中,遥感数据和控制参数等信息在传感器、无人机平台及地面控制站间进行传输,并在地面站实时显示。在确保飞行天气标准及质量前提下,飞行结束返航前,从无人机设备中导出影像数据及其位置和姿态数据,对每一张拍摄像片进行检查;并浏览整个摄区的飞行情况,确保无一漏飞、每张像片上无云影及烟雾。对于每一张像片要求影像纹理清晰,不同像片之间色调效果基本保持一致,尤其针对不同架次的像片色彩进行对比检查,相同地物在影响上的色调应近似相同。

2. 数据处理

无人机影像及控制点数据采集完成后,即进入内业数据处理阶段,其数据处理流程如图3-8所示。首先是影像的畸变矫正,由于受到无人机搭载相机以及无人机航拍时飞行姿态的影响,原始航片都会产生畸变,对于影像的后续处理以及正射影像的质量造成干扰。影像畸变矫正的原理是首先根据相机参数建立影像畸变前后的对应关系,再进行重采样,根据已知相机的参数进行影像畸变的计算。

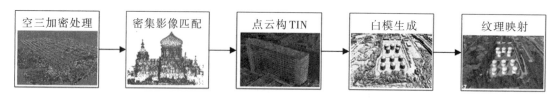

图 3-8　无人机影像数据处理流程

进行摄影测量的空中三角测量处理。对于具有控制点的航飞区域,需要在空三计算前将控制点与影像进行人工关联操作,即在影像上进行控制点选刺,将已经测得的控制点三维坐标输入空中三角测量计算过程中。控制点选刺完成后,进行影像的空中三角测量处理,相对定向恢复了所有影像在被拍摄时的相对位置,建立了以相对定向中的像空间辅助坐标系为基准的立体模型,根据之前添加的控制点进行模型的绝对定向,将模型的坐标系由像空间辅助坐标系转为物空间坐标系,获取影像的外方位元素与加密点坐标。

空中三角测量计算完成后,对空三的结果进行精度评价。在精度符合要求的基础上,进行影像的密集匹配,并在生成的密集点云的基础上构建三角网生成三维模型,此时的实景三维模型不带有纹理信息。根据影像坐标系与纹理坐标系间的关系,得到点的纹理坐标,再通过共线方程将二维影像的纹理空间点与三维模型上的三维空间点建立一一对应的关系,将其纹理信息映射到三维模型的表面,生成具有真实纹理信息的实景三维模型。

【案例】城市自然资源调查

利用实景三维数据对建筑地理实体数据进行细化调查,在叠合高分影像与大比例尺地形图建筑面数据进行勾绘预判的基础上,根据三维实景数据对勾绘的建筑物基底面进行核查与补充。同时,根据实景三维数据对每个勾绘的图斑进行属性赋值,例如通过三维数据的测量、判断,获取建筑物的结构、层数、楼高、建筑功能、保护状况等信息。如图 3-9 所示。

彩图效果

图 3-9　基于实景三维模型的建设用地

3.2 基于互联网+的城市空间数据获取

互联网作为社会的基础设施成为人类生活中不可分割的一部分。随着各种传统行业和服务行业与互联网的深度结合,互联网上集聚了各行各业的信息资源,互联网已成为人类各种信息的主要来源。

地理实体信息获取的主要内容也是地理实体位置数据和属性数据。基于互联网获取地理实体信息是从互联网海量的异构数据中提取与地理实体相关的信息—地理实体位置数据和地理实体属性信息。地理实体位置数据的提取以兴趣点(POI)获取技术为基础,地理实体属性信息的提取则主要以信息抽取技术为基础。

3.2.1 数据资源列表

城市空间数据来源范围广、特点多等性质,将其划分为多种类型,主要包括:基础地理数据、遥感影像数据、政府与机构数据等。

1. 地理空间数据

基础地理数据来源广、类型多,主要来源于地图导航与位置服务供应商、官方组织公开的地理信息数据集等。常用地图来源包括天地图、谷歌地图、百度地图、腾讯地图、高德地图、OpenStreetMap等。地图数据作为地理实体的空间特征和属性特征的数字描述,提供资源、环境、经济和社会等领域的相关带有地理坐标的数据,可以获取到地形图、兴趣点(POI)、建筑信息、交通信息等数据。主要来源如下:

世界城市数据库(http://www.wudapt.org/):通过众筹建立的一个开放、共享的城市数据库,该数据库以本地气候区作为分类框架,对不透水表面(如建筑物、道路、其他)、透水表面、草地等土地覆盖和土地利用类型进行采样,采用在线和基于移动的工具获得建筑材料、建筑尺寸、冠层宽度等其他信息。

天地图(https://www.tianditu.gov.cn/):由中华人民共和国自然资源部主管,国家基础地理信息中心负责建设的国家地理信息公共服务平台,提供矢量、影像、地形、三维等四种地图浏览方式。

开放街道地图(https://www.openstreetmap.org/):一个内容自由且能让所有人编辑的网上世界地图,由英国非营利组织OpenStreetMap基金会赞助并维持营运,地图可由用户以手持GPS设备、航空摄影照片、卫星影像及其他自由内容提供。

地理空间数据云(http://www.gscloud.cn/):由中国科学院计算机网络信息中心科学数据中心建设并运行维护,提供LANDSAT、MODIS、Sentinel、TRMM、高分系列等卫星的免费数据。

全国地理信息资源目录服务系统(http://www.webmap.cn/):由国家基础地理信息中心运行维护,提供30米全球地标覆盖数据、1:100万全国基础地理数据库、1:25万全国基础地理数据库等。

2. 遥感影像数据

遥感影像数据具有丰富的地面信息,信息量大、综合性高、时效性强,蕴含大量的地理空间要素数据。常用的影像数据源如下:

地理空间数据云(http://www.gscloud.cn/):以中国科学院及国家的科学研究为主要需求,引进国际上不同领域内的数据资源,并对其进行加工、整理、集成,最终实现数据的集中式公开服务、在线计算等。主要模块包括:影像数据,如 MODIS、Landsat、SRTM 等;数据产品,在影像数据及科学数据中心存档数据的基础上,利用国内外权威的数据处理方法,或科学数据中心自行研发的数据处理方法加工生产的高质量数据产品;模型计算,面向多领域科研需求,基于通用的数据模型,为用户提供可定制的数据产品加工,用户通过在线定制得到需要的数据产品。

美国地质勘探局(USGS)(http://earthexplorer.usgs.gov/):是美国内政部所属的科学研究机构,提供最新、最全面的全球卫星影像,包括 Landsat、MODIS 等。

LIDAR Online(https://www.lidar-online.com/):LiDAR-Online 是一个激光雷达数据的网络平台,可以使用和下载地理空间数据的服务(点云、光栅、文件),提供整个地理空间社区能够访问的激光雷达数据。可以覆盖到全球范围,主要是欧洲,北美,南美和非洲。

中国遥感数据网(http://rs.ceode.ac.cn/):遥感地球所为实施新型的数据分发服务模式,面向全国用户建立的对地观测数据网络服务平台。通过这个平台,向全国用户提供研究所在对地观测数据服务方面的最新动态、一体化的卫星数据在线订购与分发、互动式的数据处理与加工要求、数据在应用中的解决方案、对地观测数据的标准与数据共享,从而更好地满足全国用户,特别是国家重大项目对数据的广泛性、多样化、时效性的要求,服务于国家的经济建设。

Google Earth Engine(https://earthengine.google.com/):包含的数据集超过200个公共的数据集,超过500万张影像,每天的数据量增加大约 4000张影像,容量超过5PB。能够存取卫星影像和其他地球观测数据数据库中的资料,并且提供足够的运算能力对这些数据进行处理。

3. 政府与机构数据

美国国家政府开放数据(https://www.data.gov/):提供农业、商业、气候、消费者、生态系统、教育、能源、金融、健康、当地政府、海洋、制造业、公众安全、科研等主题的数据。

国家统计局(http://www.stats.gov.cn/):国家权威数据发布平台,提供所有国民经济、社会、民生数据,同时发布最新的统计策略、会议、统计标准等信息。

中华人民共和国应急管理部(https://www.mem.gov.cn/):2018年成立的国务院组成部门,主要公布风险监测、综合救灾、救援协调、预案管理、火灾防治管理、防汛抗旱、地震和地质灾害救援等涉及应急管理的相关信息与数据。

数据共享服务系统(http://data.casearth.cn/):数据共享服务系统是中国科学院 A 类战略性先导科技专项"地球大数据科学工程"(以下简称"地球大数据专项")数据资源发布及共享

服务的门户窗口。系统面向专项数据特点提供项目分类、关键词检索、标签云过滤、数据关联推荐等多种数据发现模式；提供在线下载、API接口访问等多种数据获取模式；支持可定制的多格式数据在线查看、预览和查询；支持面向个性化需求设计、收藏、推荐、下载、评价服务。

空气质量在线监测分析平台(https://www.aqistudy.cn/)：收录了367个城市的PM2.5及天气信息数据，具体包括AQI、PM2.5、PM10、SO_2、NO_2、O_3、CO、温度、湿度、风级、风向、卫星云图等监测项，所有数据每隔一小时自动更新一次。

3.2.2 网络数据获取方法

针对不同类型数据资源列表，采用不同数据采集方式进行数据获取。有些数据可以直接下载，但有些数据需要更进一步处理才能获取，常用方法包括利用网络爬虫、程序接口、专业地图下载器等方式。

1. 网络爬虫

网络爬虫是一种按照一定的规则，自动地抓取万维网信息的程序或者脚本，主要思路是由关键字指定统一资源定位符(URL)把所有相关的网页全抓下来，形成字符串文本，然后利用相关软件包结合正则表达式进行解析，提取文本信息，最后把文本信息存储下来。

以微博数据为例，介绍爬取社交媒体数据的基本步骤。微博是指一种基于用户关系信息分享、传播以及获取的通过关注机制分享简短实时信息的广播式的社交媒体、网络平台。用户可以通过PC、手机等多种移动终端接入，以文字、图片、视频等多媒体形式，实现信息的即时分享、传播互动。微博用户端向服务器发送一个带Cookie认证的请求，服务器对网络请求进行响应，返回我们需要的数据，请求原理如图3-10所示。在第一次请求中需要向服务器post相应的账号密码等账户信息。

Cookies指某些网站为了辨别用户身份、进行会话跟踪而存储在用户本地终端上的数据。当客户端第一次请求服务器时，服务器会返回一个请求头中带有Set-Cookie字段的响应给客户端，用来标记是哪一个用户，浏览器会把Cookies保存起来。当浏览器下一次再请求该网站时，浏览器会把此Cookies放到请求头一起提交给服务器，Cookies携带了会话ID信息，服务器检查该Cookies即可找到对应的会话是什么，然后再判断会话来以此来辨认用户状态。在成功登录某个网站时，服务器会告诉客户端设置哪些Cookies信息，在后续访问页面时客户端会把Cookies发送给服务器，服务器再找到对应的会话加以判断。如果会话中的某些设置登录状态的变量是有效的，那就证明用户处于登录状态，此时返回登录之后才可以查看的网页内容，浏览器再进行解析便可以看到了。反之，如果传给服务器的Cookies是无效的，或者会话已经过期了，将不能继续访问页面，此时可能会收到错误的响应或者跳转到登录页面重新登录。

爬虫主要流程是获取相应的统一资源定位符(URL),利用发起页面请求,抓取页面信息后,指定采集规则并采集每一页需要的数据要素。通过爬取页面分析,制定抓取规则。每页微博数据请求到页面并解析完成后,按照抓取的逻辑与规则插入到数据库中,若Cookie数量较少时,可拟定爬虫访问频率,降低数据服务区访问压力。若需要快速抓取,可以考虑多开线程,提升数据采集效率。此外,还可以构建Cookie池,进行Cookie的定时更新与维护。

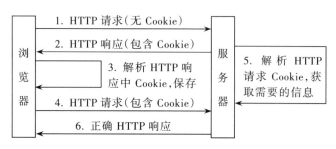

图3-10　HTTP连接原理

2. 利用应用程序接口(API)获取数据

应用程序接口(API)是指一些预先定义的函数,或指软件系统不同组成部分衔接的约定,为开发人员提供访问应用程序一组例程的功能。API使开发人员更容易地创建复杂的功能,而又无需访问原码,或理解内部工作机制的细节。Web API是指互联网产品对外提供的服务接口。目前来说Web API接口主要包括基于SOAP的Web Service和REST API,现在主流的Web服务以基于HTTP协议的REST API为主。

超文本传输协议是一种基于TCP/IP协议的应用层协议,用来在用浏览器和Web服务器之间传输信息。HTTP协议一般是事务型协议,所谓事务型的协议就是有请求有响应,就是一个请求对应一个响应,请求是由客户端发起HTTP请求给服务端的,服务端返回一个HTTP响应,通常这个称之为一次HTTP的事务。

表现层状态转化(REST)指一种Web架构原则。表现层(Representation)是指将存储信息的实体资源具体呈现出来的多种形式。在REST架构中,URI只代表资源的实体,具体表现形式应该在HTTP请求的头信息中用Accept和Content-Type字段指定。由于HTTP协议是一个无状态协议,因此所有数据的状态都保存在服务器端,如果客户端想要操作服务器,必须通过HTTP协议让服务器端发生状态转化。在HTTP协议里面,存在四个表示操作方式的动词:GET、POST、PUT、DELETE,分别对应四种基本操作:GET用来获取资源、POST用来新建资源、PUT用来更新资源、DELETE用来删除资源。

3. 兴趣点数据获取

兴趣点(Point of interest,POI)是一种专用的地理实体,比如房屋地点、餐厅、停车位、旅游景点等。POI既可以是永久性的,如文物古迹,也可以是临时性的,如商店、餐馆等。兴趣点是支持基于位置的应用程序的大多数数据的基础,通过在在线地图上演示空间信息,为基于位置的移动应用程序的用户提供空间信息服务。POI地图在数字地图创建中非常有用和有效,提供了目标站点的信息,在导航系统中发挥着巨大作用。

POI数据的获取主要通过爬取提供电子地图信息的POI数据来获取,国内主要有百度地图、高德地图和天地图为用户提供了API接口来爬取所需的POI数据。

无论是调用百度、高德还是天地图的API,开发者都必须申请账号并申请服务密钥(ak),才能使用相关服务功能。开发者按照指示申请账号,在控制台新建应用,创建浏览器端应用,选择需要的服务内容,创建成功后即可获取本应用的ak码。

从API"兴趣点坐标获取"得到进行数据获取。获取方式分为三种:按照行政区获取POI、圆形区域内获取POI、方形区域内获取POI,三者接口的请求参数不同,但是返回参数是一致的。为了保护数据,预防恶意攻击,每一次请求数量有上限限制,对每个应用的并发访问量也有限制,因此如果要爬取大量POI数据,可以采取多次请求、申请多个ak码交替使用等方式来提高访问效率。

4. 空间数据获取

空间数据包含位置、形态、大小分布等各方面的信息,可以分为地图数据、影像数据、地形数据、属性数据及元数据。其中,地图数据指的是各种类型的普通地图及专题地图;影像地图是指来源于卫星、航空遥感等影像数据;地形数据是指包含了地形信息的数据,主要包括数字高程模型(DEM)和其他实测的地形数据等。

为保证国家的信息安全,国内的地图数据提供商通常会对街道地图、标签数据、地形数据等进行一定的偏移处理,同时,在不同区域会存在不同的偏移值,与现实坐标存在一定的出入。不存在偏移问题的地图包括:必应地图、雅虎卫星地图、谷歌卫星地图、谷歌混合地图。

获取空间数据时,可以采用多种多样的下载器,常用的下载器包括:太乐地图下载器、水经注下载器等。利用太乐地图等工具下载空间数据的方式:选择画框下载,然后可以利用矩形框,框选目标范围,配置下载任务即可进行地图下载;选择多边形下载,然后在地图上绘制完整的多边形区域,配置下载任务即可进行地图下载,如下所示:选择kml下载,然后导入对应的kml文件,系统自动读取kml中的多边形并进行绘制,选择一个多边形,并配置下载任务即可进行地图下载;按照行政区划下载,可以下载省级、市级、区县级地图。首先选择行政区划,然后配置下载任务,即可进行地图下载。

太乐地图下载器,是一款专业的地图类应用,它的基本功能包括:地图下载、高程下载、POI下载、服务发布等。它支持上百种街道地图、卫星/航拍图、地形图的下载以及无缝拼接、无损压缩、地图纠偏、坐标系转换、离线浏览和地图服务发布等功能。水经注与太乐地图类似,可以下载几十种地图数据,可以下载的数据类型包括:谷歌卫星高清影像数据、谷歌卫星高清历史影像数据、10m DEM高程、地名路网矢量数据、建筑楼块、POI兴趣点等。

【案例】兴趣点数据可视化

从互联网下载兴趣点数据,对获取数据进行去重处理,然后利用ArcMAP软件进行可视化显示。图3-11是武汉市中心城区的学校兴趣点分布。

彩图效果

图例
学校
水体

图3-11　POI数据可视化

3.2.3　互联网+协同数据获取

基于互联网+技术构建基于云的内外业协同作业平台,对遥感影像、激光点云等遥感调查监测数据分布式云存储进行设计,为内外业协同作业提供高效、可靠、可扩展的自然资源存储池平台,通过云计算构建并行计算平台,实现监测数据的快速入库、编辑、访问等,为内外业一体化数据采集提供实时作业支持。

为了实现内外业一体化,需要客户端的协同配合,保证测量成果能够被实时处理和审核,调度信息能够实时流动到外业采集端,外业作业情况能够被实时反馈。内业数据处理客户端对高分影像、实景三维数据成果等进行叠加分析处理,形成外业作业库以备外业数据采集使用,同时也对传回的外业数据进行处理和审核。外业调查管理与调度端对各个部门调查审核人员的分级管理,通过互联网实现对外业人员实时调度。外业数据采集端则负责采集数据,通过互联网接受实时外业调度并实时上传数据。内外业协同数据采集流程如图3-12所示。

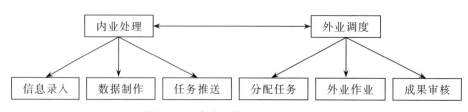

图3-12　内外业协同数据采集流程

1. 内业数据处理客户端

内业数据处理内容主要包括：内业预处理和外业数据处理。

内业预处理，包括图斑勾绘、点位落图预判、属性赋值，为构建作业库做准备，形成外业工作地图，以供外业数据采集使用。首先对已有数据的收集分析与整理，包括调阶段性成果数据、基础地形图数据、正射影像数据、地理国情监测数据等，并且使用航飞照片和像控点数据生产出三维实景模型。然后叠合高分影像与大比例尺地形数据，二维工作空间中进行各个要素的图斑勾绘预判或点位落图预判；再结合实景三维数据，在三维工作空间中对勾绘的各个要素图斑和点位进行核查与补充。对于属性值的整理，除了大比例尺地形图数据、高分影像、实景三维数据，还应结合各部门一些历史文档数据和互联网资料进行判断。

在外业数据传回后，需要对外业数据进行处理核查入库。主要包括以下流程：①整理汇总，将外业分组提交的数据库与外业照片整理汇总，形成统一的内业核查数据库与外业照片文件夹。②配置底图，加载地形图、正射影像、内业核查数据库数据，经过符号与标注等设置，形成内业核查统一的工作底图。③照片连接，在工作底图中设置连接外业照片，方便核查人员核查。④数据核查，根据大比例尺地形图与正射影像，再次核查图斑边界；根据外业照片，核查数据图斑属性是否正确。⑤质量检查，小组自检和检查组100%检查，并汇总内业成果数据库。

2. 外业管理与调度端

通过外业管理与调度系统对不同级别人员用户信息的管理，汇总分析工作任务完成情况、检查审核情况，更新工作任务以及实时数据库数据入库情况等内容。流程如下：

用户管理：用户模块主要实现用户登录以及用户信息权限管理功能，以适应不同级别用户、多用户的同时编辑、管理操作。不同级别的用户，如市、县、区级不同级别，对不同的功能设置不同的权限限制，并且严格保证不同级别用户之间的等级通讯机制，使得消息和任务只在相邻级别之间传递，从而保证不同级别人员之间任务分发以及成果审核等工作的有序性。

任务创建与管理：任务的创建首先需填写一些必要的说明信息：任务年份、任务类型、任务地点、任务描述、任务名称等。任务年份表明任务所在年度，任务类型根据实际的任务种类进行管理，任务地点表明某一任务批次的图斑所在的区县，任务描述则指明任务要求及相关指标；任务名称由后台服务根据用户填写的有关任务描述信息组合产生名称。任务创建成功后即可导入图斑属性和图斑边界文件。任务创建完成后即可在任务管理列表中对所创建的任务进行管理，包括任务编辑、任务删除、任务查询等相关功能。

调查任务下发：任务创建完成并导入图斑数据后便可进行任务的下发工作，任务的下发流程与调查实际工作保持一致，市局将调查任务下发给辖区内的区县局；区县分局下发到乡镇所，再发到外业调查人员。提供根据图斑属性信息及空间位置信息相结合的方式进行任务的分配。前者以图斑属性中的县区行政代码为依据对任务进行组织，将同一批次的图斑组织到同一任务中进行管理。后者在地图上进行交互绘制将区域中的图斑选中，并添加作为候选图斑,选择希望下发的机构以后点击确认,便可完成图斑的下发分配工作。

调查成果上传:外业调查人员将调查成果通过移动端上传后,登录网页端将上传后的调查成果通过上传模块传至负责人审核。在"退回图斑"选项卡中有上级部门审核不通过的图斑,调查用户需要根据审核信息完善图斑信息或者是重新进行实地信息采集。上级部门负责人登录系统,将看到部门下的调查人员上传的调查成果,部门负责人可以根据图斑的未变更类型和图斑状态来查看图斑,并对其成果进行审核,若审核通过则点击继续上传至上级部门,若审核不通过则执行退回操作,外业调查人员将接收到退回的不合格图斑。

外业调查轨迹查询:可以对外业调查人员工作进行定位,实现移动考勤、行程管理、轨迹查询。外业调查人员通过移动设备记录外业调查的轨迹,在提交图斑采集信息的过程中一并提交到服务器端。部门负责人可以对用户的外业路线进行监督管理,可以根据任务起始时间,任务编号,巡查人员以查询外业调查轨迹,实现对人员外业调查的工作监督与信息考核。

外业管理与调度系统功能如图3-13所示。

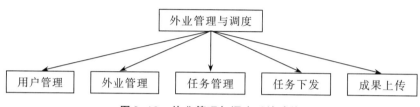

图3-13 外业管理与调度系统功能

3. 外业数据采集端

调查任务准备:需要准备的数据有属性数据和外业调查底图数据,这两种数据可通过USB连接直接从电脑导入app相关存储目录下,或者由调度员对任务进行统一分发和调度,通过数据下载功能存储到设备中。数据导入功能可以将准备的属性数据从存储中导入到app运行内存中,以供外业进行属性编辑、修改、删除等操作,导出功能即把修改后属性数据保存至本地目录下。

路径规划:为了避免外业调查人员重复走路,提高作业效率,设计了支持选择多个目的点的路径规划功能。先读取待采集点的位置信息,将待采集点显示于地图上,外业调查人员选择出行方式,如步行、车辆驾驶等,路径规划功能根据出行方式、当前路况、外业人员所在位置制定合理高效的作业采集顺序,引导外业人员高效移动完成数据采集。

外业数据采集:外业数据采集主要包括地物类型和属性调查,以及地物范围变动调查。作业人员可以在地图中查看路径规划结果以及行走过的轨迹,可以在新增的点位标记功能中选择采集点位类型(调查点位、核查点位或采样点位),在地图上标注点位,系统会自动记录点位的坐标。作业人员在标注点位后,系统提供照相功能对场景进行拍照。照片拍摄时的焦距、横滚角、俯仰角、方位角、拍摄距离、经纬度和高程等相关信息依靠智能设备自动获取并记录。作业人员可以在采集过程中调用地图的距离测量和面积测量功能,建筑物等深入精细化调查中可以辅助估算新图斑的大小,然后决定是否将该图斑入库。作业人员还可以对已采集的点位进行浏览、编辑、删除和修改,管理点位的照片和修改相关的属性信息。

数据上传:外业人员在野外采集数据时通过网络上传功能实现调查数据实时保存至中心数据库中,以便内业人员进行相应的内业处理;同时轨迹数据也会上传,以便项目管理人员实时查看作业组的当前位置和完成的进度情况,从而为项目的在线监控和协调管理提供技术支持。

外业数据采集端功能模块如图3-14所示。

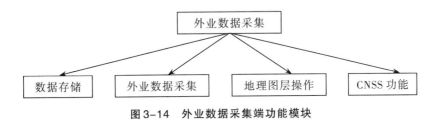

图3-14 外业数据采集端功能模块

3.3 城市动态信息获取

现代化城市化面临很多问题和挑战,如空气污染、交通拥堵等。随着感知技术和计算环境的成熟,各种大数据在城市里悄然而生,如交通流、气象数据、道路网、兴趣点、移动轨迹和社交媒体等。如果使用得当,这些大数据不仅可以及时反映出城市中存在的问题,也可以用来解决城市所面临的挑战。

3.3.1 道路交通标志识别

道路交通标志在指示道路状况、规范交通行为以及保障道路功效等方面起着举足轻重的作用。在车辆的行驶过程中,道路交通标志作为道路设施的重要组成部分和道路交通信息的重要载体,准确地指示了该路段的路况信息和行驶要求,例如道路的警告信息、指示信息以及禁止信息等,规范驾驶员操作,保障道路安全畅通。道路交通标志的检测识别对辅助驾驶员安全驾驶、推动无人驾驶技术发展、减少交通事故发生以及促进交通管理等方面提供关键信息支持。

1. 基于Faster R-CNN的道路交通标志检测识别

Faster R-CNN是一种由区域生成网络和快速卷积神经网络Fast R-CNN组成的目标检测方法,具有较佳的检测性能和检测速度。在Faster R-CNN模型中,生成候选区域、提取特征、类别分别以及位置定位等被统一到同一个深度学习网络框架内,所有计算没有重复运算,极大提高了运行速度。Faster R-CNN检测识别道路交通标志流程如图3-15所示。

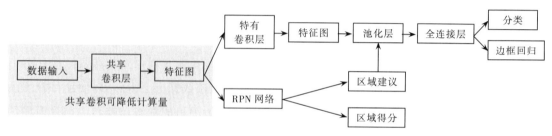

图3-15　Faster R-CNN检测识别道路交通标志流程

　　在候选区域(检测框)的生成阶段,Faster R-CNN模型引入锚点(anchor)机制,通过区域候选网络(RPN)生成候选区域,可以使得候选区域的生成速度得到大幅度的提升。在Faster R-CNN网络模型的训练过程中,由RPN网络与Fast R-CNN网络共享卷积特征,使用RPN获得候选区域,再由Fast R-CNN实现最终目标的检测与识别。通过四个阶段交替优化学习的方式,实现区域生成网络RPN和Fast R-CNN网络的特征共享。这四个阶段分别为:

　　(1)训练RPN网络。通过预训练好的网络模型来初始化RPN网络,采用端到端的方式对网络进行微调训练。

　　(2)对Fast R-CNN网络进行预训练。利用上一阶段RPN网络生成的感兴趣区域进行以检测为目的的Fast R-CNN网络端到端的微调训练。

　　(3)使用上一阶段训练好的Fast R-CNN网络模型重新对RPN网络进行初始化,并将共享卷积层固定,不改变共享卷积层参数,仅仅微调RPN网络的全连接层。

　　(4)固定共享卷积层,同时利用上一阶段训练的RPN网络生成的感兴趣区域,微调Fast R-CNN网络的全连接层参数,使两个网络模型形成一个整体统一的网络完成端到端的检测。

【案例】利用Faster R-CNN模型检测识别交通标志

　　采用德国交通标志检测基准(GTSDB)数据集,该数据集中有900张自然交通场景下的图像以及图像中交通标志的标注文件。在数据标注方面,数据集中有标注文件,记录了每个交通标志在图像中的边界框和类别,标注了43类共1206个交通标志。图像中交通标志大小分布在16×16像素到128×128像素之间,存在多种场景下的交通标志,甚至一些图像中的交通标志用人眼很难识别出来,非常适合作为交通标志的检测识别研究的数据。

　　利用Faster R-CNN检测识别道路交通标志取得了较好的检测识别结果(见图3-16)。Faster-RCNN模型在检测识别道路交通标志时,定位精度较高,对小目标的道路交通标志也取得了较好的检测结果,但花费的检测时间较长,此外检测精度有待于进一步的提升。

彩图效果

图3-16　Faster R-CNN检测识别交通标志示例图

2. 基于SSD模型的道路交通标志检测识别

SSD是一种前向传播的卷积神经网络,经过卷积神经网络卷积后,利用多个层次上的特征图产生许多尺寸不同、宽高比不同的边框以及每个边框里包含目标类别的可能性,得出分数,并用非极大值抑制来计算得到最终的预测结果,而且可以对边框的形状进行调整,以适应不同大小形状的目标物体。

SSD能够达到在实时目标检测的水平上仍然有很高的精度,是将目标检测转换为回归问题的一种端到端的目标检测识别框架。如图3-17所示,SSD模型的网络结构包括两大部分:一是位于网络结构前端的基础网络,默认网络是VGG16,使用VGG-Net网络的1-5层作为基础层,作用是用于提取目标的初步特征;二是位于网络结构后端、由几个级联卷积层组成的多尺度的特征检测网络,用于将前端网络产生的特征层进行不同尺度条件下的特征提取,最后是一个池化层,提取多尺度特征图上的局部特征完成以后,对其进行预测,最后通过非极大值抑制对预测结果进行筛选,得到最终的检测结果。

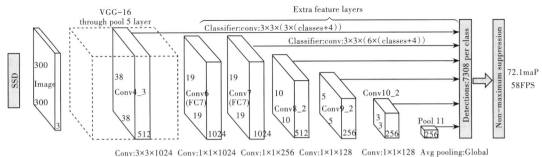

图3-17　SSD网络结构

【案例】利用SSD模型检测交通标志

SSD模型对目标检测识别的精度和速度都较高,利用训练好的SSD模型对道路交通标志测试集进行测试时,存在漏检情况,能检测识别出尺寸相对较大的交通标志,小尺寸的交通标志几乎无法被检测识别出来,而且部分检测出来的交通标志定位较差或者存在类别预测错误的情况。如图3-18所示。

彩图效果

图3-18　SSD模型检测识别道路交通标志示例图

3. 基于YOLOv3模型的道路交通标志检测识别

基于回归YOLOv3目标检测算法,不需要提前提取候选区域,其核心思想是采用回归的方法,将整张图像作为输入,直接在输出层回归出检测目标物体的边界框的位置及其分类识别的概率,将目标检测问题转化为回归问题,实现端到端的目标检测识别。

YOLO v3借鉴了残差神经网络的思想,通过采用基于残差神经网络改进的Darknet-53网络作为基础特征提取网络以及使用多尺度预测的方式,使得YOLO系列不擅长检测识别小物体的缺陷得到了改善,有效地增强了模型对不同大小物体以及被遮挡物体的检测效果,同时采用随机多尺度训练增强了模型的鲁棒性。

【案例】　利用YOLOv3模型检测道路交通标志

利用YOLOv3检测识别道路交通标志取得了较好的实验效果,检测结果中用目标检测框圈出物体,并标明检测的道路交通标志类别以及目标检测得分,其中目标检测得分的取值范围为0~1,越接近1,说明目标检测的置信度越好。图3-19中存在多个道路交通标志,利用YOLOv3能够正确检测识别出图像中存在的多个交通标志,而且三个被检测识别出来的交通标志的目标检测得分均为1.0,表现出非常好的检测识别效果。

彩图效果

图3-19　多个交通标志检测识别示例图

4. 识别道路交通标志的效果

分析道路交通标志检测识别算法的实验结果时,将分别从精确率(Precision)、召回率(Recall)、mAP(Mean Average Precision)、识别效率等指标来衡量基于深度学习的道路交通标志检测识别算法的性能优劣:

(1)精确率:正确检测识别出的道路交通标志占总识别出来的道路交通标志的概率,计算公式为:

$$\text{Precision} = \frac{TP}{TP + FP} \tag{3.6}$$

(2)召回率:正确检测识别出的道路交通标志占测试集中所有道路交通标志的概率,召回率越高则表明漏检的交通标志越少。召回率的计算公式为:

$$\text{Recall} = \frac{TP}{TP + FN} \tag{3.7}$$

(3)mAP(mean Average Precision):以召回率 Recall 为横轴,精确率 Precision 为纵轴绘制 P-R 曲线,曲线越靠右上,则说明检测效果就越好。定义 AP 以便于对检测效果进行定量描述,AP 是曲线下的总面积,如果 AP 值越大,代表检测性能越好。AP 的计算公式为:

$$\text{AP} = \int_0^1 P(R)\,\mathrm{d}R \tag{3.8}$$

mAP 代表所有类别目标 AP 值的平均值,是评估检测效果的重要指标。mAP 值的范围为 0-1,越接近1,则目标检测识别的精确率和召回率都很高,目标检测算法模型的性能也就越好。

(4)识别效率:每秒能检测识别道路交通标志的帧数。

(5)IOU:定义为预测框与目标的真实边界框的重叠率,即检测结果(Dp)与实际标注的真实框(Gt)的交集比上它们的并集,是评价检测准确度的重要参数。其公式为:

$$\text{IOU} = \frac{Dp \cap Gt}{Dp \cup Gt} \tag{3.9}$$

【案例】 交通标志检测识别效果

图 3-20 所示为利用 YOLOv3 模型在道路交通标志检测识别实验中训练 2000 次所得的各类交通标志的精确率（Precision）和召回率（Recall）绘制出的 P-R 曲线图。P-R 曲线可以是反映训练模型全局性能的重要指标。当迭代训练 1500 至 2000 次时，loss 值稳定在 0.2 左右。从图中看出，随着召回率的增加，相应的精确率总体来说在递减。当精确率较高时，则相应的召回率较低，即会存在较多漏检的交通标志。而当精确率较低时，召回率则相应较高，说明漏检的交通标志在变少。此外，各类交通标志的 P-R 曲线存在差异，其中交通标志 speed limit 120（prohibitory）的 P-R 曲线的最大召回率在 0.5 左右，相比其他类交通标志较小，说明存在较多的漏检情况，而其他类别的交通标志的检测识别效果相对较好，表现出较好的精确度和召回率的平衡，尤以交通标志 give way、priority road、no overtaking（trucks）等最为突出。

彩图效果

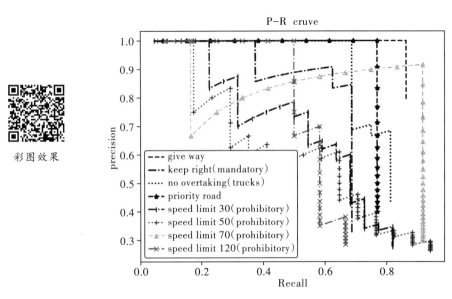

图 3-20 YOLOv3 检测识别交通标志训练的 P-R 曲线图

3.3.2 城市道路交通信息获取

城市交通是城市的生命线，是城市人民生活，工业生产、财政经济、商业贸易、科技文教等活动正常开展的基本条件。城市道路交通状态是反映交通流运行状况的基本变量组，包含流量、速度、占有率、行程时间等多个交通参数。交通状态信息获取涵盖交通流数据的采集、交通信息的生成和传输以及交通信息的存储和处理等环节。交通状态信息获取是否及时、准确、全面将影响交通控制和交通诱导策略的有效性、交通信息发布与服务的可靠性、交通事故致因分析的合理性。

1. 共享单车轨迹

共享单车作为一种新型商业模式，在城市环境、交通领域的影响积极，共享单车有效解决了公共交通难以实现"最后一公里"末端需求的弊端。

共享单车普遍带有全球导航卫星系统(GNSS)设备,通过GNSS可以获取共享单车的位置数据,进而获得单车的行进轨迹。共享单车是一种新型的基于互联网的自行车租赁业务,其在日常运营中产生了大量含有时间和空间信息的时空大数据,其时空位置、行驶轨迹与人的出行行为密切相关。以人一天的活动为例,工作日的早高峰,当人们从居住区域使用共享单车到换乘站点或者工作区域,共享单车主要集中在以办公职能为主的区域;在下午人们工作结束后将从工作区域使用共享单车回家或是去往主要换乘站点或城市休闲娱乐区,这时候居住区域与休闲娱乐区域的共享单车数量剧增。周末,大家主要以休闲娱乐为主,所以居住区和休闲娱乐区的共享单车数量较多,工作区域则相应较少。因此,利用共享单车数据可以分析城市的空间活力、城市的职住地、城市的职住出行距离等问题。

共享单车数据的获取主要有以下几种方式:①借助SP/RP用户出行调查获取;②通过国外共享单车运营公司网站下载开源数据(Citi bike、Divvy数据集);③选择某一单车APP并借助其开放端口(API)爬取某一地区的实时数据。

【案例】 共享单车可视化图

在BIKE SHARE MAP网站,能访问城市共享单车分布情况,在该网站展示了所有停车点的分布信息、任意时间段的使用等级、每个停车点的使用现状以及每个停车点是否可用等。如图3-21所示。

彩图效果

图3-21 共享单车分布情况(来源:https://bikesharemap.com/hangzhou)

2. 城市交通拥堵状况

道路场景作为一定时空范围内基础设施与活动行为共同构成的综合体,链接和构建"人地关系",交通拥堵是道路在一定时间内供需不平衡的直接体现。以拥堵路段为分界点,拥堵路段之前的道路和拥堵路段之后的道路交通量有显著差别。拥堵路段之前的道路会堆积越来越多的车辆,致使通行能力下降、车辆密度不断上升,行车速度不断下降,车辆到达目的地的时间延长。拥堵路段之后的道路车辆数量少,行车速度正常,道路占有率低。

以百度、高德、腾讯等开放平台为代表的电子地图应用程序接口(API)是基于位置服务(LBS)提供商为开发者提供的数据应用服务,可提供数据融合以及海量的数据处理等服务,日均处理次数达百亿次,为采集电子地图POI数据以及交通状态数据提供平台基础。通过程序设定采集范围、返回数据格式等参数,在电子地图API中实现数据采集。

交通状态数据也称实时路况数据,是电子地图的功能性数据之一,为使用者提供实时路况信息,同时为导航提供数据支持,包括路名、交通态势、速度、经度、纬度等字段。其信息来源主要包括三方面:一是终端设备回传数据,即用户导航过程中回传的数据,主要包括普通用户回传数据及浮动车数据两类,二是交通指挥中心数据,包括地磁卡口数据、测速监控数据等,三是大数据挖掘,根据历史数据进行预测,各电子地图服务商通基于信息源,通过算法得出交通状态数据,具有可靠性高、覆盖面广等优点,为分析交通拥堵问题提供基础数据支撑。

【案例】　交通实况信息

Bing地图提供了交通流量实时显示功能。用户利用API实时获取交通流量数据,也可以使用交通流量数据来显示彩色的路线图,如图3-22所示。此外,Bing地图支持英语、中文等100多个国家语言自动转换。

彩图效果

图3-22　交通实况信息(来源:https://cn.bing.com/maps)

3. 城市摄像头数据

随着人们对安全性要求的提高以及经济条件的改善,监控摄像头的个数增长速度越来越快,覆盖的范围也越来越广。众多的摄像头,庞大的监控网络,瞬间就会产生海量视频数据。

智能视频监控技术是由计算机智能地分析从摄像头中获取的图像序列,对被监控场景中的内容进行理解。智能视频监控系统除了采集、传输及存储监控场景中的视频外,还能够基于计算机视觉、机器学习、模式识别等方法对监控场景进行自动分析,从中提取并感知关键信息,如目标检测与识别、事件检测、对象查询与检索等,从而降低传统的视频监控系统中所需的人工干预程度。不同于传统视频监控系统中"被动"监控的状态,它可以主动感知监控区域内出现的运动对象,并对其在监控场景中的运动进行跟踪分析,一旦发现有异常行为可以及时地给后台发出警报,从而防患于未然。

人是最重要的视频监控的目标对象之一,针对人的诸多检测与识别技术也是视频分析及视频监控的重要组成部分,在智能监控、驾驶员辅助系统、运动分析、高级人机接口具有广泛的应用前景。其中的关键技术包括肤色检测、人脸检测等相关技术。肤色检测是指在图像或视频当中选取对应于人体皮肤像素的技术,肤色检测的主要方法是基于统计的方法。人脸检测的主要方法分为基于特征的方法以及基于模式分类的方法,基于特征的方法利用颜色、纹理、形状等图像局部特征来检测人脸,基于模式分类的方法则利用模式识别技术来从候选区域当中检测人脸。

运动车辆的检测识别是智能交通系统中车辆行为识别的基础。运动车辆检测是根据现有的视频序列,通过检测处理,确定视频中是否存在相对于背景运动的物体。运动车辆检测方法一般有侦间差分法、背景差分法、光流法等几种方法。侦间差分法主要是根据相邻视频侦间的像素变化确定运动目标,先将相邻两侦的像素做差,再通过阀值比较得到运动目标。背景差分法是利用图像序列中的各个视频侦与使用背景模型得到的背景图像做差得到目标车辆的方法,得到可能是目标车辆的区域后,再通过对差值图像二值化,获得更加完整的运动车辆。光流法是给视频图像中的每一个像素点赋予一个速度矢量,这样整幅图像就形成了一个运动场,在某一个特定的时刻,图像上的点会与 H 维物体上的点根据投影关系得到一一对应关系。

【案例】 实况摄像头

SkylineWebcams 网站提供高清网络摄像头的实时直播内容,该网站提供的摄像头资源覆盖了 50 多个国家/地区的部分城市风光、海滩、码头、风景等内容。如图 3-23 所示。

彩图效果

图 3-23 纽约第 42 街实况摄像头(来源:https://www.skylinewebcams.com/)

思考题

1. 名词解释:

    (1)遥感;(2)V-I-S模型;(3)网络爬虫;(4)SSD模型

2. 请列举常用的遥感数据处理光谱指数,并说明每种指数的适用场景。

3. 请论述无人机倾斜式摄影测量的数据处理流程。

4. 简述从互联网上获取空间数据的主要方法。

5. 简述道路交通标志识别的主要方法。

6. 简述城市道路交通信息获取的主要方法。

本章教学视频及课件

　　教学视频　　　　　　　　　课件

第 *4* 章

城市空间信息的可视化表达

空间信息可视化是空间信息的多维、多尺度表示。本章主要介绍空间数据可视化的基本途径、主要技术,三维城市模型数据内容的基本构成、空间对象属性,城市建筑物三维可视化及地下城市空间信息的可视化。

4.1 城市空间信息的专题可视化

4.1.1 空间数据可视化的基本途径

这里的"可视化"(visualization),指的是运用计算机图形图像处理技术,将复杂的科学现象、自然景观及十分抽象的概念图形化,以便理解现象,发现规律和传播知识。

1987年,美国国家科学基金会的图形图像专题组提交的报告中,首次引用"科学计算可视化(visualization in scientific computing)"一词,由此开始了这一新兴技术的研究,并成为计算机图形学中的一个重要研究领域。科学计算可视化的研究目标,是要把实验或数值计算得到的大量抽象数据表现为人的视觉可以直接感受的计算机图形图像,为人们提供了一种可直观地观察数据、分析数据,揭示出数据间内在联系的方法,在地理、地质、气象、环境等地学领域获得到了广泛的应用。

可视化理论与技术用于地图学始于20世纪90年代初。国际地图学协会(ICA)1993年在德国科隆召开的第16届学术讨论会上宣告成立可视化委员会(Commission On Visualization);1996年该委员会与美国计算机协会图形学专业组(ACMSIGGRAPH)进行了跨学科的协作,探索计算机图形学理论和技术如何有效地应用于空间数据可视化,探讨如何以地图学的观点和方法促进计算机图形学的发展。对地图学来说,可视化技术已远远超出了传统的符号化及视觉变量表示法的水平,而进入了在动态、时空变化、多维的可交互的地图条件下探索视觉效果和提高视觉功能的阶段。在地理信息系统中,空间数据可视化更重要的是为人们提供一种空间认知的工具,它在提高空间数据的复杂过程分析的洞察能力、多维和多时相数据和过程的显示等方面,将有效地改善和增强空间地理环境信息的传播能力。

在可视化技术基础上发展起来的还有仿真技术(imitation,simulation)和虚拟现实技术(virtual reality)。两者的共同基础都是科学计算可视化,都是由计算机进行科学计算和多维表达或显示的重要方面,当然它们也都是可视化技术的发展。仿真技术是虚拟现实技术的核心。仿真技术的特点是用户对可视化的对象只有视觉或听觉,而没有触觉;不存在交互作用;用户没有身临其境的感觉,操纵计算机环境的物体,不会产生符合物理的、力学的行为或动作。而虚拟现实技术则是指运用计算机技术生成一个逼真的,具有视觉、听觉、触觉等效果的,可交互的、动态的世界,人们可以对虚拟对象进行操纵和考察。虚拟现实技术的特点是,能利用计算机生成一个具有三维视觉、立体听觉和触觉效果的逼真世界;用户可通过各种感官与虚拟对象进行交互,操纵由计算机生成的虚拟对象时,能产生符合物理的、力学的和生物原理的行为和动作;具有从外到内或从内到外观察数据空间的特征,在不同空间漫游;借助三维传感技术(如数据头盔、手套及外衣等),用户可产生具有三维视觉、立体听觉和触觉的身临其境的感觉。虚拟现实技术所支持的多维信息空间,能提供一种使人沉浸其中、超越其上、进出自如、交互作用的环境,为人类认识世界和改造世界提供了一种新的强大的工具(承继成等,2000)。

目前,地学信息可视化的产品很多。例如:运用3DS制作动画,实施预定路径的地景观察;运用OpenGL软件在微机或工作站上实现可实时交互的、可立体观察的虚拟地景仿真;运用Performer及MultiGen(三维建模软件)在SGI工作站上完成地景建模与实时显示等。可视化技术的研究和利用,给地球科学研究带来了根本性变革。例如,加深了地学研究对数据的理解和应用;加强了地学分析的直观性,可直接观测到诸如海洋环境、大气湍流、地壳运动等地学过程;地学研究者将不仅能得到计算结果,而且能知道在计算过程中数据如何流动,发生了什么变化,从而通过修改参数,引导和控制计算过程;地学研究者利用可视化技术预测热带气旋的移动、火山灰云的活动,将它们以动画形式表现出来,从而做出预警,使社会和公众免受或少受损失,给地学研究和社会带来巨大社会和经济效益(李新等,1997)。

4.1.2 空间数据可视化的主要技术

1. OpenGL

OpenGL是由一些公司在GL(graphics library)的基础上联合推出的三维图形标准,是一种图形与硬件的接口,独立于硬件设备、窗口系统和操作系统。它使三维图形的制作、显示达到了动态实时交互的水平,为三维图形的开发提供了先进的、标准化的平台,已得到较普遍的应用(王家耀,2004)。

利用OpenGL进行三维实体建模,有三个方面的核心技术问题。首先,是实施空间物体的三维坐标到二维计算机屏幕上像素位置的转换,要经过三个步骤的计算机操作,即投影变换、窗口裁剪和视口变换;第二个问题是光照模型的建立,即将光照加到场景中,包括对全部空间物体的每个顶点定义法向量,选择和定位一个或多个光源,建立和选择光照模型,定义全局泛射光(环境光)和视点的有效位置,定义场景中对象的材料性质等;第三个问题是纹理映射,包括指定纹理,指出如何将纹理施加于每个像素,激活纹理映射,给出纹理和几何坐标的场景。

OpenGL建模的基本过程分为三个步骤：

第一步,几何建模。它是根据实体的特征点数据,通过求出各点法向量生成三维几何模型；

第二步,形象建模。它是对已生成的几何模型进行纹理映射,光照、颜色设置,消隐处理等工作,使三维物体更加逼真；

第三步,三维显示。它是对已创建的三维模型经过投影(正射投影或透视投影),设置观察视点,进行各种变换(平移、旋转等),显示到二维屏幕上,并达到逼真的视觉效果。

2. VRML

VRML是英文 Virtual Reality Modeling Language——虚拟现实造型语言的缩写。其最初的名字叫 Virtual RealityMaku Language。名字是在第一届 WWW(1994,日内瓦)大会上,由 TimBernersLee 和 DaveRaggett 所组织的一个名为 Bird-of-a-Feather(BOF)小组提出的。后来 Makeup 改为 Modeling. VRML 和 HTML 是紧密相连的,是 HTML 在 3D 领域的模拟和扩展。由于 VRML 在 Internet 具有良好模拟性和交互性,而显示出强大的生命力。

VRML是一种 3D 交换格式,它定义了当今 3D 应用中的绝大多数常见概念,诸如变换层级、光源、视点、几何、动画、雾、材质属性和纹理映射等。VRML 的基本目标是确保能够成为一种有效的 3D 文件交换格式。

VRML是 HTML 的 3D 模型。它把交互式三维能力带入了万维网,即 VRML 是一种可以发布 3D 网页的跨平台语言。事实上,三维提供了一种更自然的体验方式,例如游戏、工程和科学可视化、教育和建筑。诸如此类的典型项目仅靠基于网页的文本和图像是不够的,而需要增强交互性、动态效果连续感以及用户的参与探索,这正是 VRML 的目标。

VRML提供的技术能够把三维、二维、文本和多媒体集成为统一的整体。当把这些媒体类型和脚本描述语言(scripting language)以及互联网的功能结合在一起时,就可能产生一种全新的交互式应用。VRML 在支持经典二维桌面模型的同时,把它扩展到更广阔的时空背景中。

VRML是赛博空间(cyberspace)的基础。赛博空间的概念是由科幻作家 William Gibson 提出来的。虽然 VRML 没有为真正的用户仿真定义必要的网络和数据库协议,但是应该看到 VRML 迅速发展的步伐。作为标准,它必须保持简单性和可实现性,并在此前提下鼓励前沿性的试验和扩展。

3. X3D

X3D(Extensible3D——可扩展3D)是一个 3D 软件标准,定义了如何在多媒体中整合基于网络传播的交互三维内容。X3D 将可以在不同的硬件设备中使用,并可用于不同的应用领域中。比如工程设计、科学可视化、多媒体再现、娱乐、教育、网页、共享虚拟世界等方面。X3D 也致力于建立一个 3D 图形与多媒体的统一的交换格式。X3D 是 VRML 的继承。X3D 具有以下的新特性：

（1）3D图形：多边形化几何体、参数化几何体、变换层级、光照、材质、多通道多进程纹理贴图。

（2）2D图形：在3D变换层级中显示文本、2D矢量、平面图形。

（3）动画：计时器和插值器驱动的连续动画；人性化动画和变形。

（4）空间化的音频和视频：在场景几何体上映射视听源。

（5）用户交互：基于鼠标的选取和拖曳；键盘输入。

（6）导航：摄像机；用户在3D场景中的移动；碰撞、接近和可见性检测。

（7）用户定义对象：通过创建用户定义的数据类型，可以扩展浏览器的功能。

（8）脚本：通过程序或脚本语言，可以动态地改变场景。

（9）网络：可以用网络上的资源组成一个单一的X3D场景；可以通过超链接对象连接到其他场景或网络上的其他资源。

（10）物理模拟：人性化动画；地理数据集；分布交互模拟（Distributed Interactive Simulation，DIS）协议整合。

4. Java3D

Java3D用其自己定义的场景图和观察模式等技术构造了3D的上层结构，实现了在Java平台使用三维技术。Java3DAPI是Sun定义的用于实现3D显示的接口。3D技术是底层的显示技术，Java3D提供了基于Java的上层接口。Java3D把OpenGL和DirectX这些底层技术包装在Java接口中。这种全新的设计使3D技术变得不再烦琐并且可以加入J2SE，J2EE的整套架构，这些特性保证了Java3D技术强大的扩展性。Java3D建立在Java2的基础之上，Java语言的简单性使Java3D的推广有了可能。Java3D是在OpenGL的基础上发展起来的，可以说是Java语言在三维图形领域的扩展，其实质是一组API即应用程序接口。利用Java3D所提供的API就可以编写出一些诸如三维动画、远程三维教学软件、三维辅助设计分析和模拟软件以及三维游戏等。它实现了以下三维功能：

（1）生成简单或复杂的形体（也可以调用现有的三维形体）。

（2）使形体具有颜色、透明效果、贴图。

（3）在三维环境中生成灯光、移动灯光。

（4）具有行为的处理判断能力（键盘、鼠标、定时等）。

（5）生成雾、背景、声音。

（6）使形体变形、移动、生成三维动画。

（7）编写非常复杂的应用程序，用于各种领域如VR（虚拟现实）。

5. IDL

IDL（InteractiveDataLanguage）是美国RSI公司（ResearchSystemInc.）的产品，它集可视、交互分析、大型商业开发为一体，为用户提供了完善、灵活、有效的开发环境。IDL的主要特性包括：

（1）高级图像处理、交互式二维和三维图形技术、面向对象的编程方式、OpenGL图形加速、跨平台图形用户界面工具包、可连接ODBC兼容数据库及多种程序连接工具等。

（2）IDL是完全面向矩阵的，因此具有处理较大规模数据的能力。IDL可以读取或输出有格式或无格式的数据类型，支持通用文本及图像数据，并且支持在NASA，TPT，NOAA等机构中大量使用的HDF，CDF及netCDF等科学数据格式及医学扫描设备的标准格式DICOM格式。IDL还支持字符、字节、16位整型、长整型、浮点、双精度、复数等多种数据类型。能够处理大于2Gb的数据文件。IDL采用OpenGL技术，支持OpenGL软件或硬件加速，可加速交互式的2D及3D数据分析、图像处理及可视化。可以实现曲面的旋转和飞行；用多光源进行阴影或照明处理；可观察体（volume）内部复杂的细节；一旦创建对象后，可从各个不同的视角对对象进行可视分析。

（3）IDL具有图像处理软件包，例如感兴趣区（ROI）分析及一整套图像分析工具、地图投影及转换软件包，宜于GIS的开发。

（4）IDL带有数学分析和统计软件包，提供科学计算模型。可进行曲线和曲面拟合分析、多维网格化和插值、线性和非线性系统等分析。

（5）用IDLDataMiner可快速访问、查询并管理与ODBC兼容的数据库，支持 Oracle，Informix，Sybase，MSSQL等数据库。可以创建、删除、查询表格，执行任意的SQL命令。

（6）IDL可以通过ActiveX控件将IDL应用开发集成到与COM兼容的环境中。用VisualBasic、VisualC＋＋等访问IDL，还可以通过动态链接库方式从IDL调用C、Fortran程序或从其他语言调用IDL。

（7）用IDLGUIBuilder可以开发跨平台的用户图形界面（GUI），用户可以拖放式建立图形用户界面GUI，灵活、快速地产生应用程序的界面。

（8）IDL为用户提供了一些可视数据分析的解决方案，早在1982年NASA的火星飞越航空器的开发就使用了IDL软件。三维可视化技术是随着计算机软硬件技术的发展而发展变化的，其鼻祖是SGI公司推出的OpenGL三维图形库。OpenGL是业界最为流行也是支持最广泛的一个底层3D技术，几乎所有的显卡厂商都在底层实现了对OpenGL的支持和优化。OpenGL同时也定义了一系列接口用于编程实现三维应用程序，但是这些接口使用C（C＋＋）语言实现并且很复杂。掌握针对OpenGL的编程技术需要花费大量时间精力。

Java3D是在OpenGL的基础上发展起来的，可以说是JAVA语言在三维图形领域的扩展，其实质是一组API即应用程序接口。

DIRECT3D是Microsoft公司推出的三维图形编程API，它主要应用于三维游戏的编程。众多优秀的三维游戏都是由这个接口实现。与OpenGL一样，Direc3D的实现主要使用C＋＋语言。

VRML2.0（VRML97）自1997年12月正式成为国际标准之后，在网络上得到了广泛的应用,这是一种比 BASIC,JAVASCRIPT 等还要简单的语言。现已发展为 X3D。脚本化的语句可以编写三维动画片、三维游戏、计算机三维辅助教学。它最大的优势在于可以嵌在网页中显示。

美国 RSI(Research System Inc.)公司研制和开发的最新可视软件 IDL(Interactive Data Language)交互式数据语言,是进行数据分析、可视化和跨平台应用开发的较佳选择,它集可视、交互分析、大型商业开发为一体,为用户提供了完善、灵活、有效的开发环境。

4.2 城市空间信息的三维可视化

4.2.1 三维城市模型数据内容基本构成

根据认知研究的观点,所有空间现象可分为基本的两类,一类为要素实体,为一种离散的空间现象,其特点是离散、同质,有明确定义的空间边界,能被完整地定义,如建筑物;另一类为场,是一种连续的空间现象,其特点是具有光滑的连续空间变化,如大气。在 OSI/TC211 和 OpenGIS 规范中,场模型更多地被称为覆盖(coverage)(OGC 抽象规范,2001;ISO/TC21119123)。考虑两类地物的特点,要素实体具有特定的三维特征,可以使用三维体元表达(以多边形映射纹理表达的地物如树木可以认为是体元的一种特殊形式),而覆盖类型因缺少明确定义的三维特征,一般以连续的三维表面如 TIN 进行表达。

一般认为,城市地区需要表达的最重要的三维真实地物为建筑物和地形。在 OEEPE 于1996年进行的有关三维城市模型所关注的地物类型的调查中,对建筑物、植被、交通网络、公共设施与电信设备等五类调查地物,建筑物、交通网络与植被认为是三维城市模型数据内容需求中最重要的部分,Dahany(1997)也认为地形、植被与建筑物为城市中最需要关注的地物类型。

根据空间现象的划分和定义,有关三维城市模型需要表达的地物特征,一部分为表达地形特征的覆盖模型,另一部分为各自独立的、具有一定空间形态的三维要素模型。

三维城市模型的覆盖模型包括两个对象,一个为表达地形起伏的数字高程模型(DEM),另一个为表达地表纹理特征的数字正射影像(Digital Orthophoto Map,DOM)。这两个对象的可视渲染,可表现城市地形表面通真的自然景观。要素模型在三维城市模型中包括城市形态丰富的各类空间地物,如建筑物、基础设施等。这一类模型是在三维城市模型中需要表达的主体,也是在各种三维城市模型特征提取、数据模型等研究中的主要研究对象。DEM本书在第3章已经述及。下面重点介绍数字正射影像 DOM。

城市地表包含丰富而多样的人工或自然纹理特征,如街区、建筑物、植被等,通过正射影像的使用,可以逼真地表现这些地表特征。DOM 一般通过航空像片或高分辨率卫星影像经纠正后获取,所用片种可为黑白、假彩色或真彩色灯。正射影像在三维城市模型数据体系中的作用,是通过覆盖于地形表面之上创造逼真的地形景观。城市地标纹理具有特定的结构特征,比如车行道、人行道、绿地、建筑物组成一个不同类型纹理顺序邻接的过程。为完整逼真地表现这一特征,正射影像一方面需要满足一定程度的细节程度,另一方面需要有逼真的色调表达。正射影像能够表达的纹理细节程度可以通过其地面分辨率表达,而逼真色调在当前的生产条件下,需要使用真彩色的影像类型。根据应用实践的经验,以不超过一米分辨率的真彩色正射影像,可以较为完整地表达城市地面的文体特征。

在三维城市模型中该使用的DOM,除分辨率指标外,还需要考虑影像可视质量包括色调平衡、对比度等特征,以在可视渲染中有更好的视觉效果和逼真度。另外,在一般情况下DOM的生产没有纠正建筑物等地物的影像偏移,而所谓的真正射影像则将这一部分的影像偏移予以纠正,在对地形的表达中,可具有更逼真的效果。

4.2.2 三维城市模型中的空间对象属性

任何一种空间数据类型,都有着其独特的数据特征,这是将一种类型与另一种类型进行区分的依据,同时也是进行数据描述和研究的基础。三维城市模型与二维空间数据的重要区别,在于前者更强调以三维可视的方式进行空间现象的表达,这是对三维城市模型进行数据内容分类与描述的出发点。因此对三维城市模型的空间对象属性,需要从空间特征与可视特征两个方面进行描述,空间特征说明三维城市模型在几何与结构方面的特性,而视觉特征则说明三维城市模型在心理和美学方面的特性(黄铎,2004)。

二维空间数据从位置、大小和形状三个方面对数据的特性进行描述,这种抽象二维图形的描述对三维城市模型的属性特征进行说明是远远不够的。根据当前各种类型三维城市模型的实际应用,可总结出三维城市模型对象所具有的不同属性特征:

1. 几何

在点、线、面、体从0维到3维不同维数的空间对象中,三维城市模型主要以体为基本单元对空间对象进行分解与组合,以在三维空间中对空间对象进行特定细节程度的抽象。几何模型是三维城市模型的基础,纯粹的几何模型,在某些场合如电信基站规划中,便可以满足应用需求。

2. 纹理

纹理(特别是逼真纹理)的应用,是三维城市模型的一个重要特征。三维城市模型应用的重要特征,是以可视化的方式进行作息的交流,而纹理影像的应用可直接在场景渲染中提高人的感知能力。纹理在三维城市模型中的应用,具有以下作用:

(1)提高逼真度:逼真纹理的应用,可提高虚拟三维场景对现实世界的对应度,增加观察者的认同感;

(2)提高对象可识别性:无论是通真纹理还是非通真纹理的应用,都可直接提高模型的可视特征,从而增加其可识别性;

(3)在一定程度上增加模型的几何细节特征:在三维城市模型的生产中.几何细节的提取是耗时耗力的工作,纹理的应用在保持模型可视特征的同时,可直接减少几何细节的表达。

3. 分辨率

三维城市模型由二维向三维的发展,除了在空间维数上的增加。同时也大大增加了需要在空间模型中表达的细节,对城市地物来说,在三维空间上要表达的细节要远远多于在二维平面上的细节。无论是二维还是三维,对空间物体的表达都是一种抽象的过程。在二维空间数据表达的情况下,空间物体在二维平面上的投影是唯一的。因而这种抽象也是明确的。在三维模型的情况下,这种对实体的抽象由于:(1)实体在三维空间上的复杂性;(2)几何细节取舍的模糊性;(3)纹理影像对部分几何细节的表达等三个方面的原因而变得具有不确定性和多义性。结合不同应用的需求以及数据获取的技术限制,对三维城市模型分辨率的定义是基于几何细节,纹理细节以及逼真度基础上的平衡,是三维城市模型数据特性的一个重要方面。

4. 可识别性

在大多数的三维城市模型应用中,无论是针对基于通真度的可视场景应用、还是针对车辆导航等与认知地图和地标识别相关的应用,都涉及空间对象识别这样一个基本问题。对象识别可涉及两方面的过程,一个是生理识别过程,即投影到视网膜的影像其细节被首先感知,另一个是心理识别过程,即被生理上识别的影像特征,基于以前生活经历所存储记忆的心像表达(mental representation)通过心理识别的过程将对象最终识别。三维城市模型不同方式的几何与纹理表达、不同细节层次所表达的细节特征,都可影响对象的可识别性。因此可识别性是三维城市模型对象的一个重要特征。

5. 整体性

城市是一个功能复杂的综合体,一方面具有多样的地物,另一方面不同地物之间具有明显结构性的特征。在城市这个有序的系统中,城市中每一类地物都具有特定的功能,也和其他地物具有系统和明确的关系,如对城市景观的感知,首先是从建筑物开始的,如果缺少建筑。则在感知层面的城市认识将非常有限,然而在结构层面上,城市景观却需要包括更多的地物。尽管建筑物在可视性方面最为显眼,但其结构也最大限度地依赖于其他结构如周围的绿地,而绿地则与环绕其周围道路发生关系。所有城市的地物,都是以此方式系统融入城市景观当中的。因此对三维城市模型对象属性的考虑来说,整体性特征是必须考虑的一个重要方面,对一种在场景中表现的地物,必须同时考虑与其相关的其他地物对人感知的影响。

6. 美观性

在地面制图等空间现象的二维表达中,除在数据精度方面的要求外,还对图形的美观如符号设计、色彩搭配等方面有特定要求。三维城市模型主要以可视化方式作为交流的手段,因而在场景美观方面有更高的要求.三维城市模型某于桌面的可视表达通过二维平面上的透视渲染图为媒介,其实质最终是一种二维的影像。影响影像美学质量的各种要素如色调对比、场景协调等直接决定了三维城市模型的美学特征。具体而言三维城市模型美学特征由以下三个方面决定,其中两个方面直接与数据内容有关,第三个方面主要是一种渲染的手段。

(1)纹理质量:作为一种影像,纹理处理的质量直接影响了三维城市模型的美学效果。

(2)几何形态:几何形态包括特定对象的几何构成以及不同对象之间的结构协调,对复杂地物的三维结构抽象具有一定的模糊性与选择性,不同的结构表达具有不同的美学效果。

(3)光影变化:对大气光影的模拟可直接影响三维城市模型场景渲染的效果,增加场景的逼真度与观赏性。

4.2.3 城市建筑物三维可视化

1. 基于轮廓线的三维形体重构

只要知道多面体每个顶点的坐标,三维实体可以用多面体来表达,可以将多面体的每个面进行三角化,以绘制三维体。我们知道要获取多面体(如房屋顶)每个顶点的坐标,是非常困难的。在大多数情形下,我们可能只需要根据房屋的二维平面数据和房屋高度生成三维房屋。研究表明,可用基于轮廓线的三维重构原理来进行房屋和管渠的三维可视化。

为了叙述方便,将房屋的二维平面形状称为房屋的断面形状,管渠的截面形状称为管渠的断面形状。因房屋或管渠的断面形状是复杂多变的,我们需要考虑用不同的断面形状重构三维房屋或管渠的一般原理。事实上,房屋或管渠的不同断面形状可以看成是不同的轮廓线,这样可以根据轮廓线重构三维形体的原理,绘制不同形状的房屋、管渠,甚至河流。运用轮廓线重构三维形体的研究工作始于20世纪70年代。首先,人们将注意力集中在由相邻两层的轮廓线重构三维形体的问题上,该问题解决了,由一个序列的轮廓线重构三维形体的问题也就不难实现。其次,假定相邻两层的轮廓线位于相互平行的两个面上,这符合大多数应用的实际情况。如果在相邻两层的平面上,各自只有一条轮廓线,称之为单轮廓线的重构。若在相邻两层的平面上(或其中之一)有多条轮廓线,则为多轮廓线的重构。下面讨论单轮廓线之间的三维形体重构原理,为城市房屋和管网的可视化奠定理论基础。

如图4-1所示,假设两相邻平行平面上各有一轮廓线,并且均为凸轮廓线。上轮廓线上的点列为 $P_0, P_1, \cdots, P_{m-1}$;下轮廓线上的点列为 $Q_0, Q_1, \cdots, Q_{n-1}$。点列均按逆时针方向排列。若将这些点列分别依次用直线连接起来,则得到这两轮廓线的多边形近似表示。每一个直线段 $P_i P_{i+1}$ 或 $Q_j Q_{j+1}$,称为轮廓线线段,连接上轮廓线上一点与下轮廓线上的一点的线段称为跨距。显然,一条轮廓线线段,以及将该线段两端点与相邻轮廓线上的一点相连的两段跨距构成了一个三角形面片,称为基本三角形,而该两段跨距分别称为左跨距和右跨距。实现两条凸轮廓线之间的三维面模型重构就是要用一系列相互连接的三角形面片将上下两条轮廓线连接起来。然而,怎样保证连接起来的三维面模型是合理的,并具有良好的性质,是需要认真研究的问题。H.Fuchs认为只有满足下列两个条件的三角形面片集合才是合理的。

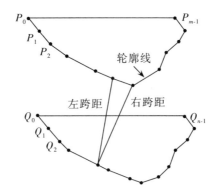

图4-1　单轮廓线三维重构示意图

(1)一个轮廓线线段必须在而且只能在一个基本三角形面片中出现。

(2)若一个跨距在某一个基本三角形面中为左跨距,则该跨距是而且仅是另一个基本三角形面片的右跨距。

将符合上述条件的三角形面片集合称为可接受的形体表面,显然,对于相邻两条轮廓线及其上的点列而言,符合这些条件的可接受的形体表面可以有多种不同的组合。不同的学者采用不同的优化方法来确定一种组合,典型的三种启发式算法有最短对角线法、最大体积法和相邻轮廓线同步前进法。这些方法对于当上下两条凸轮廓线的大小和形状相近,相互对中情况的效果较好,但对非凸轮廓线绘制时,并非都有效,有时会出现错误的结果。由于城市房屋或管渠有非凸轮廓线这种情形,因此,我们需要寻找新的方法。研究发现,实现非凸轮廓线之间三角面片重构的比较好的方法是首先将非凸轮廓线变换为凸轮廓线,在凸轮廓线之间构造好三角形面片集以后,再将其反变换为非凸轮廓线。为了叙述方便,我们将该种方法称为非凸轮廓线变换法。对于城市房屋或管渠来说,多数的断面形式为凸轮廓线,我们采用相邻轮廓线同步前进法进行可视化;对于特殊情况的非凸轮廓线,首先采用非凸轮廓线变换法,然后按凸轮廓线三维形体重构法进行绘制,最后进行反变换,即可完成房屋或管渠的可视化。

2. 房屋和管渠的三维可视化。

根据三维数据场可视化的基本原理和基于轮廓线的三维形体重构方法,房屋和管渠的可视化的流程如图4-2所示。为了叙述方便,若无特殊说明,下面管渠均以圆形管道为例论述管网可视化的基本原理。

(1)根据管网探测数据或管网图形数据(平面图和断面图)生成三维城市管网数据模型形式的数据结构。由地下管线探测的原理可知,我们可以探测到管线中心线的位置和埋深,而不易获取管渠断面的数据,因此,管渠可视化的关键在于如何将探测到的管线中心线位置和埋深数据转换为断面形式的数据。由我们的三维数据模型可知,对于任意一条管段来说,只需知道端点的坐标(X,Y,Z,E)和管径,就确定了管段在空间的位置和大小。根据几何知识,PO,Z_i,E_i,D之间的关系式见式(4.1)。

$$PO = E_i - Z_i - \frac{1}{2}D \tag{4.1}$$

式中:PO指管道中心线的埋深;Z_i指管内底标高;E_i为Z_i投影到地面的地面标高;D为管径。

根据式(4.1)可以很容易地根据管线探测数据建立具有三维城市管网数据模型形式的数据结构,为提高可视化效率,我们用管道的半径替换E,也就是说,在管道可视化时,将管道的半径也作为空间数据考虑。

(2)根据管网数据生成截面数据(房屋数据可通过转换直接得到)。由于管道位置在空间的任意性,为了表示任意位置的管道,生成管道截面的基本思路是:在管线的端点作任意管线的垂线,然后,在任意管线的垂线方向上生成截面数据。

(3)根据截面构造管网立体图或根据房屋平面数据生成房屋立体图。由轮廓线重构三维形体的方法可知,若截面为凸轮廓线,采用相邻轮廓线同步前进法进行可视化;否则,首先将非凸轮廓线变换为凸轮廓线,然后再构造三维管渠。

(4)房屋、管网数据赋属性。

(5)标准数据格式生成。考虑到模型的实用性与通用性,可以生成事实上的工业标准Shape数据格式和标准的X3D的数据格式。

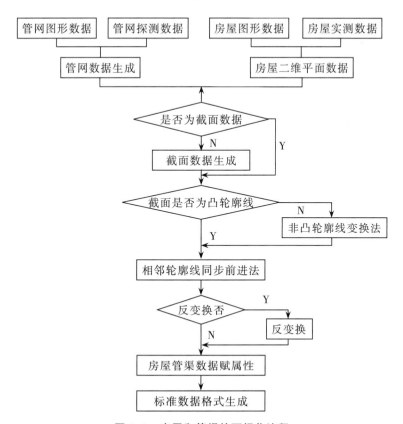

图4-2 房屋和管渠的可视化流程

4.2.4　地下城市空间信息三维可视化

与如火如荼的城市地下空间开发规模相比,目前城市地下空间信息化建设却相对滞后。系统信息资料的缺乏,常使得城市的地质环境被破坏,引发地质灾害、地下管线破坏、地下水失衡等问题。所有这一切对城市地下空间信息化建设提出了新的和更高的要求,地下空间信息化建设已经成为有效利用地下空间解决现代"城市病"的重要手段。另一方面,随着信息技术的快速发展和互联网的普及,要求实现地下空间信息共享的呼声越来越高,通过共享,最大限度地挖掘地下空间信息的价值已经成为一种共识,而城市地下空间信息表达是实现城市地下空间信息共享的一个关键环节。陈亚东(2009)将虚拟现实技术与三维地质建模技术相结合,对城市地下空间中地质体、地下管网的快速建模技术,地下空间三维场景的漫游以及二维导航和信息查询等交互控制进行了研究。

1. 三维地层模型的建立

三维地质建模的研究主要反映地质构造的形态及分布规律,而城市三维地质模拟不仅要反映地下结构,同时还要表现地表大量的建筑、景观环境及公共设施,建立地上地下统一的三维环境,从而使工作人员在逼真的城市地质环境中从事各种规划设计、资源管理等研究活动,改变传统的地质研究方式。但是由于地上与地下模型采用的数据模型、数据结构的不同、空间比例精度的不同等问题,导致地面与地下空间的统一表达仍是国际上三维地学模拟领域的科技难题。虚拟现实技术是对复杂数据进行可视化操作与交互的一种全新方式,它的引入为解决这一难题提供了强有力的技术支持。陈亚东(2009)利用实时三维仿真建模工具 MultiGenCreator 建立地表场景模型,基于它的 OpenFlightAPI 和多层 TIN 建模法构建地层模型,实现两者数据结构统一,完成地表与地下模型的集成。

2. 三维地下管网模型的构建

城市地下管网是城市基础设施中的生命线,触及城市的各个角落,对城市的经济建设具有重要的保障作用。在城市地下空间的开发与利用中,由于城市地下管网的空间分布越来越复杂,二维图形无法表达管线之间的空间关系。有些管线上下起伏,与地面垂直的一段管线在平面图上只能以一个点及相应注记来表示,失去了自然界的本原感觉。三维管网可以轻松解决这个问题,并且视觉效果直观,因此地下管网三维显示的研究势在必行。然而地下管网空间分布复杂,建模任务量巨大,采用传统的手工单管线逐一建模方式进行地下管网的建模不仅耗费大量的人力、物力、财力,且时间长、精度差。瞿畅等(2009)提出用 GIS-VRML技术实现地下管网的三维可视化。

地下管线空间位置复杂,但各种管线路径规则,系统建立的过程中,将管线的图形数据和属性数据(如管径、管长、路径节点坐标、材料、埋入年代等)写入数据文件,在获得管线各节点坐标,并形成相应的管线三维路径的数据文件的基础上,利用 VRML 作为管线三维图形的生成平台,生成管线的三维实体模型。虚拟现实造型时,管线应用圆形截面沿管线路径进行拉伸处理,这可用VRML中的Extrusion节点实现,Extrusion节点的基本格式如下:

```
Extrusion {
crossSection[xaza,xbzb,…]
spine[x1y1z1,x2y2z2,…]
scale[sxasza,…]
solid  [TRUE]
:
}
```

其中,crossSection域指定了一系列二维坐标,它定义了垂直于放样路径的横截面轮廓,第一个值是横截面轮廓上某点的x坐标,第二个值是其z坐标;

spine域给出了一系列三维坐标,用以定义放样路径上与横截面位置对应的点的坐标,即管线路径节点的坐标;

scale域指定了一系列放样图形比例因数对,它们被用于定义路径上某点处的x方向和z方向的缩放比例,可根据管线半径的真实大小来确定;

solid域的值为TRUE或FALSE,用来定义放样结果是否为实体造型。

用上述方法创建的管网模型一方面可直接在网络上供浏览,另一方面可实现管网相关数据信息的网上发布,使得在一些突发事件处理过程中,相关人员能及时、准确地了解管网的空间分布状况和相关数据信息,以提高工作效率和管理水平。该功能主要通过VRML2.0的Inline和Anchor等节点实现。

Inline节点可以实现多个VRML文件的集合,利用该节点的url域可以方便地将各类管网(如自来水管网、煤气管网等)的VRML文件插入到当前的虚拟世界中来,以实现地下管网的真实再现。

Anchor节点可以实现不同目标页面间的跳转,其url域可指定一个URL地址列表,即跳转的目的地址,而其description域可给出要显示的描述字符串,并且在VRML浏览器窗口中只要将鼠标移至具有Anchor节点的造型上,就将出现相应的描述。系统创建时,将相应管线的Anchor节点的description域的域值设置为该管线的名称、编号、管径、管材等参数信息,而将其url域的域值设置为该管网的数据库文件(如.xls文件)所在的地址。这样当在VRML浏览器内浏览管网模型时,一旦鼠标指向该管线的三维模型,即可显示该管线的名称、编号、管径等属性信息,单击该管线模型,即可跳转至其相应的数据文件,详细显示查询结果。

思考题

1. 空间数据可视化的表现形式有哪些?

2. 城市三维空间数据可视化的方法有哪些?

3. 请查阅资料,分组探讨科学大数据的可视化方法及可能的实现途径。

本章教学视频及课件

教学视频

课件

第 5 章

空间数据的组织与管理

本章给出了城市空间数据与组织与管理方法,主要讨论了城市地理标记语言(CityGML)、空间数据库等相关的定义和存储等方法。

5.1 城市地理标记语言(CityGML)

城市地理标记语言(CityGML)是开放地理空间联盟(OGC)的国际标准,是一种用于虚拟三维城市模型数据交换与存储的格式,用以表达、交换和存储三维城市模板的通用数据模型。

CityGML定义了城市和区域中最常见的地表目标的类型及相互关系,顾及了目标的几何、拓扑、语义、外观等方面的属性,包括专题类型之间的层次、聚合、目标间的关系以及空间属性等。

5.1.1　多细节层次模型

根据处理分析和展示多源数据的需要,CityGML把描述三维城市对象的精细程度分为5个细节层次模型(LOD0-LOD4),随着LOD等级的提高,实体信息描述的详细程度也逐渐提高。如图5-1所示。

LOD0是区域模型,它是2.5维数字地形模型,可以在其上叠加航空影像或者二维地图。LOD1是城市模型,LOD1中定义的模型是简单的块模型,主要是块状体的长方体建筑物。LOD2是城区模型,包含有差异化的屋顶和有区别的主题表面。LOD3定义的建筑模型有详细的屋顶和墙壁结构,有阳台,隔间等,同时还有阴影效果,在建筑的表面有高分辨率的贴图,另外,具有详细结构的交通设施和植物都包含到了LOD3的描述中。LOD4是建筑模型(内部),在LOD3上增加了内部结构,例如房间、门、楼梯、家具等。

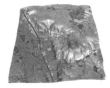
LOD0

LOD1

LOD2

LOD3

LOD4

图5-1　CityGML定义的5级细节层次

不同细节层次,点位的定位精度要求是不一样的,如LOD1下定位精度要求为5m,而在LOD4下要求为0.2m甚至更小。可以通过LOD级别来评价三维城市数据集的质量。

CityGML的一个重要设计原则是要保持语义、几何和地形,及其相关关系。在语义层面上,真实世界的输入用要素表示,如建筑物、墙体、窗户、房间,该描述说明包括属性、部分或整体特征之间的关系和层次。在空间层面上,几何对象用于空间位置的显示。

5.1.2 主题模型

CityGML是数据模型的专题和几何拓扑层次丰富标准。在专题层次上,CityGML定义为城市和区域模型,包括建筑结构、海拔、植被、水体、城市装饰以及相关的地形对象,如图5-2所示。除了几何形状和外观外,这些专题组件可以采用虚拟3D城市进行智能模拟分析、城市数据挖掘、设施管理和专题查询等。

CityGML用边界表达方法对专题对象的空间属性进行几何拓扑建模,即0~3维基本几何元素分别为点、边、面、立体等。边、面、立体等基元可以相应地聚合成为弧聚合体、面聚合体、立体聚合体。CityGML要求点、边、面、立体基元及聚合体必须满足一些完整性约束,确保模型的一致性。如几何基元内部元素必须是相离的,如果两个元素有公共边界,则该边界必须是低一维的几何基元。这些约束条件消除数据冗余,并确保拓扑关系清晰性,如任两个立体基元之间是相离的,它们的体积即为两者体积之和,反之若允许两个立体基元有交叉的话,计算它们的体积将麻烦得多。

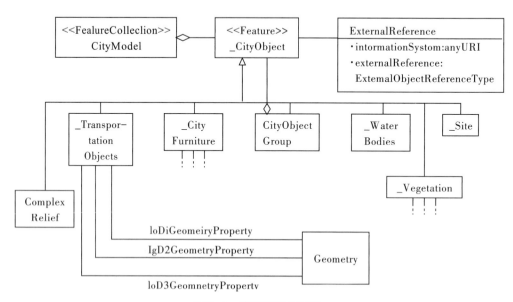

图5-2 主要的数据模型

CityGML在其数据模型的主题和几何拓扑级别上都是一个丰富的标准。在其主题级别上,CityGML定义了城市中最相关的地形对象的类和关系,以及包含建筑结构、高程、植被、水体、城市家具等的区域模型。除了几何和外观内容之外,这些主题组件还允许在不同的应用领域(如模拟、城市数据挖掘、设施管理和主题查询)中使用虚拟 3D 城市模型来完成复杂的分析任务。

CityGML 是一个框架,为地理空间三维数据提供了足够的空间,让其在生命周期内可以在几何、拓扑和语义方面增长。因此,城市对象的几何和语义可以被灵活地结构化,从纯粹的几何数据集到复杂的有几何拓扑和空间语义的数据。通过这种方式,CityGML 定义了一个适用于 3D 城市建模的连续过程、具有单一的对象模型和数据交换的格式,建模过程从几何数据获取、数据分类到特定终端用户应用的数据准备,允许迭代数据丰富和无损信息交换。

CityGML 由一个核心模块和若干主题扩展模块组成。基于 CityGML 核心模块,每个扩展模块都包含一个逻辑上独立的 CityGML 数据模型主题组件。核心的扩展是通过对整个 CityGML 数据模型进行垂直切片而得到的。由于每个扩展模块都包含(或引用)核心模块,因此它的概念和组件对所有扩展模块都是通用的。

(1)核心模块:定义了 CityGML 数据模型的基本部件,主要包括所有专题的抽象基类、共同模块(如基本数据类型等)。CityGML 核心模块定义了 CityGML 数据模型的基本概念和组件。它被看作是整个 CityGML 数据模型的通用下限,是所有主题扩展模块的基础。因此,核心模块是唯一的,且任何符合要求的系统都必须实现。

(2)桥梁模型:由主题扩展模块 bridge 定义。表示桥梁和桥梁部分的主题、空间和视觉方面。CityGML 的桥梁模型由主题扩展模块 bridge 定义,提供桥梁,桥梁部分、桥梁安装及桥梁内部结构的专题和空间部分的实现,建模的细节层次为 LOD1-4。

(3)建筑模型:由主题扩展模块 Building 定义。建筑模型是 CityGML 最详细的主题概念之一,提供建筑物,建筑物部分、建筑物安装及建筑物内部结构的专题和空间部分的实现。在五个细节等级(LOD0 到 LOD4)中表示建筑物和建筑部件的主题属性和空间几何。图 5-3 提供了 LOD1-4 等级的 3D 城市和建筑模型示例。在 LOD0 中,建筑可以用水平的三维表面来表示,分别代表建筑物的底边轮廓和屋顶边缘。地籍数据通常描述地面上建筑物的底边轮廓,地形数据通常是底边轮廓和屋顶层(屋顶边缘)几何图形的混合体,通常从区域/卫星图像中通过摄影测量提取或从机载激光数据中提取。在 LOD1 中,建筑模型由建筑外壳的几何体表示。在 LOD2 中对屋顶悬挑、柱或天线等建筑细节进行建模。在 LOD2 和更高的 LOD 中,建筑物外壳的一部分,具有墙、屋顶、地面、外部地面、外部天花板或封闭面等特殊功能。还可以包含阳台、烟囱、老虎窗或外部楼梯等建筑元素。在 LOD3 中,包含门、窗等主题对象。在 LOD4 中(分辨率最高),可以表达由多个房间组成的建筑内部,这种可扩展性赋予了建筑物的虚拟信息承载性,例如博物馆中的游客信息("基于位置的服务"),住宿标准的检查或建筑物日光照明的呈现。

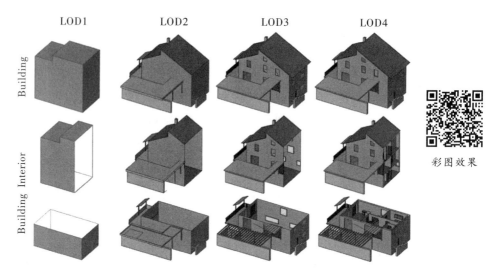

图 5-3 建筑物模型

（4）城市家具：由主题扩展模块 CityFurniture 定义。城市家具是不可移动的物体，如路灯、红绿灯、交通标志、花盆、广告栏、长凳、定界桩或公共汽车站。城市家具对象可以在交通区、住宅区、广场或建筑区找到。城市家具对象的建模用于可视化，例如城市交通，但也用于分析当地的结构条件。使用这些精细建模的城市家具对象，可以促进对城市模型中特殊位置的识别，城市模型本身也变得更加生动。

（5）土地利用：LandUse 对象用来描述用于特定土地利用类型或土地覆盖的地表区域，这些土地覆盖的区域既包括植被覆盖的区域，也包括未被植被覆盖的区域，如沙地、岩石、泥滩、森林、草地等（即实体外表）。土地利用和土地覆盖是两个不同的概念；前者描述地球表面的人类活动，后者描述地球表面的物理和生物意义上的覆盖。然而，这两者是相互联系，且在实践中往往是相互融合的。每个 LandUse 对象都具有 class、function 和 usage 属性。class 属性用于表示土地使用对象的分类，如工业区、农田等，且只能出现一次。function 属性定义了对象的用途或它们的性质，例如玉米地或荒地。而如果对象的实际使用方式与 function 属性定义不同，则可以使用 usage 属性。这两个属性都可以出现多次。

（6）数字地形模型：专题扩展模块 Relief 提供。支持地形不同层次的细节，反映了不同的精度或分辨率。地形表示为光栅、格网，或者 TIN，用断裂线和大量的点表示。地形由 lod0-4 中的类 relief-feature 表示，由一个或多个实体组成，其有效性可以限制在由可选有效范围多边形定义的特定区域。

（7）交通对象：由专题扩展模块 Transportation 提供。交通模型是一个多功能、多尺度的模型，侧重于专题和功能，以及几何或拓扑方面的信息。交通要素在 LOD0 中被表达为线性网络（图 5-4）。从 LOD1 开始，所有交通要素都由三维表面进行几何描述。交通要素的面建模将使得几何路线规划算法的应用成为可能。这可用于确定交通路线上所需的限制和操作。该信息还可用于现实世界中移动机器人的轨迹规划,或在三维可视化和训练模拟器中自动放置替身(虚拟人)或车辆的模型。CityGML 的交通模型,其最主要的类为TransportationComplex。它可以表达道路、轨道、铁路或广场等。Road 由几个 TrafficArea 组成,分别用于人行道、车行道、停车场,以及这些区域位于凸起花坛之下的AuxiliaryTrafficArea。TrafficArea 是在交通方面很重要的元素,如车行道、步行区、自行车道。AuxiliaryTrafficArea 描述了道路的其余元素,如路缘石,中间车道和绿地等。

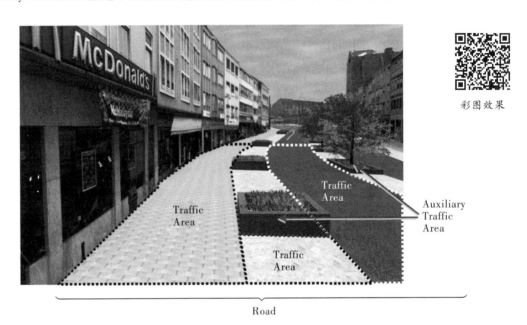

彩图效果

图 5-4 LOD2 层级的交通对象实例

(8)隧道模型:由主题扩展模块 Tunnel 定义。隧道模型与建筑模型密切相关。它支持在LOD1 到 LOD4 四个级别中表示隧道和隧道部分的主题和几何信息。隧道模型的关键类是_AbstractTunnel,它是主题类 _Site(父类 _CityObject 的衍生类)的子类。模型从 LOD1 到LOD4 依次细化。LOD1－3 由隧道与周围土壤,水或室外空气的边界表面组成。隧道内部只能在 LOD4 中建模。如果隧道的截面在几何形状和/或属性上不同,则可以将隧道分成多个部分。

(9)植被模型:由专题扩展模块 Vegetation 定义。植被要素是三维城市模型的重要组成部分,因为它们可辅助对周围环境的识别。对植被对象进行分析和可视化后,便可对其分布、结构和多样性进行研究,并可对动植物栖息地进行分析,推导出动植物群所受到的影响。植被模型可用作针对诸如森林火灾模拟,城市曝气模拟或微气候模拟的基础。该模型还可用于检测森林破坏,检测障碍物(例如和航空交通相关的障碍),或环境保护领域的分析任务等。

(10)水体模型:由专题扩展模块 WaterBody 提供。水在城市化进程中一直扮演着重要的角色,城市最好建在河流旁和易于靠岸的地方。许多城市的景观都是以水为主,这直接关系到三维城市模型。此外,作为娱乐的场所和发生潜在危害(如洪水)的地方,水体对城市生活非常重要。水体与建筑物,道路和地形的永久性不同的独特特征,将在该专题模型中得到考虑。水体是动态表面。不定期事件在自然力量中占据主导地位,例如洪水事件。此时能看见的水面的高度及其覆盖区域会发生变化,因此必须以一种不同于地形或建筑物等邻接对象的建模方式对其语义和几何形状进行建模。水体模型代表河流、运河、湖泊和盆地的专题和三维几何形状方面的信息。在LOD2-4中,水体以不同的专题表面为边界线。其中包括必须提供的WaterSurface,定义为水和空气之间的边界;可选的WaterGroundSurface,定义为水和地下之间的边界(例如DTM或三维盆地对象的地面);以及WaterClosureSurface,可包含零个或多个,定义为不同水体之间或水与某个建模区域的边界之间的虚拟边界(见图5-5)。可以利用WaterSurface作为动态元素以表示潮滩的临时变化情况。

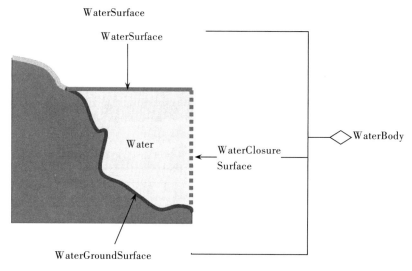

图5-5　水体的图示

5.1.3　空间模型

　　CityGML的空间属性用几何模型显示。几何模型由图元组成,通过图元组合形成复杂的组合形状。在每个维度上有一个几何图元:零维对象是点(Point)、一维是曲线(_Curve)、二维是面(_Surface),三维是体(_Solid),每一个几何体有自己的坐标系统。

　　组合几何体可以是聚集体、复合体或图元组成(见图5-6)。对于聚合,组件之间的空间关系没有限制,它们可以不相交、重叠、相交或断开。一个复合体的拓扑结构:边界或共享部分必须相交,不能重叠,可以相互接触。复合体只包含相同维的元素,元素之间必须是不相交,边界根据拓扑关系进行连接。

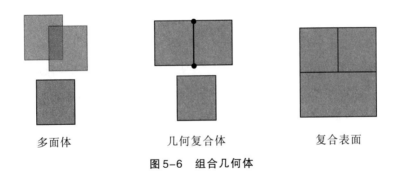

多面体   几何复合体   复合表面

图 5-6　组合几何体

　　CityGML 提供拓扑关系的建模方法,例如几何对象之间共享特征或其它几何形状。空间的一部分只能表示一个几何对象一次,可以多次引用,从而避免冗余和维持部件之间的拓扑关系。基本上有三种情况:第一,两个要素可以在空间上由相同的几何形状定义。例如,一个路径可以一个交通特征和植被特征,路径所述表面几何形状可以被交通对象和植被对象引用。第二,几何形状可以在一个要素和另一个几何之间共享。一栋建筑物定义的墙壁可引用两次。第三,两个几何可能引用相同的几何形状,这是在两者的边界。例如,一个建筑物和一个相邻的车库可以由两个固体来表示。表面描述区域两个固体中相接触,它是由两个固体引用。如图 5-7 所示。这需要划分各自的表面。通常,边界表示可见的表面。然后,使拓扑邻接显式,并允许删除一个组合对象的一部分,而不在剩余的聚合接触元素中留下洞。虽然允许接触,但物体的渗透并不是为了避免同一空间的多重表达。但是,在CityGML 中使用拓扑是可选的。

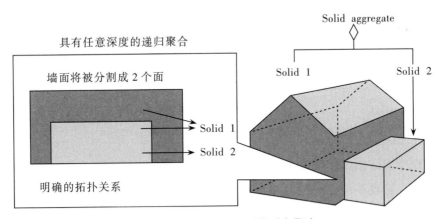

图 5-7　对象和几何图形的递归聚合

5.2　空间数据库基础

　　空间数据库是一类以空间目标作为存储对象的专业数据库,是地理信息系统(GIS)的核心与基础,提供了对现实世界的空间表达,包括:①点、线和多边形等矢量要素数据集;②数字高程模型和影像等栅格数据集;③描述性属性。

5.2.1 空间数据管理技术的产生与发展

空间数据管理技术经历了多年的发展与演变,主要空间数据管理技术有:文件–关系型的空间数据组织、全关系型的空间数据组织、对象–关系型的空间数据组织。

1. 文件与关系数据库的混合管理

文件与关系数据库混合管理系统是用文件系统管理几何图形数据,用关系数据库管理属性数据,它们之间的联系通过目标标识或者内部连接码进行连接。在这种管理模式中,几何图形数据与属性数据除它们的连接关键字段以外,两者几乎是独立地组织、管理与检索(见图5-8)。就几何图形而言,可以采用高级语言编程直接操纵数据文件,所以图形用户界面与图形文件处理是一体的,中间没有裂缝,但对属性数据来说,则因系统和历史发展而异,早期系统由于属性数据必须通过关系数据库管理系统,图形处理的用户界面和属性的用户界面是分开的,它们只是通过一个内部码连接,导致这种连接方式的主要原因是早期的数据库管理系统不提供编程的高级语言的接口,使用起来很不方便。

采用文件与关系数据库管理系统的混合管理模式,还不能说建立了真正意义上的空间数据库管理系统,因为文件管理系统的功能较弱,特别是在数据的安全性、一致性、完整性、并发控制以及数据损坏后的恢复方面缺少基本的功能。多用户操作的并发控制比起商用数据库管理系统来要逊色得多。

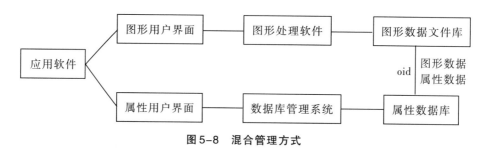

图5-8 混合管理方式

2. 全关系型空间数据库管理

全关系型空间数据库管理系统是指图形和属性数据都用现有的关系数据库管理系统管理。关系数据库管理系统的软件厂商不作任何扩展。

用关系数据库管理系统管理图形数据有两种模式:①基于关系模型的方式,图形数据按照关系数据模型组织,这种组织方式由于涉及一系列关系连接运算,相当费时。②将图形数据的变长部分处理二进制块字段。目前大部分关系数据库管理系统都提供了二进制块的字段域,以适应管理多媒体数据或可变长文本字符。利用这种功能,通常把图形的坐标数据,当作一个二进制块,交由关系数据库管理系统进行存储和管理。这种存储方式,虽然省去了前面所述的大量关系连接操作,但是二进制块的读写效率要比定长的属性字段慢得多,特别是涉及对象的嵌套,速度更慢。

图 5-9 是用全关系数据库管理空间数据的示例:①属性数据/几何数据同时采用关系数据库进行管理。②空间数据和属性数据不必进行烦琐的连接,数据存取较快。③空间数据是间接存取,效率比属性的直接存取慢,特别是涉及空间查询、对象嵌套等复杂的空间操作。

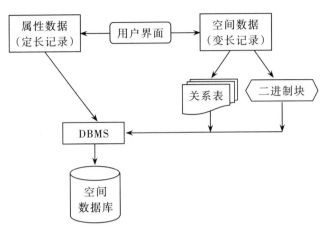

图 5-9　用全关系数据库管理空间数据

3. 对象-关系数据库管理

由于直接采用通用的关系数据库管理系统的效率不高,而非结构化的空间数据又十分重要,所以许多数据库管理系统的软件商纷纷在关系数据库管理系统中进行扩展,使之能直接存储和管理非结构化的空间数据,Oracle 等数据库系统推出了空间数据管理的专用模块,定义了操纵点、线、面、圆、长方形等空间对象函数。这些函数,将各种空间对象的数据结构进行了预先的定义,用户使用时必须满足它的数据结构要求。

描述地理要素空间性的信息包括:

(1)几何信息(理论基础是几何学 geometry)。用空间坐标的位置、方向、角度、距离、面积等信息描述物体的几何形状和数量特征。

(2)拓扑信息(理论基础是拓扑学,topology)。用几何关系的相连、相邻、包含等信息描述物体元素之间的关系。

Geometry 是几何对象层次模型的根表。在二维的坐标空间中,Geometry 的可实例化的子类被限制定义为零维、一维和二维几何对象。几何图形的坐标都是定义在某种空间参照系中。如果数据源不一致, 则在进行数据互操作时要进行变换。图 5-10 是主要的几何对象。

(1)零维形状。点表示太小以致无法用线或面来描述的地理特征。点是用单个有属性的(x,y)坐标值来存储的。

(2)一维形状。线表示太狭窄以致无法用面来描述的地理特征。线是用一组带属性的有序(x,y)坐标值来存储的;线段可以是直线、圆弧或曲线。

(3)二维形状。多边形表示宽阔的地理特征。多边形用一系列的线段来存储,这些线段构成一个封闭的区域。

拓扑学的基本元素：

（1）节点（NODE）：弧段的交点。独立点是特殊节点。

（2）弧段（ARC）：相邻两节点之间的坐标链。边界弧段是特殊弧段（startPoint＝endPoint）。

（3）多边形（polygon）（图斑或面）有限弧段组成的封闭区。

（4）拓扑结构：是明确定义空间结构关系的一种数学方法。

（5）拓扑关系：拓扑关系是指图形保持连续状态下变形，但图形关系不变的性质。常用的拓扑关系有拓扑邻接、拓扑关联、拓扑包含。拓扑关系的性质有：相邻（连）、相交、相离、相重、包含等。

空间对象管理模块解决了空间数据变长记录的管理，效率要比前面所述的二进制块的管理高得多。但是它仍然没有解决对象的嵌套问题。相关的定义有：对象是对客观世界实体的抽象描述，由数据和对数据的操作（方法）组合而成。类是对多个相似对象共同特性的描述。方法是对象接收到消息后应对数据的操作。实例是由一特定类描述的具体对象。

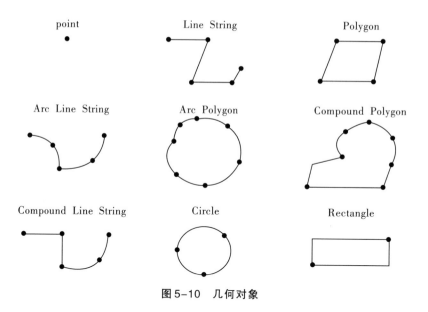

图5-10 几何对象

5.2.2 空间数据库的数据模型

空间数据库是关于一定空间要素特征的数据集合，是在物理介质上存储的空间数据总和。在空间数据库中，基本关系（要素类）与现实世界的实体（要素）集是一一对应的关系。一个基本关系（如一个要素类）通常对应现实世界的一个实体（要素）集。

数据模型的抽象要经历从现实世界到人为理解、再从人为理解到计算机实现的过程。因此，根据抽象阶段的不同目的，数据模型可分为概念模型、逻辑模型、物理模型三个层次模型来建模。如图5-11所示。

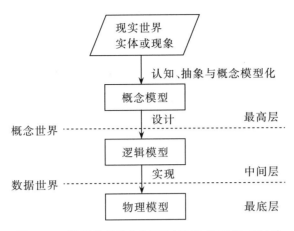

图 5-11 模型抽象的 3 个层次(来源:程昌秀,2016)

概念模型(conceptual model)独立于计算机系统,用来描述某个特定组织所关心的信息结构,按用户的观点来对数据和信息建模,对企业主要数据对象的基本表示和概括性描述,主要用于数据库设计。概念模型强调其语义表达能力,概念应该简单、清晰,易于用户理解,是数据库设计人员和用户之间进行交流的工具。

逻辑模型(logical model)直接面向数据库的逻辑结构,通常有一组严格定义的,无二义性的语法和语义的数据库语言,人们可以用这种语言来定义、操纵数据库中的数据。逻辑模型与 DBMS 有关,DBMS 以所支持的逻辑数据模型来分类。用概念数据模型表示的数据必须转化为逻辑数据模型表示的数据,才能在 DBMS 中实现逻辑数据模型既要面向用户,也要面向实现。

物理模型(physical model)是对数据最底层的抽象,它描述数据在磁盘或磁带上的存储方式和存取方法,是面向计算机系统的。每种逻辑数据模型在实现时,都有其对应的物理数据模型。物理模型的实现不但与 DBMS 有关,还与操作系统和硬件有关。

5.3 空间结构化查询语言

结构化查询语言(SQL)是用于访问和处理数据库的标准的计算机语言,当前几乎所有的关系数据库系统软件都支持 SQL。空间结构化查询语言(SSQL)是基于 SQL 提供的面向对象的扩展机制,扩充的一种用于实现空间数据的存储、管理、查询、更新与维护的结构化查询语言。

5.3.1 结构化查询语言

结构化查询语言(SQL)在 1986 年成为美国国家标准化组织(ANSI)的一项标准,在 1987 年成为国际标准化组织(ISO)标准。SQL 用于关系数据库的数据查询、存取更新和管理。

1. SQL语句分类

SQL语句分为三类：①数据定义语言（DDL）：用于定义SQL模式、基本表、视图、索引等结构；②数据操作语言（DML）：数据查询和数据更新（插入、删除和修改）；③数据控制语言（DCL）：数据库的恢复、并发控制，以及数据库的安全性、完整性控制。如表5-1所示。

表5-1 SQL分类

功能	命令	说明
数据定义	CREATE	在数据库中创建新表、视图或者其他对象
	DROP	修改现有的数据库，比如表、记录
	ALTER	删除整个表、视图或者数据库中的其他对象
数据操作	SELECT	从表中检索某些记录
	INSERT	插入一条记录
	UPDATE	修改记录
	DELETE	删除记录
数据控制	GRANT	向用户分配权限
	REVOKE	收回用户权限

在实际操作中建立和删除数据库模式通常是通过窗口界面实现的。

使用SQL语言必须遵守一套特定的规范和准则。所有的SQL语法都必须以关键字（也称命令）开头，比如SELECT、INSERT、UPDATE、DELETE、ALTER、DROP、CREATE等。所有的SQL语句必须以分号（;）结尾。SQL不区分大小写，这意味着SELECT和select在SQL语句中是一样的，但是关键字通常以大写形式出现。

2. 创建表

表（Table）是以行和列形式组织的数据的集合，表被创建以后，列数是固定的，但是行数可以改变。创建表时，需要给表命名，并定义它的列以及每一列的类型。创建表基本语法：

CREATE TABLE 表名称

（列名称1 数据类型，

 列名称2 数据类型，

 ....）

每个列后面的完整性约束称为列级完整性约束，它给出对该列数据的完整性约束条件，列级完整性约束有六种。

表级完整性约束在所有列定义后给出，它包括四种（主码约束PRIMARY KEY、单值约束UNIQUE、外码约束FOREIGN KEY和检查约束CHECK）

数据类型包括：①char(n)：定长字符型；②int/integer：整型/整数型，占用4个字节；③float：浮点型/实数型，占用4或8个字节；④date/datetime：日期型，占用4或8个字节，格式为 yyyy-mm-dd 或 yyyy/mm/dd,字符数据和日期数据在书写时用单引号括起来;(5)varchar(size):可变字符串。

【例】Create table

```
CREATE TABLE Persons
(    Id int,
     LastName varchar(20),
     FirstName varchar(50),
     Address varchar(125),
     City varchar(25)
)
```

3. 数据插入

INSERT INTO 语句用于向表中插入新的数据行,insert 基本语法为:

INSERT INTO table_name(列1,列2,...)

values(值1,值2,....)

【例】

```
INSERT INTO Persons(LastName, Address) VALUES('Wilson', '129 Luoyu Rd.')
```

4. 数据更新

UPDATE 语句用于修改数据表中现有的记录(数据行)。UPDATE 通常和 WHERE 子句一起使用,用以筛选满足条件的记录;如果不使用 WHERE 子句,那么表中所有的记录都将被修改.UPDATE 语句基本语法:

UPDATE 表名称 SET 列名称=新值

WHERE 列名称=某值

【例】

```
UPDATE Persons SET FirstName = 'Fred' WHERE LastName = 'Wilson'
```

5. 数据查询

SELECT 查询语句具有丰富的数据查询功能,能够实现关系运算中的大多数运算,如选择、投影、连接、并等,并且还带有分组、排序、统计等数据处理功能。

SELECT查询语句的结果有多种可能,有可能为空、单值元组、一个多值元组等,若为单值元组时,此查询可以作为一个数据项出现在任何表达式中。

SELECT语句可以作为一个语句成分(即子查询)出现在各种语句中,若在SELECT语句的WHERE选项中仍使用一个SELECT语句,则称为SELECT语句的嵌套。SQL查询只对应一条语句,即SELECT语句。该语句带有丰富的选项(子句),每个选项都由一个特定的关键字标识,后跟一些需要用户指定的参数。

```
SELECT      <列名>
FROM        <表名>
[WHERE      <查询条件表达式>]
[ORDER BY<排序的列名>[asc 或 desc]]
```

【例】

```
SELECT Id, FirstName, Address      FROM    Persons
WHERE City = 'Wuhan'    ORDER BY   LastName
```

SELECT语句中使用的列函数:个数:COUNT([ALL | <列名> | *]);最大值:MAX(列名);最小值:MIN(列名);平均值:AVG(列名);和SUM(列名)。

SQL语句中的运算符:算术运算符:+,—,*,/;逻辑运算符:与and,或or,非not;比较符:=,!=,>,<,>=,<=;between:判断列值是否满足指定的区间;in,not in,any,all判断是否为集合成员。而SQL的通配符如表5-2所示。

表5-2　SQL的通配符

通配符	解释	示例
'_'	一个字符	A Like 'C_'
%	任意长度的字符串	B Like 'CO_%'
[]	括号中所指定范围内的一个字符	C Like '9W0[1-2]'
[^]	不在括号中所指定范围内的一个字符	D Like '%[A-D][^1-2]'

5.3.2　空间结构化查询语言

现有空间数据库标准主要有SFA SQL和SQL/MM。地理信息简单要素的SQL实现规范(SFA SQL)是开放地理空间信息协会(OGC)制定的标准。SFA SQL定义了简单要素模型在数据库中的实现,说明了简单地理要素(点、线、多边形等)的对象模型及其发布、存储、读取操作的接口标准。SQL/MM是国际标准化组织(ISO)提出的标准,SQL/MM定义了矢量数据存储与检索的相关标准,解释了基于这些数据类型如何使用存储、获取和处理空间数据。

在现有的数据库系统中,PostGIS更符合SFA SQL标准,Oracle Spatial更兼容SQL/MM标准。本节以PostGIS为例,对空间结构化查询语言(SSQL)进行简要介绍。

1. 空间数据类型

空间要素的数据类型为Geometry,Geometry支持常用的空间数据对象或实例类型,如图5-12所示。

(1)Point用于描述一个位置。

(2)MultiPoint用于描述一系列点。

(3)LineString用于描述由直线连接的零个或多个点。

(4)MultiLineString用于描述一组linestring。

(5)Polygon用于描述一组封闭linestring 形成的相连区域。

(6)MultiPolygon用于描述一组多边形。

(7)GeometryCollection用于描述geometry类型集合。

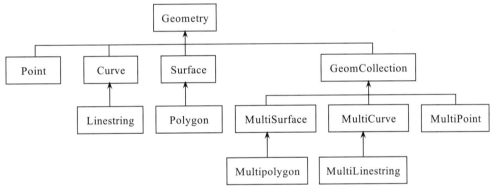

图5-12 矢量对象类型

一个几何类型是由一个有顺序的通过直线或曲线相连的向量序列组成,几何类型可以通过这些原生类型的组合而成。原生类型包括:①点与点的集合、②线段、③N点组合的多边形、④曲线段(所有的曲线都是由圆弧组成)、⑤弧型多边形;⑥组合多边形、⑦组合线段、⑧圆、⑨优化的矩形。

2. 标准SQL扩展

标准SQL扩展的操作为分3大类(见表5-3):

(1)应用于所有几何类型的基本操作:如SpatialReference用于获得空间参照系。

(2)拓扑关系操作:如Equal,Disjoint,Intersect,Touch,Cross,Within,Contains等。

(3)空间分析操作:Distance,Buffer,Union,Intersection等。

表 5-3　SQL 扩展的操作

功能	命令	说明
基本函数	Spatial Reference	返回几何的基本坐标系统
	Envelope	返回包含几何体的最小外包矩形
	Boundary	返回几何体的边界
拓扑运算	Equal	如果两个几何体完全相同返回真
	Disjoint	两个几何体内部和边界都不相交返回真
	Intersect	两几何体相交则返回真
	Touch	两几何体边界相交则返回真
	Cross	如果线和面的内部相交则返回真
	Within	给定几何内部不和另一几何的外部相交返回真
	Contains	判断给定几何体是否包含另一几何体
	Overlap	如果两几何体内部有非空交集返回真
空间分析	Distance	返回两个几何间的最短距离
	Buffer	返回到给定几何体的距离小于或等于指定值的几何体的点的集合
	ConvexHull	返回几何体的最小外包
	Intersection	返回两几何体交集构成的几何体
	Union	返回现两几何体并集构成的几何体
	Difference	返回给定几何体与另一几何体不相交的部分
	SymmDiff	返回两个几何体与对方互不相交的地方

3. 空间数据库管理系统

空间数据库管理系统是空间数据库的核心软件,将对空间数据和属性数据进行统一管理。主要的空间数据库管理系统有 Oracle Spatial、SQL Server、PostgreSQL 等。

OracleSpatial 在关系数据库中进行扩展,使之能直接存储和管理空间数据,推出了空间数据管理的专用模块,定义了操纵点、线、面、圆等空间对象的 API 函数。OracleSpatial 的优点解决了空间数据的变长记录的管理,效率比二进制块的管理高得多。缺点是没有解决对象的嵌套问题,空间数据结构不能由用户定义,用户不能根据要求再定义,使用上受一定限制。

SQL Server 有两种类型的空间数据类型:①Geometry 数据类型,支持平面或欧几里得(平面球)数据。在此模型中,将地球当做从已知点起的平面投影。平地模型不考虑地球的弯曲,因此主要用于描述较短的距离。②Geography 数据类型,存储纬度和经度坐标之类的椭圆体(圆球)数据。Geography 数据类型在计算时考虑了地球的曲面。如果数据是按经度和纬度存储的,则使用此模型。

PostgreSQL 是一个开源的、社区驱动的、符合标准的对象-关系型数据库管理系统,它不仅支持关系数据库的各种功能,而且还具备类、继承等对象数据库的特征。它具有强大的功能、复杂的结构以及丰富的特性。PostGIS是在PostgreSQL的基础上增添了空间对象扩展模块。PostGIS支持的空间数据类型遵循OGC简单要素规范,同时在此基础上扩展了对3D、2DM、3DM坐标的支持,从而遵循SQL/MM标准。Post GIS支持主要几何类型包括:点(POINT)、线串(Linestring)、多边形(Polygon)、多点(MultiPoint)、多线(MultiLinestring)、多多边形(MultiPolygon)和集合对象集(GeometryCollection)等。

Geodatabase是ESRI引入的一个全新的空间数据模型,是建立在DBMS之上的统一、智能化的空间数据库。所谓"统一",在于之前所有的空间数据模型都不能在一个同一的模型框架下对通常需要处理和表达的地理空间要素,如矢量、栅格、三维表面、网络、地址等进行统一的描述,而做到了这一点。所谓"智能化",是指在模型中,地理空间要素的表达较之以往的模型更加接近于我们对现实事物对象的认识和表达方式。中引入了地理空间要素的行为、规则和关系,当处理中的要素时,对其基本的行为和必须满足的规则,无需通过程序编码对其特殊的行为和规则,则可以通过要素扩展进行客户化定制,这是其他任何空间数据模型都无法做到的。Geodatabase在实现上使用了标准的关系—对象数据库技术,它支持一套完整的拓扑特征集,提供了大型数据库系统在数据管理方面的优势,这种基于格网级的数据模型不仅支持以往的数据格式,同时也拓展了和数据模型所不能支持的特殊的行为。

思考题

1. 简述CityGML的5个细节层次模型(LOD)。
2. 简述CityGML建筑模型。
3. 目前流行的数据库平台有哪些?并简要介绍其功能。
4. 在城市信息数据库的建设中,有哪些可用的数据模型?
5. 空间数据管理的形式有哪些?

本章教学视频及课件

教学视频　　　　课件

第 6 章

智慧国土空间规划

伴随着中国智慧城市建设的推进,信息化赋能已成为国土空间规划领域的研究热点与实践突破口。新技术的广泛应用,已经对空间规划的编制、城市运行与动态监测产生了深远的影响,推动了智慧的规划研究与辅助决策过程。规划体系改革以及国土空间规划体系构建,亦强调从政策和制度层面推进信息技术与国土空间规划的融合、实现智慧国土空间规划(甄峰,2019)。

6.1 智慧国土空间规划内涵

国土空间是多种要素相互作用下的动态复杂巨系统,对于国土空间的系统认知,主要从国土空间系统要素构成、国土空间格局与时空状态检测、国土空间结构配置合理性评估等方面展开。信息技术支撑及数据的挖掘分析,可以深入揭示居民企业活动、社会经济发展与资源环境的关系,综合反映人地关系协调及资源环境承载力水平,并为国土空间功能区划分、空间布局、规划实施监测、动态评价等提供技术支撑。因此,需要依赖人本、技术和数据的三轮驱动,提升国土空间规划的综合创新能力,并推动新时代的智慧国土空间规划。

对于智慧国土空间规划,可以认为是通过信息技术在国土空间规划的现状分析评价、编制方案、监测管理与评估等全过程中的综合应用,尤其是通过各类新技术的集成应用与创新,实现人本化、数字化、智能化的国土空间规划过程。首先,智慧国土空间规划体现在信息技术支撑下的智能化决策,包括在信息系统与数据分析支撑下的国土空间评价、规划、监测与管理等过程,以及多部门业务协同、多主体参与国土空间规划管理等。其次,智慧国土空间规划是在智慧社会框架下,面向高度流动和共享的流动空间,以及生态文明的要求,通过信息技术的集成创新及综合应用,来促进人地关系协调,以及流动空间与物质空间的协同发展。再次,智慧国土空间规划应强调人本导向的信息化应用、技术的集成创新和制度创新。

国土空间功能的本质是人地关系,表现为一定地域范围内人、土地资源、生态环境、社会经济活动等要素及其互动耦合的复杂生命有机体。新技术进步与创新应用,对人地关系系统、地域生命有机体产生影响作用,尤其是在移动信息技术的支撑下,人类活动的时空灵活性、移动性持续变化,出现流动的时空观和区位,并持续重构人地关系。一方面带来系统内部要素及其组织关系的变化,另一方面促使调控人地关系系统、地域有机体结构的技术方法创新,这也是智慧国土空间规划的理论与方法基础。

面向国土空间规划,需考虑新技术进步带来的人地关系重构作用下,人本化、生态宜居等"人"的需求,以及国土空间效率、要素流动、空间协调等"地"的内涵变化,并利用大数据、人工智能等新技术手段,对"人""地"要素变化及人地关系系统进行挖掘和模拟分析,引导人、地、产协同,提出更高层次的人地关系重构与系统协调策略,实现"三生"空间共生与协调布局,作为国土空间规划的创新支撑。

同时,国土空间也是一个自然要素与人类经济社会活动交融共存的地域生命有机体,体现出国土空间有机协调、可持续发展的状态。可以认为,信息系统平台与数据技术是国土空间规划管理的大脑,为国土空间的分析评价、规划决策、优化配置、监测管理等提供系统性支撑。

6.2 智慧国土空间规划框架

6.2.1 总体框架

国土空间规划的智慧体现在"生态文明、以人为本",而智慧国土空间规划的实现离不开技术应用和制度创新。因此,以生态文明为基础,以人为本为核心,技术应用和制度创新为支撑,提出 EPTI(Ecological civilization, People-oriented, Technological application, Institutional innovation)智慧规划总体框架(见图6-1)。

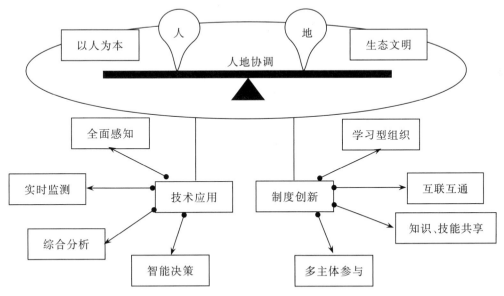

图6-1 智慧空间规划总体框架

首先,"生态文明"是智慧国土空间规划的基础。应立足于生态文明建设,遵循人与自然、社会和谐发展的自然规律,优先保护生态空间,统筹国土空间的开发和保护,支持国土空间的高质量发展。包括以资源环境承载能力和国土空间开发适宜性评价为基础,明确空间管控底线和管制分区,界定国土空间的发展潜力和规模;合理利用自然资源,修复和建设生态系统;从国土空间的层面整体把握资源开发格局,分区管理,合理控制开发强度。

其次,"以人为本"是智慧国土空间规划的核心。应坚持以人为本的原则,在国土空间规划的各项业务环节中充分体现人的主体需求。第一,应在国土空间规划编制过程中,充分运用位置、情感、行为活动等大数据,来挖掘居民活动及空间特征,探索整合、分析多源数据,满足多元化人本需求的国土空间规划编制方法。第二,应在国土规划建设与管理过程中,体现"公众参与、多元协作"的理念,提升公众参与度,及时接受社会各界的意见和监督,提高国土规划建设与管理的透明程度。

再次,技术应用和制度创新是智慧国土空间规划的两大重要支撑。新技术的综合应用是推动国土空间规划智慧化必不可少的动力,应从全面感知、实时监测、综合分析、智能决策等方面入手,将智能技术与国土空间规划业务进一步结合,构建智能技术辅助的国土空间规划技术流程。同时,应通过制度创新保障和推动国土空间规划的智慧化。包括建立学习型组织、促进不同部门和组织间的互联互通、知识共享,以及多主体参与、协作创新,共同推进规划新技术的发展完善。

6.2.2 技术框架

基于上述智慧国土空间规划的总体框架,结合国土空间规划的具体内容,构建智慧国土规划的技术框架(见图6-2),共分为三个部分:信息化建设、国土空间规划业务以及制度和规范建设。其中,信息化建设是基础,国土空间规划业务是核心,制度和规范建设是保障。

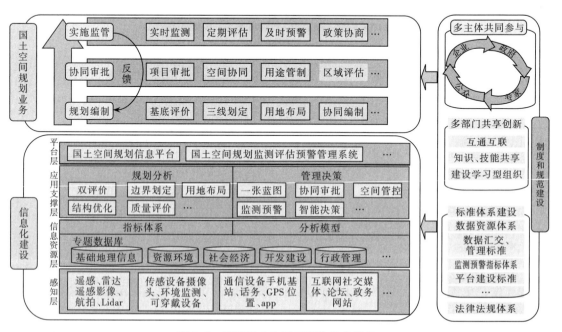

图6-2 智慧国土空间规划的技术框架

1. 信息化建设

信息化建设一直是国土资源管理的重要内容。以国土资源"一张图"工程为代表,国土资源管理信息化建设的重点是整合遥感影像、土地利用现状、国情监测以及基础地理信息等多源信息,构建集国土资源的规划、审批、执法等于一体的综合监管平台。这些建设内容仍是国土空间规划信息化建设的重要组成部分,同时,国土空间规划的信息化建设更加强调:①对于社会、经济、人口活动等多源数据的采集和运用;②基于指标体系与计算模型的科学化规划监测、评估、预警体系的构建。具体来说,国土空间规划的信息化建设应聚焦四层建设,分别是感知层、信息资源层、应用支撑层和平台层。

感知层利用遥感、通讯设备、传感设备、互联网等多种途径对国土资源现状进行全面感知。其中,通过手机信令、可穿戴设备、互联网大数据等获得的社会感知数据,可从人的活动、感受等维度对于国土资源利用现状及高品质发展水平做出科学评价,拓展以往主要根据遥感影像、土地调查等对于国土资源现状进行客观监测和评估的手段。

信息资源层集成多源国土空间数据,统筹构建资源环境、社会经济、开发建设等多源数据库,并整合地理信息、行政管理等相关数据库。同时,融合多领域专家知识,构建国土空间规划监测评估预警的指标体系和模型,为规划监测、评估、预警提供支撑。

指标体系包含与国家发展战略相关的国土空间编制、监测、评估、预警等基础指标,是落实国土空间规划目标和任务的主要抓手。在省、市、县层面,除基础指标外,还应结合各地的发展定位、目标及特色,制定省级和市县级的扩展指标。通过构建模型库,利用多源感知数据对指标值进行计算,监测指标运行状态,对国土空间规划实施过程中未达要求或突破警戒值的情况进行预警,为国土空间规划实施监管提供科学依据。

应用支撑层提供对自然资源保护和国土空间开发利用情况进行定量评估、实时监测、风险识别、趋势预判等的规划分析方法,并结合人工智能等技术,辅助智能规划管理和决策,为国土空间规划的核心业务提供技术方法支撑。

平台层综合运用互联网、数据库、云计算、地理信息系统等技术,构建为国土空间规划相关部门提供数据和信息共享、协作审批、实时监管等服务的国土空间规划信息平台、国土空间规划监测预警评估管理系统两大信息平台,全面推动国土空间规划的智能化。其中,国土空间规划信息平台是实现国家、省、市、县纵向联通,各相关部门单位横向联通的数据共享平台。它的建设应以"一张底图"为基础,在土地调查成果数据的基础上,整合规划编制所需的现状数据,形成坐标、边界统一的数据体系,支持国土空间规划编制和评估。国土空间规划监测预警评估管理系统是利用指标体系和计算模型,对国土资源利用和开发现状进行定量分析和实时监测,为国土空间规划实施监测、评估、预警的全过程提供技术支持。

2. 国土空间规划业务

信息化建设是支撑规划编制、协同审批、实施监管等各项国土空间规划业务,推进国土空间规划智慧化的重要基础。在规划编制阶段,基于国土空间规划的管控指标,通过建立量化分析模型,对资源环境承载力和国土空间开发适宜性进行综合评价,科学划定三区三线,并结合人口活动等大数据分析,全面、客观地对用地效率、布局等进行评估,为科学制定规划目标、规模等提供决策依据。在规划审批阶段,基于规划指标的审查规则与相关模型,审查规划是否符合国土空间规划的管控要求。同时,在信息平台的支撑下,通过规划数据的整合与共享,实现不同业务部门对建设项目的联合协同审批。在实施监管阶段,利用监测预警评估管理系统,基于国土空间规划指标和预警评价模型,对国土空间规划实施情况进行实时监测和动态评估,对不符合目标范围的指标进行分级预警。同时,评估结果将及时反馈于规划目标,为规划编制的修订和完善提供科学依据。

3. 制度和规范建设

首先,在各层级规划的编制、审批和监管过程中,应体现"多主体参与、多部门共享创新"的制度设计。第一,在建立数据和资源共享平台的基础上,应进一步完善协商合作的机制,突破不同业务部门间的协作瓶颈。第二,智慧国土空间规划需要整合城市规划、土地管理、生态、资源环境、地理信息系统等跨领域知识,构建科学的定量分析模型。一方面,应充分整合专家、科技企业等各种资源,通过多方参与,创新和完善国土空间规划的技术方法。另一方面,应建立有持续学习能力的学习型组织,不断吸收新理念、新技术、新方法,提高业务能力。同时,应促进知识在不同部门和组织间的相互流通,均衡协调和综合利用部门内外部资源,共同推动国土空间规划的技术创新。第三,在规划编制、监测、评估等过程中应充分听取各方意见,在公开、公正的基础上,统筹考虑各方利益,最大化满足公众需求。同时,充分利用网络平台,建立政府和公众之间及时、有效、双向的沟通渠道,并向公众提供国土空间规划的公共服务。

其次,对国土空间规划中涉及的数据资源、指标体系、平台建设等均应建立相应的标准规范,以保证不同层级、不同类型的规划能够有效衔接。具体包括应构建涵盖国土空间规划全流程中涉及的过程数据和成果数据的数据资源体系,为国土空间规划的数据库和信息平台建设提供向导;应针对国土空间规划数据,从数据格式、数据结构、空间参考及值域范围等方面构建数据汇交及数据库标准;应对国土空间规划监测、评估、预警的需求,构建全面的指标体系,明确指标项、指标元数据、指标健康状态值及指标值计算模型等内容;应建立国土空间规划信息平台和监测评估预警管理系统的建设标准,从系统构成、功能要求、运行环境及运维要求等方面规范系统平台建设。

再次,应完善国土空间规划相关的法律法规体系,应推进空间规划的相关立法工作,从法律层面上明确空间规划的权威性和有效性,对于空间规划体系的构成、定位、机制等重要内容进行严格界定,完善国土空间用途管制、公有私有物权维护等相关的法律依据。同时,应结合国土空间规划的战略目标和调控重点,对《土地管理法》《城乡规划法》《环境保护法》

等相关配套法律进行修改完善。为实现上下位规划的有效衔接、保障用途管制最终落地,还应完善与国土空间规划体系相对应的行政法规体系,对于国土空间规划中所涉及的编制、审批、实施、监管等全过程进行规范,对于五个层级规划之间的传导、管控做出明确要求。

6.3 规划编制智慧化

智慧国土空间规划需要在传统规划方法与技术基础上,深度整合互联网、大数据、云计算、人工智能等新技术,进而推动国土空间规划编制全过程的智慧化。在这一过程中,可以利用卫星遥感、传感器、摄像头、无人机(车)、个人便携式设备、智能路灯等诸多工具或平台对国土空间进行全面感知和多源数据的采集,包括地理国情监测的数据、城市运营和监测的大数据、互联网开放数据等,实现多源数据的融合、集成及跨空间层级的建库,为国土空间规划编制提供基础。

同时,从对国家和自然资源部近期颁布的《关于建立国土空间规划体系并监督实施的若干意见》《资源环境承载能力和国土空间开发适宜性评价技术指南(试行)》和《市县国土空间总体规划编制指南》等一系列文件梳理可知,国土空间总体规划编制的重点内容及大致流程是:首先,进行国土空间的资源承载力和适宜性评价。其次,在"双评价"基础上,将国土空间划分为生态空间、农业空间及城镇空间,并准确界定生态红线、基本农田保护线及城镇开发边界三类空间用途管控线。再者,对生态空间、农业空间及城镇空间分别进行具体规划,注重空间结构优化、功能与用地协调布局等方面的方案编制。

6.3.1 国土空间"双评价"

国土资源承载力评价侧重对自然资源自身属性的评估,通过采集土地、水资源、环境、生态、灾害等方面的基础数据和生物多样性维护、水土流失、土壤质地、光热条件、地形起伏度、地质灾害等反映自然资源承载能力的指标进行综合分析,较少涉及人类活动,这方面大数据很难发挥较大作用。

国土空间适宜性评价,除了人类活动亦影响较小的生态与农业空间的适宜性评价,主要利用斑块矢量数据和生态景观指数等方法进行测度,城镇空间适宜性评价则需要对人类活动影响进行重点考虑与分析,包括城镇斑块集中度和城镇综合优势度的测量,进而保证科学、全面地评价国土空间开发的潜力。其中,城镇综合优势度应该是多维度的综合优势,既包含城镇物质空间优势,还应包含城镇活动空间优势。城镇物质空间优势测度,一方面需要利用区位距离、路网密度等数据和可达性分析等方法进行测度,另一方面还需要利用各类企业与公共服务设施的兴趣点(Point of Interest,POI)、网络评论等大数据和核密度分析、差异度分析、引力模型等方法分析单个地块产业布局强度、公共服务设施布局强度与共享性等。

城镇活动空间优势测度可以包含两个方面的指标,一是活动强度分布,可以利用手机信令、互联网签到等居民活动位置大数据,结合核密度分析等方法对其进行测度;二是活动联系,可以利用手机信令、企业 POI、企业股权等大数据,通过社会网络分析、文本分析等方法识别不同地块居民活动与产业联系网络。

6.3.2 国土空间边界划定

在国土空间边界划定方面,生态红线和永久性基本农田的划定主要是基于国土空间"双评价"的结果,通过对生态与农业资源现状禀赋、利用问题与风险、区域政策要求、发展潜力等的综合判断进行划定,具有严格的资源保护底线限制,不以满足人类活动空间需求为首要条件。而城镇开发边界划定主要取决于人口和用地规模的科学预测,在利用遥感解译识别城镇建成区边界基础上,一方面可以采集手机信令数据和全国最新人口普查数据,通过统计分析、时空棱柱、空间分析、人口增长模型等方法判别城镇人口分布与多时段变化,对城镇未来人口进行估算;另一方面,利用核密度分析、社会网络分析模拟城镇内部各组团的居民活动集聚程度与联系,结合城镇人口规模预测结果、未来发展目标与政策、重点建设项目等,利用元胞自动机等空间增长模型划定城镇未来空间开发边界。

6.3.3 国土空间结构优化

在国土空间结构优化方面,主要包括生态、农业及城镇三类空间的结构优化。生态空间结构优化主要利用遥感生态斑块数据与生态景观指数等方法判别生态空间规模,利用居民位置大数据与层次分析等方法测度生态空间活力,利用水、生物迁徙廊道、风、人类活动轨迹等数据和社会网络分析、情景分析、机器学习等方法模拟与预测各类生态要素流动网络,进而综合优化生态空间结构。农业空间结构优化倾向于对农业产业空间进行规划布局,利用产品销售统计、专业销售或物流网站、农业企业及配套企业 POI、网络评论等数据,结合社会网络分析、文本分析、图片分析、机器学习等方法,分析农产品市场分布特征与发展潜力,科学选择主导与配套产业,并确定农业空间产品消费者偏好与具体产业发展类型。同时,采集居民位置大数据,利用核密度分析、社会网络分析等方法测度农业空间居民活动强度与联系,综合确定农业产业空间结构。城镇空间结构优化可以获取居民位置大数据,利用统计分析和核密度分析方法找出居民活动时空分布格局,利用社会网络分析方法分析城镇各组团之间实时的活动联系。同时,获取网络论坛或微博文本等数据,利用文本分析工具挖掘城镇居民意向中心体系,进而综合优化城镇空间结构。

6.3.4 国土空间功能和用地布局

一方面,利用遥感、灯光、网络图片等数据,通过遥感解译、图片分析等方法识别现状各类功能片区及用地类型、规模。另一方面,利用手机信令、微博签到与文本、POI、网络评论等大数据,通过核密度分析、时空棱柱、文本分析、机器学习、泰森多边形等方法分析居民活动时空模式,确定居民具体活动类型,划定各类活动的具体范围。再者,按照居民日常活动类型识别结果,将国土空间划分为若干个活动区,例如就业、居住、娱乐、混合活动、农业生产、生态游憩等等不同类型活动区,并与空间现状功能及用地进行叠合分析,进而优化国土空间功能分区与用地布局。

需要说明的是,新技术应用助力国土空间总体规划编制,而不是替代。首先是全面感知,包括主观与客观数据、传统与新型数据的全面采集,并实现多源数据融合与入库;其次是新方法与传统方法的集成应用,例如融合街景图像机器学习和传统遥感影像解译进行多类用地信息提取;再者,强化大数据支撑的人类行为与活动的空间分析,并将分析结果作用于物质场所空间,进而综合界定相关边界、优化空间结构与功能用地布局。同时,国土空间规划涵盖"五级三类",行政空间层级不一、各类规划功能定位与内容也各有侧重。但是,人类活动受行政空间的限制较少(至少在本国范围内),规划编制智慧化主要是利用各类技术分析人类活动与国土空间之间的关系、把握规律、科学预测,因此最终规划编制方案必然会拥有空间承接性、满足跨行政空间层级的成果需求。

6.4 规划实施智慧化

为了确保国土空间规划编制方案实施效果,《关于建立国土空间规划体系并监督实施的若干意见》和《市县国土空间总体规划编制指南》等相关文件也规定了地方在编制国土空间规划的同时,还需要对国土空间规划方案进行年度动态质量评价,通过搭建国土空间规划监测评估预警平台来保障国土空间安全。其中,国土空间开发利用质量评价的智慧化应该是该平台建设的核心,需要建立一个集多源数据融合的、多应用层级的综合评价指标体系,并利用因子分析、层次分析等方法进行科学动态评价。

具体来讲,生态空间开发利用质量评价除了考虑空间所提供的资源数量与质量的同时,更多需要考虑生态资源对人类或生物活动影响程度类指标、人类或生物利用生态资源的数量及效率指标、人类活动对生态资源破坏程度的指标等,这些指标的数据主要由反映生态资源供应的空间数据和反映人类或生物日常活动的位置大数据组成。农业空间开发利用质量评价指标倾向于农业产业投入与产出效益、农业环境污染程度、农村人口活力、农村服务与基础设施覆盖程度等方面的指标,除了相关统计和空间矢量数据外,还来源于农村产品流通、产业市场评价与偏好、居民活动位置与轨迹、服务设施 POI 等大数据。城镇空间开发利用质量评价,一方面需要利用居民活动位置大数据和统计、空间等数据测度城镇空间结构紧凑度、土地利用混合度、土地利用强度与效率等;另一方面,利用产业统计和企业或科研机构

POI 数据计算城镇空间经济效益产出;再者,利用设施 POI、网络口碑、智能卡等大数据分析城镇各类公服及交通设施服务水平;最后,利用环境监测、居民活动位置、能耗等大数据测度城镇空间绿色可持续发展水平。

实际上,智慧国土空间规划实施评价就是通过多源异构数据的挖掘,对包括各类生产要素流动、人口集聚、经济运行、交通出行、环境保护、土地开发、社会服务等空间利用现状进行体检和监测,来分析之前我们所不了解的流之间的复杂的互动和耦合的关系,从而更加透彻地评价规划在资源配置空间调控中的公共政策作用的发挥。同时,还需注意,无论是国土空间规划编制数据、编制方法与技术的智慧化,还是国土空间规划实施评价的智慧化,相关信息平台的开发与建设是提升规划管理效能、科学性的必要环节,应该将规划编制时空数据库、规划编制方案与方法技术综合集成到规划监测评估预警平台之上,进而实现"数据采集—方案编制—方案评估—智能决策与反馈—数据采集—方案调整"闭环式的智慧规划目标。

6.5　空间信息技术在国土空间规划中的应用

国土空间规划是高质量发展的空间蓝图,空间信息技术的数据获取、分析、预测和管理能力为国土空间规划提供了数据、方法和平台支撑,提高了国土空间规划的科学性和可操作性(谢花林等,2022)。

6.5.1　多源数据获取

1. 地理空间数据

地球空间各类地物要素以点、线、面、体等几何形状来表达,并以空间关系抽象表达地物的位置、权属信息和空间关系,构成了国土空间规划的数字基地。

(1)国土调查数据。第三次全国国土调查获取了全国性的地类数据,是国土空间规划编制、国土空间基础信息平台建设的"底图",相较于"二调"及历年土地变更调查数据,其用地分类更加细化,同时还包含了行政界线、基本农田、耕地等级、"批而未用"建设用地等数据。

(2)基础地理数据。包括与人类活动密切相关的交通、地名、管线、设施等人文地理要素,以及水系、地形地貌、植被和土质等基础地理数据集,基础地理数据既反映了基本国情,亦是国土空间规划的必不可少的基础数据。

(3)自然资源管理数据。"多规合一"要求实现现有规划的整合,现有空间规划编制和实施过程中形成的各类规划要素(如控制线、空间布局、实施现状)也是国土空间规划管控的重要依据。基于GIS平台,可以在"底图"基础上,开展地理空间数据的纠错、归类、去重、关联等数据整合工作,同时可将人口、经济等统计数据转化为空间信息,实现数据的标准化和规范化,为规划提供全方位、多层次的数据支撑。

此外还有地理国情监测、海洋、森林和渔业等专项调查数据以及不同空间分辨率的地表覆盖等遥感产品数据。

2. 遥感数据

遥感技术是快速获取国土空间规划信息最重要的手段,在国土空间规划中的应用已经十分成熟,既是国土空间规划本底数据的来源,也为国土空间规划监管提供了实时、高效的数据资源。遥感技术已经成为自然资源调查与动态监测、耕地保护、督察执法、用途管制、生态保护与修复等国土空间规划相关工作的重要技术支撑和常规信息保障。空间规划所依托的"三调"数据,其农村土地利用现状调查已全面采用优于1m分辨率遥感影像资料,卫星影像主要来源以国产卫星为主,国外商业影像为辅。而对于精度要求更高的城镇土地利用调查,常采用无人机航拍所获取的分辨率为0.2m的影像数据,由于无人机航拍具有机动灵活、响应快、时效性强等特点,该类数据也广泛用于国土资源调查的内业预判、外业举证、核查以及成果展示等方面。

国产高分系列卫星数据为国土空间规划提供了不同传感器类型的高空间、时间、光谱分辨率以及立体观测的遥感影像,可以获取更精细的土地利用类型、城市建筑物、道路、桥梁以及高精度DSM信息等。随着激光雷达及三维激光扫描技术(LiDAR)的发展,通过机载、车载或固定平台获取的点云数据可从复杂环境中提取厘米级精度的建筑物、道路、街景和地表的三维特征,已成为一种重要的表述国土空间信息的手段。

3. 社会经济大数据

随着"万物互联"的逐渐实现,智能手机等终端的各类传感器接入互联网,产生了与人口流动、社会发展、商业信息、民众生活、生态环境等社会经济活动息息相关的大数据源,利用大数据可清楚地获知人对国土空间的需求与相应的行为特征,提高了国土空间规划的弹性和效率。典型的社会经济大数据主要包括POI数据、个体行为数据、社交媒体数据、物联网数据以及街景影像数据。

6.5.2 分析技术及智能算法

1. GIS分析方法

GIS可将国土空间规划各要素进行多种形式的呈现,有助于国土空间科学决策。此外,GIS的分析功能广泛运用于土地规划、城市规划和环境规划等传统规划领域,"多规合一"后国土空间规划对GIS分析方法的依赖进一步增强,GIS分析方法自身也在不断发展完善。在国土空间规划中,常用的GIS分析方法主要包括空间分析方法、空间统计方法以及地统计方法等。

(1)空间分析方法。叠加分析是GIS空间分析最重要的工具之一,GIS的数据层有对应的空间拓扑关系,矢量或栅格之间可通过叠加分析产生一个新的数据图层。在国土空间规划"双评价"和"三生空间"划定等场景中,各个评价要素和管控要素之间的逻辑关系和规则十分清楚,如农业生产和城镇建设等功能评价在生态保护极重要区以外区域开展,通过叠加水源涵养、水土保持、生物多样性维护等评价结果图层得到生态系统服务功能重要性评价图层,在相关场景叠加分析等空间分析工具不可或缺。此外,叠加分析方法也能够识别数据变化,可用于规划监管。

(2)空间统计方法。空间统计分析方法可以深入了解国土空间变化的规律和复杂程度。如采用空间自相关、热点分析等方法分析耕地质量、耕地集中连片程度的空间格局,将耕作条件、区位条件较好的耕地划定为永久基本农田。在规划实施评估中,运用重心分析、空间自相关分析等空间统计方法进行用地一致性和绩效性评价,空间-时间尺度上的空间句法模型可研究城市发展现状、发展趋势与城市规划目标的异同以及城市规划实施效果。

(3)地统计分析。地统计分析的插值方法可以运用一定数量的点要素的观测值预测和输出研究区域内的任何位置的数值,如将样点的生态风险指数进行空间插值可得到区域内生态风险的分布状况,并据此进行区域生态安全格局的构建。

2. 地理模拟方法

地理模拟方法通过模拟国土空间可能的变化过程,指导国土空间的优化配置,常用于国土空间规划实施过程中的"三线三区"的划定和国土空间布局优化。国土空间规划中常用的地理模拟方法主要包含 CLUE-S 模型、元胞自动机模型(Cellular Automata,CA)、基于主体模型(Agent-Based Model,ABM)。地理模拟技术与传统规划技术的集成度高,在数据输入、方法选取和结果分析方面都有相应的范式,在国土空间规划编制中的应用较为广泛,同时在结合人工智能、大数据分析等方面具备天然的优势,将进一步提高其国土空间感知和辅助规划决策的能力。

3. 人工智能

随着人工智能的理论、技术和应用领域不断成熟,空间数据处理能力和识别精度将大幅提升,比如通过构建卷积神经网络实现城市建筑物的高精度提取以及城市土地利用类型的精细识别,可以支撑国土空间规划编制和监管;同时随着计算能力的显著提高,启发式算法有助于获取国土空间布局的最优解,以支持国土空间决策。人工智能方法的应用满足了对大数据的分析需求,在国土空间智能规划的应用前景广阔。

6.5.3 信息化平台

1. GIS平台

当前,MapGIS、SuperMap、ArcGIS等国内外 GIS 软件平台为国土空间规划软件平台提供了多种选择。伴随着计算机技术和地球信息技术的发展,GIS 的技术体系和平台体系也不断革新,发展出了人工智能 GIS 技术、大数据 GIS 技术、三维 GIS 技术、分布式 GIS 技术和跨平台 GIS 技术,可以满足国土空间规划数据库、信息平台和"一张图"建设的多样化需求。

2. 云平台

云计算作为一种基于互联网的计算方式,其在整合算力处理海量数据方面优势极大,同时可以配置动态数量的虚拟机来处理实时数据流。通过按需计算资源来满足动态日志数据量的需求,对于"一张图"的数据整合与分析有十分广阔的应用前景。

3. CIM基础平台

城市信息模型(CIM)以建筑信息模型(BIM)、三维GIS和物联网为基础,通过融合多部门、跨时空维度的信息模型数据,搭建出现实世界的镜像模型——数字孪生城市,是未来国土空间规划数据库的重要组成部分,也是国土空间规划迈向治理体系和治理能力现代化的建设方向。运用CIM技术不仅可以实时渲染和呈现城市中的各种信息,同时也具有预测能力、智能模型辅助决策能力及公众与城市信息的互动能力,是一个智能化的工作平台。

6.6 国土空间"双评价"实施

6.6.1 "双评价"的概念

根据《中共中央国务院关于建立国土空间规划体系并监督实施的若干意见》要求,资源环境承载能力和国土空间开发适宜性评价是国土空间规划编制的前提和基础。资源环境承载能力和国土空间开发适宜性评价简称"双评价"。

资源环境承载能力是指基于特定发展阶段、经济技术水平、生产生活方式和生态保护目标,一定地域范围内资源环境要素能够支撑农业生产、城镇建设等人类活动的最大合理规模。

国土空间开发适宜性是指在维系生态系统健康和国土安全的前提下,综合考虑资源环境等要素条件,特定国土空间进行农业生产、城镇建设等人类活动的适宜程度。

"双评价"的目标是分析区域资源禀赋与环境条件,研判国土空间开发利用问题和风险,识别生态保护极重要区(含生态系统服务功能极重要区和生态极脆弱区),明确农业生产、城镇建设的最大合理规模和适宜空间,为编制国土空间规划,优化国土空间开发保护格局,完善区域主体功能定位,划定三条控制线,实施国土空间生态修复和国土综合整治重大工程提供基础性依据,促进形成以生态优先、绿色发展为导向的高质量发展新路子(国土资源部《资源环境承载能力和国土空间开发适宜性评价指南(试行)》)。

6.6.2 "双评价"的工作流程

编制县级以上国土空间总体规划,应先行开展"双评价",评价的工作流程(见图6-3)。

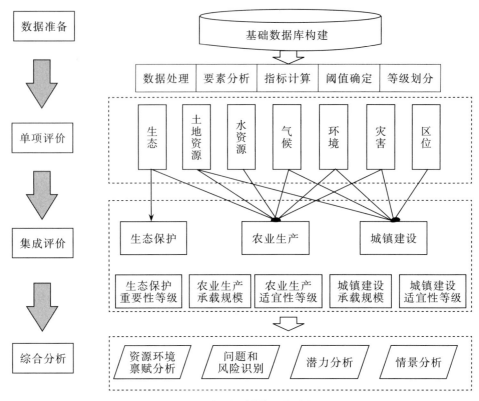

图6-3 "双评价"的工作流程

1. 工作准备

评价工作首先需要进行资料收集,充分利用各部门、各领域已有相关工作成果,结合实地调研和专家咨询等方式,系统梳理当地资源环境生态特征与突出问题,在此基础上确定评价内容、技术路线、核心指标及计算精度,并开展相关数据收集工作。

需要保证数据的权威性、准确性、时效性,数据时间与同级国土空间规划要求的基期年保持一致。评价统一采用2000国家大地坐标系(CGCS2000),高斯—克吕格投影。制图规范、精度等参考同级国土空间规划要求。

2. 本底评价

将资源环境承载能力和国土空间开发适宜性作为有机整体,主要围绕水资源、土地资源、气候、生态、环境、灾害等要素,针对生态保护、农业生产(种植、畜牧、渔业)、城镇建设三大核心功能开展本底评价。

3. 综合分析

(1)资源环境禀赋分析。分析水、土地、森林、草原、湿地、海洋、冰川、荒漠、能源矿产等自然资源的数量(总量和人均量)、质量、结构、分布等特征及变化趋势,结合气候、生态、环境、灾害等要素特点,对比国家、省域平均情况,对标国际和国内,总结资源环境禀赋优势和短板。

（2）现状问题和风险识别。将生态保护重要性、农业生产及城镇建设适宜性评价结果与用地用海现状进行对比，重点识别以下冲突（包括空间分布和规模）：生态保护极重要区中永久基本农田、园地、人工商品林、建设用地以及用海活动；种植业生产不适宜区中耕地、永久基本农田；城镇建设不适宜区中城镇用地；地质灾害高危险区内农村居民点。

对比现状耕地规模与耕地承载规模、现状城镇建设用地规模与城镇建设承载规模、牧区实际载畜量与牲畜承载规模、渔业实际捕捞和养殖规模与渔业承载规模等，判断区域资源环境承载状态。对资源环境超载的地区，找出主要原因，提出改善路径。

可根据相关评价因子，识别水平衡、水土保持、生物多样性、湿地保护、地面沉降、土壤污染等方面问题，研判未来变化趋势和存在风险。

（3）潜力分析。根据农业生产适宜性评价结果，对种植业、畜牧业不适宜区以外的区域，根据土地利用现状和资源环境承载规模，分析可开发为耕地、牧草地的空间分布和规模。根据渔业生产适宜性评价结果，在渔业生产适宜区内，根据渔业养殖、捕捞现状和渔业承载规模，分析渔业养殖、捕捞的潜力空间和规模。

根据城镇建设适宜性评价结果，对城镇建设不适宜区以外的区域（市县层面可直接在城镇建设适宜区内），扣除集中连片耕地后，根据土地利用现状和城镇建设承载规模，分析可用于城镇建设的空间分布和规模。

（4）情景分析。针对气候变化、技术进步、重大基础设施建设、生产生活方式转变等不同情景，分析对水资源、土地资源、生态系统、自然灾害、陆海环境、能源资源、滨海城镇安全等的影响，给出相应的评价结果，提出适应和应对的措施建议，支撑国土空间规划多方案比选。

6.6.3 "双评价"的技术流程

首先开展生态、土地资源、水资源、气候、环境、灾害、区位等单项评价。基于单项评价结果，开展集成评价，优先识别生态系统服务功能极重要和生态极敏感空间，基于一定经济技术水平和生产生活方式，确定农业生产适宜性和承载规模、城镇建设适宜性和承载规模。通过集成评价，将生态保护重要性、农业生产、城镇建设适宜性划分为适宜、较适宜、一般适宜、较不适宜、不适宜5级。

在水土资源不同的约束条件下，分别评价各评价单元耕地承载规模和城镇建设承载规模。按照短板原理，采用各约束条件下的最小值作为可承载的最大规模。

在单项评价基础上，分析土地、水、矿产、森林等自然资源的数量、质量、结构、分布等特征，总结资源环境限制因素；依据评价结果，开展问题和风险识别；依据农业生产和城镇建设适宜性评价结果，分析可开发为耕地、可用于城镇建设的潜力规模和空间布局。具体技术流程如图6-4所示。本部分以国土空间开发适宜性为例介绍"双评价"的实施。

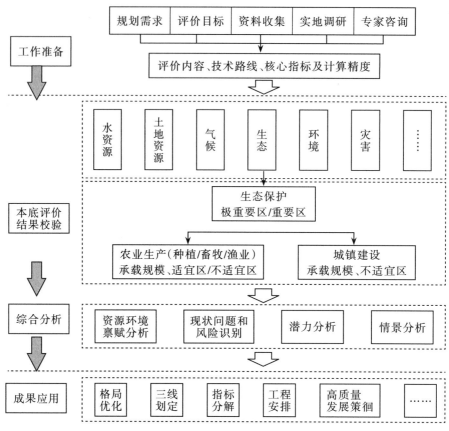

图6-4 "双评价"的技术流程

1. 基础数据

通过召开座谈会、发函、实地调研等方式,分别从生态、林业、水利、气象、地震等部门收集开发评价所需要的矢量数据、卫星影像,以及有关报告等资料。在保证科学性的基础上,精选最有代表性的指标。主要评价类型、因子及基础数据见表6-1所示。

表6-1 "双评价"所需的主要数据

单项评价类型	单项评价因子	基础数据
生态系统服务功能重要性等级	水源涵养	降雨量
		地表径流量
		蒸发散量
	生物多样性维护	保护区范围
		生态公益林
		植被覆盖
		地形因子
	水土保持	降雨量
		侵蚀性日降雨量

续表

单项评价类型	单项评价因子	基础数据
生态系统服务功能重要性等级	水土保持	土壤可蚀性
		地形起伏度
		地表覆盖
生态敏感性等级	水土流失敏感性	降雨量
		侵蚀性日降雨量
		土壤可蚀性
		地形起伏度
		地表覆盖
	石漠化敏感性	生态系统类型
		地形坡度
		地表覆盖
土地资源	地形坡度	DEM
	土壤类型	土壤类型
水资源	降雨量	降雨量
	水资源总量模数	区域水资源总量
气候条件	光热条件	气温
农业基础条件	用地类型	地表覆盖
地质风险	地质灾害易发区	地质灾害区划
	地震灾害易发区	地震动峰值加速度
区位条件	交通干线可达性	交通干道、土地变更调查数据
	中心城区可达性	土地变更调查数据
	交通枢纽可达性	现状交通枢纽分布

2. 生态保护重要性评价

保护生态系统服务功能重要性和生态敏感性。生态系统服务功能是指人类直接或间接从生态系统中获取的利益,可分为产品提供功能、调节功能、文化功能和支持功能四大类,其中关系全国与区域生态安全的功能包括生物多样性维护、水源涵养、水土保持、防风固沙和海岸防护等调节功能。

生态敏感性是指生态系统对人类活动反应的敏感程度,用来表征生态失衡与生态环境问题的可能性大小。主要包括水土流失敏感性、沙化敏感性、石漠化敏感性、海岸侵蚀敏感性等。具体评价过程中的指标选取,可根据评价区域的实际情况进行指标优选。

(1)单项评价。单项评价主要包括生态系统服务功能重要性,包括生物多样性维护重要性、水源涵养功能重要性、水土保持功能重要性、生态系统服务功能重要性;生态敏感性,包括水土流失敏感性、石漠化敏感性、生态敏感性。每项评价从评价方法、评价过程、评价结果三方面实施。

(2)集成评价。从生态保护重要性等级初判到修正生态保护重要性等级两个方面开展集成评价

3. 农业生产适宜性评价

农业生产适宜性评价主要考虑土地资源条件、水资源条件、气候条件、环境条件、农业灾害危险性等因素。具体指标的选取需要考虑基础资料的可获取性及其精度对评价结果的影响。

（1）单项评价。单项评价主要包括土地资源评价、水资源评价、气候条件及农业基础条件评价四方面。每项评价包括评价方法、评价过程及评价结果。

（2）集成评价。根据单项评价结果，以土地资源为基础，逐项加入其他单项评价结果，按照矩阵判别的方式进行集成评价。

4. 城镇建设适宜性评价

城镇建设适宜性评价指标主要考虑土地资源条件、水资源条件、气候条件、环境条件、灾害危险性、区位条件等因素。考虑到基础资料可获取性，数据精度尽可能不影响评价结果的准确性，具体指标选取需要结合具体实际。这里以土地资源条件、水资源条件、灾害危险性和区位优势度为例。

（1）单项评价

①土地资源

· 评价方法：城镇建设功能指向的土地资源评价以城镇建设条件为评价指标。城镇建设条件主要表征土地资源适宜建设程度，采用坡度和地形起伏度进行评价。

· 评价过程：基于地形坡度数据，按 0~2 度、2~6 度、6~15 度、15~25 度和大于 25 度划分为平地、平坡地、缓坡地、缓陡坡地、陡坡地 5 个等级，生成坡度分级图；

基于地形起伏度数据，按照大于 200m、100~200m、50~100m、20~50m、小于 20m 划分为 5 个等级，生成地形起伏度分级图；

将地形坡度和地形起伏度数据进行叠加分析，形成城镇建设条件分级图。地形起伏度大于 200m 的区域，地形坡度等级下降 2 级；地形起伏度 100~200m 的区域，地形坡度等级下降 1 级；其他区域地形坡度等级不变。

· 评价结果：根据城镇建设条件分级图，明晰区域城镇建设条件好、较好、中等、较差、差五个等级的区域面积及空间分布。

②水资源

· 评价方法：城镇功能指向的水资源评价以城镇供水条件作为评价指标。城镇供水条件是表征区域水资源对城镇建设的保障能力，采用水资源总量模数进行评价。

· 评价过程：评价区域各基本评价单元近 5 年的平均水资源总量除以行政总面积，得到水资源总量模数；以基本评价单元为单元，按照 ≥50 万 m^3/km^2、20 万 ~50 万 m^3/km^2、10 万 ~20 万 m^3/km^2、5 万 ~10 万 m^3/km^2、<5 万 m^3/km^2 划分为好、较好、一般、较差、差 5 个等级。

· 评价结果：根据水资源条件分级图，计算区域供水条件结果好、较好、中等、较差、差五个等级的区域面积及空间分布。

③灾害评价

·评价方法:城镇建设功能指向的灾害评价以灾害危险性表征,采用地震危险性和地质灾害易发性作为评价指标。其中地震危险性通过地震动峰值加速度综合反映;地质灾害易发性主要通过崩塌、滑坡、泥石流、地面塌陷、地面沉降等地质灾害的易发程度反映。分别开展地震危险性和地质灾害易发性评价的基础上,集成灾害危险性等级。

·评价过程:根据地震部门提供的区域地震动峰值加速度数据,按照 0.05~0.10g、0.10~0.20g、0.20~0.30g、0.30~0.40g 将地震危险性分别划分为低、中、较高、高 4 个等级,采用空间插值生成地震灾害危险等级图层;

收集区域崩塌、滑坡、泥石流、地面沉降、地面塌陷等地质灾害调查评价数据,取崩塌、滑坡、泥石流、地面沉降以及地面塌陷中的最高等级,作为地质灾害易发性等级,划分地质灾害易发性高、中和低 3 个等级,生成全区地质灾害易发性等级图层;

将地震灾害危险性和地质灾害危险性等级图相叠加,取地震危险性和地质灾害易发性最高等级,作为灾害危险性评价最终等级。

·评价结果:根据灾害危险性等级图,计算区域灾害风险等级高、中、低三个等级的区域面积及空间分布。

④区位评价

·评价方法:城镇建设功能指向的区位评价主要选取交通干线可达性、中心城区可达性和交通枢纽可达性三项指标开展评价。其中交通干线包括一、二、三级公路,以及城市道路;中心城区包括市中心城区、县中心城区和乡镇镇区;交通枢纽包括机场、铁路站点、高速公路出入口、港口等。分别开展上述三项评价的基础上,集成区位条件等级。

·评价过程:根据交通部门提供的各等级道路分布图,结合最新土地利用变更调查成果的公路用地,按照干道两旁 2000m 以内、干道两旁 2000~4000m、干道两旁 4000~6000m、干道两旁 6000~8000m、干道两旁 8000m 以外,将交通干线可达性分为 5 级,生成交通干线可达性评价图;

采用最新的土地利用现状成果,提取区域所包含的市、县、乡三级现状城区范围,按照距市中心城区 20km、县中心城区 5km、乡镇 2km 以内为一级,距市中心城区 20~40km、县中心城区 5~10km、乡镇 2~4km 以内为二级,距市中心城区 40~60km、县中城区 10~15km、乡镇 4~6km 以内为三级,距市中心城区 60~80km、县中心城区 15~20km、乡镇 6~8km 以内为四级,其他区域为五级,生成中心城区可达性等级图;

根据交通部门交通枢纽分布图,按照距机场 40km、铁路站点 20km、高速公路出入口 20km 以内为一级;距机场 40~60km、铁路站点 20~40km、高速公路出入口 20~40km、港口 20km 以内为二级;距机场 60~80km、铁路站点 40~60km、高速公路出入口 40~60km、港口 20~40km 为三级;距港口 40~60km 为四级;其他区域为五级,生成交通枢纽可达性等级图。

将交通干线可达性、中心城区可达性和交通枢纽可达性相叠加,取最高等级,作为区位条件评价最终等级。

·评价结果:根据区位条件等级图,计算区域城镇区位条件好、较好、中等、较差、差五个等级的区域面积及空间分布。

(2)集成评价

①评价方法:根据单项评价结果,以土地资源为基础,逐项加入其他单项评价结果,按照矩阵判别的方式进行集成。

②评价过程:将城镇建设条件和城镇供水条件两项评价结果相叠加,按照判别矩阵(表6-2)进行城镇建设功能指向的水土资源基础判别。

表6-2 城镇建设指向的水土资源基础判别矩阵

城镇供水条件	城镇建设条件				
	较高	中等	较低	低	好
好	好	较好	一般	差	较好
好	较好	一般	较差	差	一般
好	较好	一般	较差	差	较差
较好	较好	一般	差	差	差
一般	一般	较差	差	差	差

基于水土资源基础判别结果,将灾害危险性评价因子按照判别矩阵(表6-3)进行修正。

表6-3 城镇建设指向的地质灾害危险性判别矩阵

地质灾害危险性	水土资源条件				
	好	较好	一般	较差	差
高	一般	较差	差	差	差
较高	较好	一般	较差	差	差
中等	好	较好	一般	较差	差
较低	好	较好	一般	较差	差
低	好	较好	一般	较差	差

在地质灾害危险性修正评价的基础上,进一步加入区位优势度评价因子,按照判别矩阵(表6-4)进行修正,得到城镇建设适宜性等级。

表6-4 城镇建设指向的区位优势度判别矩阵

区位优势度	水土资源修正				
	好	较好	一般	较差	差
好	好	好	较好	一般	差
较好	好	较好	一般	较差	差
一般	好	较好	一般	较差	差
较差	较好	一般	较差	差	差
差	一般	较差	差	差	差

③评价结果:城镇建设适宜性等级,计算区域城镇建设适宜性好、较好、一般、较差、差五个等级的区域面积及空间分布。

5. 国土空间开发适宜性综合评价

(1)评价思路。将生态保护重要性评价、农业生产适宜性评价和城镇建设适宜性评价结果在空间上相叠加,基于土地资源多宜性的特点,通过分析各图斑需要生态保护、利于农业生产、适宜城镇开发建设的功能等级,结合土地用途管制等现行相关政策约束,明确每个图斑最适宜的功能属性,形成国土空间开发适宜性综合评价图。

通过制定国土空间开发适宜性综合评价优先级次序确定空间开发类型归属。需结合国家关于国土空间规划编制提出的生态优先绿色发展,按照最严格的生态环境保护制度、资源节约制度和耕地保护制度,严守生态、粮食、环境、资源、能源、文化等安全底线。

(2)评价过程

①坚持生态保护优先:将生态保护重要性评价为最重要的区域优先划为生态空间。

②坚持基本农田保护:将农业生产适宜性评价中评价等级为最适宜、较适宜,同时已划入永久基本农田范围的区域,作为农业空间。

③遵循科学客观评价:将三类评价结果按照最适宜、较适宜、不适宜三个等级的优先次序确定空间类型。

④结合区域发展定位:结合主体功能区定位、地方社会经济发展战略等,合理确定生态保护、农业生产、城镇建设空间。

(3)评价结果。计算区域评价单元生态保护空间、农业生产空间、城镇建设空间的面积及比例。

6.6.4 "双评价"成果及应用

评价成果包括报告、表格、图件、数据集等。报告应重点说明评价方法及过程、评价区域资源环境优势及短板、问题风险和潜力,对国土空间格局、主体功能定位、三条控制线、规划主要指标分解方案等提出建议。评价成果具体从如下方面支撑国土空间规划编制:

1. 支撑国土空间格局优化。

生态格局应与生态保护重要性评价结果相匹配;农业格局应与农业生产适宜性评价结果相衔接。

2. 支撑完善主体功能分区。

生态保护、农业生产、城镇建设单一功能特征明显的区域,可作为重点生态功能区、农产品主产区、城市化发展区备选区域。两种或多种功能特征明显的区域,按照安全优先、生态优先、节约优先、保护优先的原则,结合区域发展战略定位,以及在全国或区域生态、农业、城镇格局中的重要程度,综合权衡后,确定其主体功能定位。

3. 支撑划定三条控制线。

生态保护极重要区,作为划定生态保护红线的空间基础种植业生产适宜区,作为永久基本农田的优选区域;退耕还林还草等应优先在种植业生产不适宜区内开展。城镇开发边界优先在城镇建设适宜区范围内划定,并避让城镇建设不适宜区,无法避让的需进行专门论证并采取相应措施。

4. 支撑规划指标确定和分解。

耕地保有量、建设用地规模等指标的确定和分解,应与农业生产、城镇建设现状及未来潜力相匹配,不能突破区域农业生产、城镇建设的承载规模。

5. 支撑重大工程安排。

国土空间生态修复和国土综合整治重大工程的确定与时间安排,应优先在生态极脆弱、灾害危险性高、环境污染严重等区域开展。

6. 支撑高质量发展的国土空间策略。

在坚守资源环境底线约束、有效解决开发保护突出问题的基础上,按照高质量发展要求,提出产业结构和布局优化、资源利用效率提高、重大基础设施和公共服务配置等国土空间策略的建议。

7. 支撑编制空间类专项规划。

海岸带、自然保护地、生态保护修复、矿产资源开发利用等专项规划的主要目标任务,应与评价成果相衔接。

思考题

1. 智慧空间规划的"智慧"如何体现?

2. 假设你正在从事国土空间规划相关工作,请结合空间信息理论知识和专业技能,探讨你如何在空间规划团队中发挥作用。

本章课件

课件

第 7 章

智慧交通

智慧交通是智慧城市的重要组成部分。本章将从智慧交通的基本概念、智能交通系统的组成、内容等方面进行介绍。同时详细阐述智慧交通的案例应用包括交通信息系统、车辆管理系统、公共运输系统和车辆控制系统等方面。

7.1 智慧交通概述

随着不断发展的城市系统,并发出一系列的城市管理难题。其中,快速增长的市民出行需求加大了交通压力,交通资源的紧缺引发了交通拥挤和交通事故等问题。同时,交通运输行业的高速发展,导致了日益严峻的大气污染问题。这些交通问题制约了城市的进一步的发展,因此亟须一个有效的交通管理系统来解决上述难点。

城市交通系统至今共经历了三个发展阶段:

第一阶段:智力交通。1918年,一种红、黄、绿 3 种颜色的手动信号灯出现在纽约市,首次实现了真正意义上的交通控制,成为交通信号控制雏形。1964年,加拿大开发出世界上第一个利用计算机进行交通信号控制的系统,成为交通控制系统发展的里程碑

第二阶段:智能交通。随着城市化的快速推进,交通流量也急速增长。不断增加的交通需求所带来的交通管理问题同样对当下的交通管理系统提出了考验。在此背景下,智能交通作为一种更高效的交通系统应运而生。智能交通充分运用通信、信息、控制和传感等技术,协同交通工具、交通设施、交通人员来建立了一个实时、高效的交通管理系统。

第三阶段:智慧交通。现有的交通系统的设计,大多局限于对局部、具体交通问题,而无法顾及全局交通系统,从而呈现出大网络背景下的信息孤岛模式,这也迫使城市交通系统的智慧化。现在的持续快速发展的信息技术,为城市交通管理的智慧化提供了技术支撑。智慧交通是将先进的信息技术、数据通信技术、传感技术、控制技术及计算机技术等有效地集成,以人类智慧与经验为指导、以信号和信息的数字化处理为基础、以物的智能化信息采集为核心来促进交通管理精细化、交通运输一体化、物流服务产业化、出行体验智慧化,实现人、车、船、路、港与环境协同发展的综合交通运输管理系统。

智慧交通旨在建立一个全方位、实时准确、高效的综合运输系统,达到保障安全、提高效率、改善环境、节约能源。相对于智能交通,智慧交通融合了云计算、大数据、人工智能、智慧物联、5G 等技术,通过交通参与者的实时信息交互和协同进一步提升了交通运行效率,有助

节能减排,缓解了道路压力,提升道路交通安全性。智慧交通具有系统性、实时性、高效、绿色环保、可视化、可预测等特点。

智慧交通有以下几点特征:

1. 智能化运行

通过深度融合物联网等现代通信技术,智慧交通可以全局性且针对性地做出最优的科学决策。

2. 全局化管理

智慧交通在现代通信技术的支持下,实时、全面采集城市大数据,能对交通态势进行精准感知,并依此对城市交通系统进行全局化管理,以及城市的交通资源配置优化,有效地避免了交通资源浪费,规避重复决策的管理情况发生。

3. 自动化部署

智慧交通能协同不同智能节点之间的管理及部署,主动通过信息干预和自动化决策,减少了人工交通干预。

4. 动态化分析

智能交通基于采集的城市大数据,通过挖掘交通信息对城市路况和交通态势进行能准确地、高效地、实时地分析,并将自动化判别结果同步至智能管理终端。

7.2 智能交通系统的组成

7.2.1 交通信息采集系统

智能交通(intelligent transportation system,ITS),具体地说是以完善的设施设备为基础,将先进的信息技术、通信技术、传感技术、控制技术以及计算机技术等有效的集成运用于整个交通运输管理体系,从而建立起一个在大范围内、全方位发挥作用的,实时、准确、高效、综合的运输和管理系统,并使这一系统具备高效性、准确性和时效性。

交通信息采集作为智能交通中的重要部分,其为智能交通的有效运行、正确决策提供了基础支撑和科学依据。交通信息主要可以分为静态交通信息和动态交通信息两种。

1. 静态交通信息

静态交通信息主要刻画交通路线与附属设施的基本性质,如一条道路的名称、起始点、长度、宽度、路面结构等。静态交通信息主要包括城市交通的基础空间数据(地表模型、高清正射影像等)、城市及周边基础地理信息(城市路网、交叉口布局等)、道路交通网络基础信息(道路的等级、长度、宽度等)、道路交通客运信息(客运班线、客运票务、交通换乘点等)、停车场信息(停车场位置、名称、泊车位数量等)、交通管理信息(车检所、考试场、检测场等)、交通抽样调查数据、航班信息以及水运信息等。

静态交通信息具有以下特点:静态交通信息是相对稳定的,其变化频率较小。因此,静态交通信息不需要实时采集和经常更改,直至数据发生变化时才需要对其进行变动。静态交通数据可以通过土地管理部门、测绘部门、建设部门、市政单位、公安交警管理部门等获取。

2. 动态交通信息

动态交通信息常常反映交通运营情况,是车辆导航和交通管理的基本数据,如交通堵塞位置、原因、预计堵塞时间等。动态交通信息是智能交通系统中的重点,是指能够根据时间变化而产生的交通数据,它是智能交通中最为关键的交通信息,也是智能交通系统中最重要的内容,是智能交通系统应用的基础。

动态交通信息具有以下特点:动态交通信息是动态的、实时的,常常反应交通运营情况,是车辆导航和交通管理的基本数据,因此动态交通信息的采集必须是及时准确的。

目前,国内外对动态交通信息的采集方式主要可以分为固定式采集方式和移动式采集方式两种方式。固定式采集方式主要是用于检测道路网络某处断面的交通流信息,比如车流量、速度、占有率等。传统的固定式采集技术包括有环形圈检测器采集技术、视频采集技术、波频采集技术等。移动式采集技术主要包括GPS采集技术、浮动车采集技术、基于电子标签的采集技术、交通地理信息系统技术等。

伴随着社会科技的逐步发展,无人驾驶飞机(unmanned aerial vehicle,UAV)使用的领域越来越广泛,通过在无人机上装载的传感器、摄像机和照相机,可以在空中对目标路段或者区域的交通信息进行采集。与传统的视频采集技术相比,无人机检测技术作为一种新型的交通信息采集技术在保留了传统视频采集交通信息时的优点,同时还具备可快速到场、快速取证、不受地面交通状况干扰等优势。

7.2.2 信息处理分析系统

交通信息处理分析系统是指通过现有的技术获取相关的交通信息,并且在交通信息平台系统中对获取到的交通信息进行预处理及处理。交通信息处理分析系统主要包括数据预处理和处理两个过程。

1. 数据预处理

数据预处理又叫做数据ETL(extract transform load),就是将获取到的各种数据源中的异常交通数据和缺失交通数据进行预处理。

(1)异常交通数据预处理:异常交通数据是指用测量的客观条件不能解释为合理的、明显偏离测量总体的个别数据测量值。在进行交通数据采集时,异常数据的出现主要是由于检测设备故障引发的,其具有偶然性和一定的随机性,并会对总体数据的稳定性和准确性产生一定的影响。在对异常交通数据处理时常使用的方法包括阈值法、交通流机理法和置信区间检验法。

①阈值法:是指交通流参数流量、速度和时间占有率不能超过一定的阈值,例如流量必能超过单个车道的通行能力,速度一般也有一个最大速度的限制,而时间占有率一般不能超过1。

②交通流机理法:是指通过交通流参数之间的关系对两个或者多个参数的一致性进行考察,其中包括基于交通流规则的算法和基于交通流区域的算法。

③置信区间检验法:对于来自相同断面的由多个传感器检测的同一参数,可以使用置信区间检验法,也叫做决策距离比较法。该算法是将多个传感器的决策值,按照一致性融合的思想,先将"决策距离"求出,找出最大传感器连接组,再将最有融合解求出,进而得到最终的结果。

(2)缺失交通数据预处理。交通数据缺失的原因主要分为两种:一种是直接缺失,由于现场交通路段工作故障或者是由于网络传输设备发生故障等原因,导致数据采集装置未采集到数据,即是相应时间段内未接收到某一路段采集的交通流原始数据,导致无法得到该路段的交通状态信息。另一种是间接丢失,虽然相应时间段内的原始交通流数据采集并上传到交通信息中心,但由于数据样本本身存在质量问题,导致获取到的数据无法满足后续的使用,这种数据也将被视为缺失数据处理。对缺失数据的修补方法主要包括:历史均值法、时间序列分析方法、车道比值法和自相关分析法等。

2. 交通信息处理技术

交通信息处理技术是交通诱导系统的核心部分,它是把检测器采集的实时交通信息进行相应处理,得到能够为诱导系统所使用的信息,然后通过各种诱导途径传送给道路使用者,指导其选择正确的路径,并最终实现交通流在路网中各个路段上的合理分配。根据不同的需求对数据进行规范化处理分析并提供不同的信息是数据组织处理的一项重要内容,信息处理分析的方法主要包括数据抽取、数据挖掘、信息融合、信息预测等。

(1)数据抽取。由于数据源的多样性和异构性,必须进行数据转换和集成,从应用数据库中提取数据,确保数据的一致性和可用性。将数据源中的数据通过网络进行抽取,并经过加工、转换、综合后形成数据库数据。这就是数据库的数据抽取工作。

(2)数据挖掘。数据挖掘是从大量的、不完全的、有噪声的、模糊的、随机的实际应用数据中,提取隐含在其中的、人们事先不知道的,但又潜在有用的信息和知识的过程。其研究目标主要是发展有关的方法论、理论和工具,从大量数据中提取有用的知识和模式。

(3)信息融合。信息融合的原理是将来自多传感器或者多源的交通信息进行协调优化和综合处理,以获得研究对象更为准确的、可信的描述信息或者结论。数据融合协同利用多源信息,对目标的分析更为客观、本质、全面、准确。数据融合的目的是信息共享和发布,主要是在数据预处理的基础上,对系统中的多源数据进行加工和融合,为相关系统的业务模块、信息服务提供数据来源以及支持。信息融合的方法有基于信号处理与估计理论的方法、决策论方法、统计推断方法、人工智能、信息论等方法。

（4）信息预测。信息预测法是指根据过去和现在已经掌握的有关某一事物的信息资料，运用科学的理论和技术，深入分析和认识事物演变的规律性，从已知信息推算出未知信息进而对事物的未来发展做出科学预测的方法。信息预测的基本特征是尽可能充分地、综合地运用事物发展动态及相互关联的信息，利用各种科学的预测方法和技术手段，寻求对客观事物本质规律的准确提示。较为常见的信息预测方法有逻辑推理、趋势外推、回归分析、时间序列、马尔柯夫链等。

7.2.3　信息发布系统

交通信息发布系统是智能交通系统中直接面向出行者的系统，是智能交通系统与出行者之间交互的媒介，其主要作用是将交通疏导信息发布给终端。交通信息发布系统主要由指挥调度中心、信息处理中心、信息交换平台、通信网络和信息发布终端组成。其中，信息交换平台接收来自指挥调度中心和信息处理中心的交通信息，通过各类信息传输渠道将信息发布到各类信息发布终端。交通信息的发布主要有车载终端、电子站牌、站场查询终端、交通广播、交通电子屏、短信服务平台、网站等。

交通信息发布的内容主要有：

①主要道路的交通流量信息。

②部分道路的施工信息。

③主要道路的行车时间、行车速度等量化信息。

④突发事件发生的地点、时间、处理方法等信息。

⑤周边及城市范围内的交通信息：天气信息、紧急求救电话号码等信息。

7.3　智慧交通的案例应用

7.3.1　交通信息系统

交通管控平台通过交通信息数据管理与分析平台开放其需要集成的控制接口与数据接口，通过 Web Service 方式，视频流、数据库、数据表查询方式等，实现集成系统对各集成的子系统的数据查询、处理，设备的控制等。

利用 GIS 集成视频监控、交通信号控制、交通流量检测、交通诱导，以及其他支撑子系统的数据信息，包括 GIS 警员定位子系统、短信收发子系统、勤务管理子系统、交通设施管理子系统等，通过对各子系统采集的交通管理数据的汇总、融合、集成，实现综合调度指挥和外场设备的统一控制、管理,并实现了直观的可视化操作。在交通信息系统中要求建立交通管理单位驻地、辖区、路网、各类交通监测设备分布、各种交通设施分布、外勤岗位等基本信息图层,积累交通基础信息数据;同时,为道路通行状况、交通事件、交通事故、施工、管制方案、GPS警员及警车等建立各种动态信息图层;最后,通过地理信息系统叠加展现各类交通基础数据和动态数据,实现各类交通管理信息数据的融合应用,构建交通信息系统。

用户可以从交通信息系统中获取点位设备、点位过车以及点位车辆违法等信息的查询,能够将区域的监控点位情况、交通数据、道路信息等直观地表现于该区域的地图上,辅助用户快速实现资源管理和查找,并迅速定位区域。同时,根据综合交通网络的实时动态信息,能够优化交通管控方案和各种预案,便捷地调动管控资源和警力资源,进而快速地、主动地应对突发事件、计划性事件。智慧交通信息系统总体架构如图7-1所示。

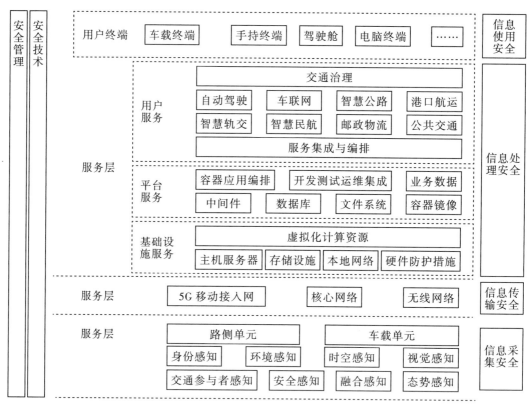

图7-1 智慧交通信息系统总体架构

1. 系统功能

交通GIS是交通管理的基础信息数据库,它由静态的道路网、道路宽度、等级、路名、地形地貌、重要场所等信息和动态的交通组织方案、等时图、交通拥堵、交通事故多时段、路段、警力配置等信息共同组成。把一张地图分层展开,并按需要配上相应的数据、图形、图像、声音信息,使我们最大限度地对有关内容得到了解。交通信息系统的特点是规模庞大、结构复杂、功能综合、因素众多。其主要功能是：

(1)数据输入编辑功能：实现输入、修改、编辑城市交通地图及其相关的属性数据。

(2)图形库管理功能：实现对地图图库中图的点、线、面的增加、删除等功能。

(3)系统显示与查询功能：实现分层显示电子地图；按不同颜色或标记显示电子地图上的不同目标，并可显示不同目标的属性数据；地图的任意漫游，无级放大、缩小显示实时的交通图像信息，如路网状况、信号灯情况，并可跟踪特种车辆，实现交通诱导。

(4)系统分析与决策功能：实现最佳路径分析；可根据用户的请求，系统依据当前的交通拥挤情况，给出最佳路径分析结果；指挥调度，对特种任务和突发事件能提供一套决策方案供指挥人员参考。

2. 技术方案

总体设计运用大系统控制论中的智能管理系统设计思想，采用广义管理模型、多库协同软件，建立智能化、集成化、协调化、网络化的计算机辅助管理系统。如图7-2所示。

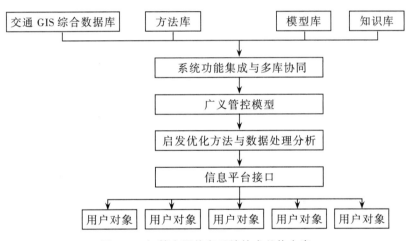

图7-2 智慧交通信息系统技术总体方案

3. 应用

在智慧交通信息系统中，可以通过GPS定位服务器实时采集车辆的位置及其他交通信息，结合GIS地图，分路段统计车流、车速、行进状态、车辆种类，结合每段路交通实际情况，智能分析堵车事件。系统接入交通流数据对道路交通流运行状况进行汇总处理，能够根据交通流量、车速、饱和度等交通情况经过路况状态判别(自动或人工修正)后生成交通路况结果，在路网电子地图上实时显示结果，并根据不同的交通流阈值，对道路畅通、缓慢、拥堵等运行状态通过不同的颜色来区分，分为红、黄、绿3种颜色，红色表示拥堵，黄色表示缓慢，绿色表示畅通。系统能够实现对道路历史交通流信息的统计分析功能，通过不同的时间和空间特征分析交通流数据，并以可视化图表形式展示。

通过智慧交通信息系统，不仅能完成地域管理和分布的快速查询与定位，还可以进行直观的位置显示、跟踪和定位,并且记录移动目标的轨迹,在需要时进行回放。系统支持在GIS地图上进行车辆轨迹分析,通过键入车牌号码和分析时间段来准确勾勒车辆经过相关卡口的顺序、时间,预判轨迹。

采用与移动目标卫星定位系统联网的接口以及相应的应用模块,只要定位系统开通,应用模块通过接口取出GPS定位数据,此时移动目标的图标就能够与视频图像等图标一起在GIS系统中动态显示;当定位系统报警,或者人工启动锁定某个目标时,交通信息系统应用平台便会调度视频图像信息系统按照设定的预案,自动调度相关的视频图像置于指定的预制位,同时结合GPS、移动警务通系统,可以进行警员、警车的实时定位和展现。

智慧交通信息系统能够实现交通流信息与视频监控设备关联,根据需要快速打开与道路关联的信号控制点、视频监控点、交通诱导点等设备控制点,查看相应信息。

通过电子地图功能,能够将区域的监控点位情况、交通数据、道路信息等直观地表现于该区域的地图上,用户可以从中获取各监控点位设备的工作情况、交通流量等数据,并可以根据需要刻画目标车辆运行轨迹实时在GIS地图上展示各类设备运行状态,点击任意路口图标可查看前端设备工作状态,包括抓拍摄像机、全景摄像机、车辆检测器等设备或器件的工作状态,可以给出正常、故障、故障类型的提示,对侦测到设备工作异常的路口和发出布控报警的路口在地图上以醒目颜色方式显示。

7.3.2 车辆管理系统

随着车辆数据的不断增长,如何快速有效地对海量的车辆数据进行智能管理和分析,已成为目前车辆管理的难题。智慧交通下的车辆管理系统实现了车辆使用、管理、维护、异常处理和调度的全周期跟踪管控,保障了车辆智慧管理各环节正常运行,提高了企业对车辆管理和车辆利用效率,对车辆智慧管理起到了推广作用。车辆管理系统可以被应用于各类车辆管理中。

1. 商用车辆运营管理系统(commercial vehicle operation,CVO)

通过卫星、路边信号标杆等装置,以及车辆自动定位、自动识别、自动分类和动态称重等设备,实现电子通关,辅助企业的车辆调度中心对运营车辆进行调度管理,及时掌握车辆的位置、货物负荷情况、移动路径等有关信息,提高车辆的运营效率,降低企业的运营成本、提高企业利润、效率和安全性,商用车辆管理系统功能如图7-3所示。

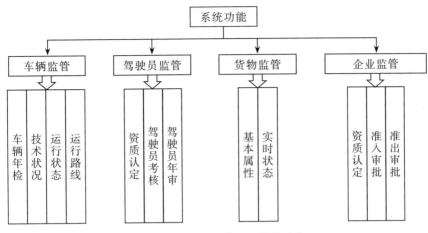

图7-3 商用车辆管理系统的功能

商用车辆管理系统对所有可以调度的运输工具,包括自有的和协作的以及临时的车辆信息进行调度管理,提供对货物的分析,配载的计算,以及最佳运输路线的选择。系统支持GPS和GIS,实现运输的最佳路线选择和动态调配。商用智能车辆定位与导航系统动态掌握车辆所在位置,帮助物流企业优化车辆配载和调度。

2. 危化品车辆监控调度系统

危化品物多是跨区域运输,不同区域间的危化品通行政策不统一、危化品物流的各项业务分属公安、交通、环境、消防等多个政府部门管理,信息统计口径和标准不一致,危化品物流存在跨政府主管部门、跨区域、跨运输方式、跨企业的信息不对称与共享问题,没有形成完整的信息监管大数据库。危化品车辆监控调度是集GPS、GIS以及无线通信技术于一体的软、硬件综合系统。危化品车辆监控调度系统可对车辆进行统一集中管理和实时监控调度。危化品运输车辆监控系统应具有如下主要功能:

(1)车辆跟踪监控。建立车辆与监控中心之间迅速、准确、有效的信息传递通道。监控中心可以随时掌握车辆状态,迅速下达调度命令。还可以为车辆提供服务信息,有多种监控方式可供选择。

(2)自动读取物资信息功能。采用射频识别技术,可以让RFID读写器定时对车辆上的物资标签进行扫描,无须人工干预,即可完成对物资信息的自动读取。

(3)通信功能。下位机和上位机之间需要一个中间纽带——网络,来实现二者的通信。

(4)电子地图功能。远程监控中心通过网络接收下位机发来的数据,将其具体显示在电子地图上,例如车辆位置、行驶轨迹、记录回放等。

(5)超速/停车报警。危化品运输车辆一般都有限速行驶的规定,并且运输途中不能随意停车,监控中心可以预先设定显示速度,当车辆的行驶速度超过或者小于规定的阈值时,将自动发出报警信息,以便监控中心采取措施,提醒驾驶员注意速度或者要求驾驶员汇报情况。

(6)历史轨迹记录查询。危化品运输车辆在行驶过程中的轨迹信息将被记录保存,方便事后查询。用户可选定过去一时间段,查询该时间段内指定车辆的历史数据,进行历史回显,是事故分析的得力助手。

(7)紧急报警。当车辆遭遇紧急情况时,只需要按下报警按钮,车载终端会自动向监控中心发送报警数据,在监控终端显示出车辆位置,并带有声光提示。另外,行驶过程中遇到险情或发生交通事故、车辆故障等情况下,可通过车载终端的报警按钮向监控中心求救。监控中心还可对车内情况进行监听并录音。

(8)区域/偏航报警。为了加强调度管理,一般要求车辆行驶固定路线或者只能在特定区域活动。在系统中为任务车辆预先设置行车路线,任务开始时,车辆行走路线及状态开始被监控及记录,如车辆未按预设路线行车或者驶出设定区域,系统将会自动报警,中心可以根据实际情况采取措施。

(9)车辆统一信息管理。系统能够对车辆进行集中统一的信息化管理。管理内容涵盖车辆车牌号码、车台号码、车型、颜色、发动机号、底盘号码、用途等。系统将会对车辆的所有这些信息进行采集、录入,而后向用户提供修改以及查询功能。更重要的是信息的按需提取、定时访问,通过建立数据库实现其管理功能。控制 GPS 定位接收机和 RID 系统的相关数据,将相关信息进行打包处理,定时上传给上位机。

7.3.3 公共运输系统

先进的公共运输系统(advanced public transportation systems,APTS)通过动态采集公共交通信息,提供交通信息服务,提高公共交通的吸引力;提供快速便捷经济的换乘服务;调度与营运的效率化、公共交通优先管理智能化。其中主要包括公共交通车辆自动调度系统、公交车辆自动票务管理系统、公交站台服务系统及公共交通行驶信息引导系统。

先进的公共运输系统技术的构成是在对公交系统优化的基础上,运用系统工程理论将交通流诱导技术、差分 GPS 定位技术、GIS 及地图匹配技术、公交图运营优化与评价技术、计算机网络技术、数据库技术、通信技术、电子技术、智能卡技术等先进技术科学集成,形成集智能化调度、公交电子收费、信息服务、网络通信于一体的先进的公共运输管理系统。先进的公共运输系统技术可以具体描述为:采用 GPS 进行数据采集,结合公交出行调查,以 GIS 为操作平台,在对公交线网布局、线路公交方式配置、站点布置、发车间隔确定、票价的制定等进行优化和设计的基础上,实现公交车辆的自动调度和指挥,保证车辆的准点运行,并使出行者能够通过电子站牌了解车辆的到达时刻,从而节约乘客的出行时间。同时,公交出行者可以通过媒体(如:可变信息牌、信息台、电话、互联网等)方便地获得公交信息(如:出行线路、换乘点、票价、车型等),使更多出行者采用公交出行方式。

1. 公交车辆自动调度系统

智能公交车辆调度可以提高公交管理的集约化水平及公共交通的社会服务水平。它是

将高度先进的信息和通信技术应用于整个公共交通系统的指挥调度及车辆的有效控制,其涉及如下几方面的内容:

(1)公交车队时间调度。根据车辆运行的实时信息,针对不同类型的车辆自动进行时间调度。

(2)公共交通中心收费和营运管理。依据采集的数据信息调整车数和实行灵活的收费结构,同时支持车辆公交驾驶员和交通设施之间的双向通信。

(3)公共交通中心固定线路车辆的营运。自动产生固定路线车辆的时刻表,安排固定路线车辆的营运,同时在路线上优化配置车辆驾驶员。

(4)公共交通中心小型公共汽车的营运。自动产生小型公共汽车的行驶路线和时刻表,安排小型公共汽车。

(5)公共交通中心多种移动交通方式的协调。在路段和特定交叉口运用公共交通优先通行措施,与其他交通方式进行协调车的营运,同时在路线上优化配置驾驶员。

(6)公共交通中心跟踪和信息发送。实时定位公交车辆并发送公共交通信息。

(7)公共交通中心安全管理。采用视频和音频技术监控车辆,及时发现突发事件,并可对驾驶同提供危险警告。

2. 公交智能卡自动检票管理系统

公交智能卡自动检票管理系统。是根据公共交通公司推行无人售票要求,结合月票发行及各类优惠乘车卡的具体情况,认真设计和反复试验后方可实施进行。智能卡由于具有存储容量大,使用方便,保密性强,网络要求较低,适应环境强,使用寿命长等特点,研究开发公交智能卡自动检票管理系统,以智能卡(Smart Card)作为公交信息管理系统的载体,建立起智能化公交管理信息系统。因此公交智能卡自动检票管理系统既能大大缩短公共汽车的停车时间,方便乘客,又能够及时准确地统计出各路车、各个班次的运营情况,便于科学管理,同时强有力的数据安全系统,可以保证公交公司的利益不受影响。

(1)系统原理结构框图。该自动票务管理系统可划分为公交智能卡的制卡与销卡、司机的签到与汇总以及公交车上对持卡乘客的验卡与分类统计等功能。采用公交非接触智能卡票务管理系统原理结构框图如图7-4所示。

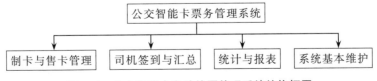

图7-4 公交智能卡自动检票管理系统结构框图

①制卡与售卡。智能卡的制作与销售在几个不同的发卡处同时进行。售卡前公交公司一般要先根据各类月票和优惠乘车卡的优惠价格确定好售卡金额与卡上面值的对应关系,

每张卡可重复使用。发卡处售卡员收款后告诉制卡员所制卡的金额和数量,然后制卡员根据制卡的金额及数据进行制卡,卡制好后交付给售卡员复核售出。

②司机签到与汇总。持智能卡的司机每天上车前都要先在指定的地点持卡签到,上车后拿经过签到的司机卡在车载智能卡读写器读一下,使司机的签到信息存入智能卡读写器后,即将司机卡保存起来。当持有智能卡的乘客上车验卡时,如果卡中无钱或为非有效卡时,读卡器上红灯就会连续闪烁并发出警告声,只有当智能卡为合法有效卡,而且有足够金额时,智能卡读写器上绿灯变亮并发出"嘟"的响声,表示此卡有效,持卡乘客可以上车,卡上金额已被读卡器减去了在此线路上乘车的基本收费单位。司机在每天下班前拿出自己的司机卡在车载的读卡器上读一下,即可将该司机当天运量与收入统计到司机卡中,然后再到汇总处读卡汇总.卡上的数据就被自动读入到管理系统,后台管理人员就能够统计并打印出所需要的各类报表,其整个工作流程如图7-5所示。

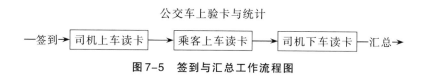

公交车上验卡与统计

——签到→ 司机上车读卡 → 乘客上车读卡 → 司机下车读卡 →汇总→

图7-5 签到与汇总工作流程图

③统计与报表。智能卡计算机管理系统充分发挥计算机网络的作用,对系统的各类操作人员进行权限与密码管理,实时交换与处理售卡与制卡、签到与汇总的数据信息,实现售卡、制卡以及司机运量与收入的实时动态管理。

(2)非接触智能卡的开发方法。根据非接触智能卡自动检票管理系统结构框架,在智能卡开发研制过程中,应该特别注意非接触式智能卡的密码体制。非接触式智能卡逻辑加密的密码体制极其严格,这为其安全性提供了很好的保障,但也同时给系统开发带来不便。通常在系统开发的初级阶段,使用非接触式无加密卡比较适合,等系统功能开发齐全后再用加密卡调试系统的密码体制,并且在调试加密卡密码时,其结果应跟踪打印。公交非接触智能卡的开发工作可采用如下步骤进行:

①研究项目需求,确定非接触式逻辑加密卡的类型——非接触式控制与逻辑加密卡;

②制定卡片内部结构;

③定密码生成模式,包括加密算法,密钥使用方法,被加密信息的选择;

④开始研制程序。

3. 公交站台服务系统

公交站台服务系统包括交通地理信息查询系统、电子站牌系统和候车基础设施等,电子站牌包括通讯接收模块、数据处理模块,通过无线或有线系统与监控调度中心连接。其基本功能是向乘客提供公交线路上公交车辆的运行状况,如车次、车辆到达离开时间等。交通地理信息查询系统以交通GIS为基础平台,为出行者提供各种相关公共交通信息和服务信息。

例如将公交站牌换成电子站牌,乘客可以方便地了解到下一班车到站的时间及车辆运行位置等信息,以确定自己应该坐哪班车更为便捷、效率更高。公交调度中心还可以发送一些文字信息,在电子站牌上显示出来,如雨雪天气,会提醒驾驶员注意安全驾驶等内容;如果城市举办重大活动,可以显示一些宣传用语等,这都将使得乘客从等车到乘坐公交车抵达目的地整个过程感受到人性化的服务内容。更为科学的是在站台设立查询系统,为出行者提供各种即时交通信息和交通服务。

4. 公交行驶信息引导系统

由于 ITS 技术提供了基础条件,所以交通车辆的管理和营运信息的采集能够实现实时化及高精度。其中主要包括三类交通信息:系统中公交车辆行驶状态信息(时间、空间以及行驶速度等);公交车辆营运信息(不同发车频率与沿途的供求匹配状况以及突发事件);联系道路系统和换乘系统的交通状况信息。针对实际客流需求变化和交通状态变化两种情况,公共交通运营与管理系统智能化就可动态生成交通营运和管理方案,改变公交车辆的行驶联系和到站时刻,使交通供给动态好适应交通需求,使整个公共交通系统的效益最佳。

公共交通行驶信息引导系统是采用先进的信息和通讯技术,动态实时采集公共交通信息,加以处理后提供给用户,实现其交通行驶信息基本功能形势,如果能最大限度确保公交车辆的准时性,在公交沿途的各停靠站上提供到站时刻表.并同时提供行驶中车辆的动态信息(如现在所处的位置,到达车站所需要的时间等),就能够提高公共交通系统的吸引力。

随着 Internet 的普及,因特网已成为获取信息的重要途径,交通信息已经可以在网上获取,但还需要进一步动态化和实时化。通过实时采集公共交通运行状况的数据和运用公共交通优先通行措施,可以改善公共交通运行的便利性、安全性、通畅性以及公共交通产业运作的效率性,实现公共交通的最优调度。

5. 公共交通系统应用

应用 1:智能交通系统在澳洲公共交通上的应用

美国、欧洲、日本、澳大利亚等国家智能道路交通系统发展较为领先。而在发展中国家,通勤者通常面临着很多公共交通方面的问题,比如在公交车站等了很长时间,车辆并没有按时到达。这种糟糕的用户体验环境需要一个可靠和及时的系统来改善公共交通的这种情况。

对于公共交通,为了减少交通延误,在拥挤的路网中提供更快的路线,通常采用设计公交专用车道和其他公交优先的措施。而智能公交系统作为智能交通系统的重要分支,在技术方法上提高公共交通运行效率、改善服务水平及乘客满意度发挥了重要作用。系统包括车辆自动调度系统、公交站台服务系统、自动检票管理系统以及行驶信息诱导系统。大多是基于自动车辆定位系统来提供车辆的实时位置,从而提供路线、到达时间等通勤信息。

大多数当地运输公司通过时间表(基于他们设计的时间表)提供他们的车队信息,但提供的信息非常有限,例如公共汽车的服务时间、出发和到达时间。

此外,不同的公交路线有不同的时间安排,这取决于其指定路线上的通行时间,在指定时间内收集在不同的距离、路况、拥堵等条件下的通行时间。然后系统使用收集到的数据来预测公交车运行的时间。图7-6和图7-7显示了墨尔本莫纳什大学公交站现有的两个信息板。在日常出行过程中,很容易注意到作为广告牌不仅提供出发和到达的时间和路线地图,还建立电子信息板,使用发光二极管(LED)显示板显示预测下一班公交车的到达时间。在公共交通方面,根据 Bus Karo 2.0,这些设施被称为乘客信息系统(passenger information system,PIS),其功能包括为乘客提供实时、动态的信息。该系统利用 AVL 系统获取车辆位置数据,在公交车站向乘客显示预测到达时间。

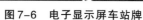

图7-6 电子显示屏车站牌   图7-7 车站牌

除了固定的信息显示设备外,还有另一种获取实时公交车跟踪的方法,那就是使用手机。使用一些相关的应用程序,如谷歌地图,使用户可以通过互联网方便快捷地获取公交服务信息。此外,使用智能交通系统的目的不仅是为了服务乘客,方便人们出行,还可以帮助公共交通公司监控和管理公交车的行为、收集数据、检查运输人员的表现和为交通使用者提供的服务。

国内大部分城市公交站的站牌大多以一块独立或多块合并站牌的形式来向乘客提供信息。而站牌上的信息基本上包含首末班车发车时间、服务路线的站点名称、票价等基本信息,并不能提供如上述电子公交站牌那样更为全面、及时的交通信息给乘客。

应用2:智能公交

作为城市居民出行的主要方式,公交和私家车相比在运输能力、相同载客量下的油耗、占地、价格等方面都有着不可比拟的优势。智能公交系统是指结合了智能识别,网络通信、GIS 等先进技术,在调度、运行、路径规划及乘客服务等方面进行信息化规范化高效管理的综合性公共交通系统,智能公交系统就相当于一个小型交通物联网,车载传感器、站台设备和 IC 卡都是用于收集现场数据的智能终端,数据通过网络传送至公交调度中心,处理后通过智能站牌报站和公布周围环境、客流量等信息。有学者结合芜湖公交系统的发展现状,提出了一个基于 SOA 架构的公交应用集成,利用 fisher 有序聚类算法对 IC 卡数据进行处理并分析客流变化规律,提出了一种更符合公交客流量变化的分时段自适应公交调度算法。北京、苏州、常州等城市的智能公交系统都已逐步投入运行,为居民的出行提供了很大方便。

7.3.4 车辆控制系统

先进的车辆控制系统(advanced vehicle control systems,AVCS)是指借助车载设备及路侧、路表的电子设备来检测周围形势环境的变化情况,进行部分或完全的自动驾驶控制已达到道行车安全和增加道路通行能力的系统。可以动态测试车辆移动的关联状况信息:车辆的间距、自身车速、相对车速、道路状况、车辆进入交叉口前的信息、驾驶员信息等。

该系统的本质就是在车辆与道路系统中将现代化的通信技术,控制技术和交通流理论加以集中,提供一个良好的辅助驾驶环境,在特定的条件下,车辆将在自动控制下安全行驶。其目的是开发帮助驾驶员实行车辆控制的各种技术,从而使汽车安全高效行驶。

它是ITS的一个子系统,又可以称之为先进的车辆安全系统,是借助于车载设备及基础设施或其协调系统中的检测设备,来检测周围行驶环境对驾驶员和车辆产生影响的各种因素,进行部分或完全自动驾驶,使行车安全高效并增加道路通行能力的系统。它由自适应巡航控制系统,胎压监控系统,车道偏离警告系统,盲区探测系统,事故自动通报系统,汽车导航和定位系统,道路环境警告资讯系统,自适应前照灯系统构成。

1. 自适应巡航控制系统

该系统可以通过安装在车辆前方的雷达探测自车与前车之间的距离和相对速度,然后根据预先设定的跟车模型,对车辆运行状况进行判断,自动地调节自车与前车之间的距离,当车辆处于危险状况时,对驾驶员进行提醒或采取紧急制动。前方碰撞预警系统是该系统的一个子系统,自车与前方车辆或障碍物之间的距离小于最小安全跟车距离时,给驾驶员警告,丰田汽车把该子系统称之为预碰撞系统,采用激光雷达。

应用技术:利用毫米波雷达或激光雷达进行车辆距离的探测,并根据逻辑判断,达到警告的作用或进行辅助驾驶。

2. 胎压监控系统

该系统通过在每一个轮胎上安装高灵敏度的传感器,在行车或静止的状态下实时监视轮胎的压力、温度等数据,并通过无线方式发射到接收器,在显示器上显示各种数据变化或以蜂鸣等形式提醒驾车者,并在轮胎漏气和压力变化超过设定值进行报警,以保障行车安全。

应用技术:胎压传感器和无线通讯技术。

3. 车道偏离警告系统

车辆若能维持在该行驶的车道中行驶,可降低交通事故发生的几率。此系统利用安装车辆前部的视频系统采集车道信息,当车辆发生车道偏离,而驾驶员并没有采取任何应对措施时,发出警告,以降低事故发生的几率。

应用技术:利用CCD取得摄像头或利用道路路面与车辆间的磁性信号,采集车辆行驶时的位置信息,然后利用图像识别技术及逻辑判断,将可能发生的事故预先加以警告,以达到车道偏离警示的作用。

4. 盲区探测系统

车辆在行驶、转向或倒车过程中,该系统实时探测车辆盲区内的环境情况,把车辆盲区的信息以声音或者图像的形式传递给驾驶员,提醒驾驶员在盲区内是否有车辆或者其他物体出现,一旦发现有潜在的危险,便会通过警示音,或者后视镜闪烁,甚至座椅振动来提醒驾驶员。

应用技术:对于测后方盲区探测一般是在后视频上安装CCD或CMOS装置,在车辆行进过程中,给驾驶员提供驾驶员死角处的环境资讯。对于后方一般安装超声波传感器或者是CCD装置进行实时探测,为驾驶员提供后方盲区环境资讯。

5. 事故自动通报系统

当车辆发生事故时,系统向紧急救援中心或交通管理部门发出事故通报,内容包括:事故的车辆位置、事故及乘员受伤害的主要情况,通知有关部门及人员及时前往事故地点,进行救援工作。

应用技术:利用事故传感器进行车辆事故发生的判断,利用GPS进行准确定位,然后把相应信息利用专用无线网络或GPRS发出求救信息。

6. 汽车导航和定位系统

汽车导航系统由GPS技术、GSM技术、网络技术、GIS、咨询诱导系统组成,通过它可以寻找最佳行驶路线,避开交通拥挤和发生事故的路段。以减轻驾驶人员心理负担,提供安全、舒适的行车环境。汽车定位主要利用GPS进行定位,然后经GSM发送相关信息,由GIS系统显示在电子地图上面,方便控制中心进行定位或对汽车进行停机控制。

7. 道路环境警告资讯系统

道路上的突发事故,常为造成交通事故的主要因素之一。因为在快速行驶过程中,驾驶员对于事故即将发生所做出的反应动作时间会比车辆碰撞发生的时间要慢得很多,因此若可以将道路上的突发事故提早告知道路使用者,便可以提早采取措施,避免事故的发生。

应用技术:利用路边资讯设备,提供可以利用判断用的前方道路相关资讯,以提醒驾驶员提前采取措施,避免发生交通事故。

8. 自适应前照灯系统

在车辆行进弯道,汽车前照灯自动地将灯光的角度随着道路曲线的变化,提高驾驶的可视范围;在车辆快速进入黑暗隧道时,可以自动将所需要的前照灯灯光强度提高;会车时可以利用前照灯内的光感器,去判断前方车辆的远近和灯光强度进行自动灯光强度的调整,以降低交通事故发生的机会。

应用技术:利用灯光强度感知器、可变式前照灯和车辆配置的陀螺仪,判断车辆行驶状态、车辆转弯时所产生的侧倾角以及前车照明情况,以决定是否启动自适应配光系统,并且调整所需要的灯光强度。

9. 车辆控制系统应用——美国的PATH项目

PATH项目是由美国加利福尼亚州支持的一个技术研究项目。在此项目中,AVCS的研究侧重于技术上的研究与系统集成。从系统集成角度出发,PATH项目的研究工作分为两类:纵向行驶控制系统和横向行驶控制系统的研究。对于每一系统,研究项目都包括系统概念分析、系统配置、操作测试与演示和发展完善三个方面。

对于横向控制,PATH研究者主要设计了由路面参考线和车辆传感器组成的横向控制系统。路面参考线包括一系列安装在车道中间每隔一定距离(PATH项目中间距为1m)的永久性磁钉。车上安装了四个磁性传感器两个放在纵轴上,另外两个传感器放在保险杠下面,一边一个,离中间的传感器大约30cm。这四个传感器测得的数据被传输给计算机处理中心,处理结果将作为横向控制的依据。横向控制系统的作用是:在保证行驶质量的情况下,保证驾驶员和乘客的舒适性,使车辆运行尽量靠近路中线。

在PATH系统中,放在中间的两个磁性传感器检测路中央永久磁钉产生的水平和竖直方向的磁场,由此测定车辆中心线的位置。另两个在保险杠上的传感器测磁场竖直方向的成分。它们读取一系列磁场的极性,来提供道路几何信息包括前方道路的半径和曲率等信息,帮助控制系统获得一个平稳的行驶。

PATH项目的纵向控制是基于车队的综合联动控制的研究。车队联动运用了车辆之间的纵向最小距离概念,PATH项目的设计者对其进行了模拟和试验。综合联动控制系统包括一台电脑、一个通信系统、一个雷达系统、传感器和传动设备。传感器测车速、加速度、油门角度、刹车压力和入口常压温度。这些传感器测得的数据在经过处理后,产生刹车和油门传动的控制信号。

在一段11km的路上,试验车以匀速行驶,领头车通过巡航控制,中间尾随车辆进行联动控制,分别以车间距21m、15m和9.14m进行测试。在领头车从25m/s到34m/s进行加减速时,还进行了其他的一些试验。此项试验表明,先进的车辆控制系统能保证平稳行驶,并能用于标准化生产的小汽车。

思考题

1. 请结合个人体验,分组探讨智慧交通带给你的便利及智慧交通实现的关键技术?

本章课件

课件

第 8 章

网格化城市管理系统

　　城市管理的好坏是衡量经济社会发展水平的重要标志之一。近年来随着我国城市化进程的逐步加快,城市规模不断扩大,城市管理内容同步增多,城市管理问题日益突出。依托数字城市技术,许多城市都在探索适合本地区实际情况的城市管理方法和管理模式,其中比较有效且适用性较强的就是"网格化城市管理方法"。借助于该方法的网格化城市管理系统在统一的地理参考框架中整合各种社会经济、资源环境、城市管理各类公用设施信息,打通各个管理部门专业数据壁垒以实现交换和共享,提高了城市的管理效率和精细化水平。

8.1　网格化城市管理概述

　　网格是近年来国际上兴起的一种重要信息技术,其目标是实现网络虚拟环境中的高性能资源共享和协同工作,消除信息孤岛和资源孤岛。网格化城市管理突破了传统城市管理模式,借助于网格的基本思想,并以空间网格划分为基础,使两者有机结合应用到城市管理领域,从而形成一种全新的城市管理理念。

8.1.1　网格及其特征

1. 网格的概念

　　网格(grid)来源于高性能计算,其概念最早是借鉴电力网格(power grid)提出来的,也就是通过网络实现包括信息资源、计算资源、设备资源、储存资源等各种资源分布有序地共享,最终使用户在互联网上利用各种资源像使用电力一样得方便自如。1998年 Ian Foster 和 Carl Kesselman 编写的 *The Grid:Blueprint for a New Computing Infrastructure* 成为网格理论的奠基之作。Foster给网格下了一个明确定义:网格是构筑在互联网上的一组新兴技术,它将高速互联网、高性能计算机、大型数据库、传感器、远程设备等融为一体,为使用者提供更多的资源、功能和交互性,让人们透明地使用计算、存储等资源。

　　总的来说,网格就是利用互联网将分散在不同地理位置的计算机及相关资源组合成一个整体,形成一台虚拟的超级计算机——使得计算资源、数据资源、存储资源、知识资源等在各台原本独立的计算机之间实现实时共享。

　　当前的 Internet 技术实现了计算机硬件的互联,Web 技术实现了网页的互联,而网格技术则是要把整个 Internet 上的各种资源整合成一台巨大的计算机,实现所有资源共享与协同工作。网格的根本特征是实现资源共享,消除资源孤岛。

随着网格理论研究的深入,网格技术在越来越多的领域中得以应用,如分布式超级计算机、分布式仪器系统、数据密集型计算、远程沉浸、信息集成等领域;同时,在能源、交通、气象、生物医药、教育、管理等领域也发挥了其巨大的资源共享和协同运算的优势。

2. 网格的特征

网格作为一种新兴的信息技术,具有如下特征:

(1)资源汇集且充分共享。网格上的各种资源虽然是分布的,但通过网格技术可以实现对网格上任意用户(使用者)的有效提供。

(2)动态的可扩充性。网格系统具有充分的可扩充性,网格节点数量的变化对于系统结构没有影响。也就是网格节点可以动态地增加或减少,并且这种动态变化是随机且不受限制的。

(3)多层次的异构性。构成网格的各种资源和网络连接常常是高度异构的,这种异构特性表现在不同的层次上,从硬件设备、系统软件到调度策略、安全策略、使用策略等都具有异构性。

(4)合理协商性。网格支持各种资源,包括智能资源、知识资源的协商使用。资源所有者(提供者)与资源请求者(使用者)均可以通过协商获得不同品质、不同数量、不同时间、不同精度的需求服务和需求满足。

(5)多重管理和互相协同。网格上的资源归其直接拥有者(其本身也是资源使用者)所有,同时也受到其他资源使用者利用,所以网格资源必须协同管理,实现资源集成和互操作,否则各类资源无法连通。

8.1.2　网格化城市管理

1. 网格化城市管理的概念

城市的瞬息万变与日趋庞杂是现代城市管理必须面对的难题,传统的粗放、低效城市管理方式很难适应城市快速发展的要求。而城市信息化水平的不断提升,为城市管理模式的变革奠定了技术基础,使得网格化城市管理的出现成为可能。

"网格化城市管理"是指借鉴网格管理的思想,以空间网格划分为基础,依托信息化技术和协同工作模式,将城市管理职能资源体系和管理对象按照一定的原则划分成单元网格,通过建立这些网格之间的协调机制实现网格格点间资源协调调度和共享,从而形成一套完整的网格化城市管理组织结构和精细化城市监管体系,最终达到整合管理资源,提高管理效率的一种现代化城市管理方式。

应用了网格理念的网格化城市管理可以说是城市管理方式的一次巨大飞跃,但作为一种新生事物,目前仍处于逐渐探索,不断递进的过程。在当前阶段中,其主要管理方式是依托于统一的城市管理数字化平台,将城市管理辖区按照一定的标准进行网格划分,划分后的每个网格被称为单元网格。在每个单元网格中配备有城管监督员(或称巡查员),负责单元网格内的日常巡查和问题上报。而发生在这些单元网格内的各类问题,诸如公共设施受损、违章建筑、占道经营、小广告、油烟扰民、社会救助、低保投诉、卫生投诉、劳动纠纷、污水漫溢、无证行医、突发事件等,只需城管监督员用手机(也有部分地区城管部门配备了专业信息采集设备"城管通")报告或拍摄现场图片,发送给监督中心"立案",并转指挥中心派遣相关职能部门进行处理。从而保证这些城市管理问题可以在较短的时间内迅速得到协调和处理。具体如图8-1所示。

网格化城市管理使得城市管理者能够主动发现,及时处理城市问题,加强政府对城市的管理能力和处理速度,将问题解决在居民投诉之前。

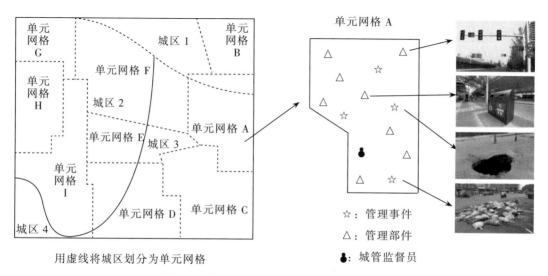

图8-1 当前的网格化城市管理方法示意图

2. 网格化城市管理的管理对象

从上面的网格化城市管理示意图中可以看出,当前的网格化城市管理方法涉及两个基本概念:管理部件与管理事件,它们也是网格化城市管理的管理对象。

管理部件是指城市市政管理公共区域内的各项设施,包括公用设施类、道路交通类、市容环境类、园林绿化类、房屋土地类等市政工程设施和市政公用设施,可简称部件。如图8-1所示,单元网格A中三角符号图示的交通标志和垃圾箱都属于管理部件。

管理事件是指人为或自然因素导致城市市容环境和社会秩序受到影响和破坏,需要城市管理专业部门处理并使之恢复正常的现象和行为,可简称事件。如图8-1所示单元网格A中五角星符号图示的道路塌陷和垃圾当街堆放都属于管理事件。

城管监督员的主要工作就是通过在其负责的单元网格中定期的巡查,发现并报告管理部件是否损坏以及管理事件是否发生。

3. 网格化城市管理的特点

网格化城市管理具有以下几个特点:

(1)从城市管理的角度划分单元网格:采用空间网格技术创建单元网格,开辟了一个新的地理编码管理体系。通过空间网格的划分,将城市管理部件、道路、社区、门址、建筑物、企事业单位、地名等要素通过单元网格直接建立地理位置关系,使单元网格逐步成为城市各类要素与地理信息发生关系的重要编码基础。

(2)通过城市监督员制度,明确管理责任同时也便于及时发现管理中的问题,将过去被动应对问题的管理模式转变为主动发现问题和解决问题,解决城市管理中的被动、盲目等问题。

(3)采用地理编码技术对管理部件和管理事件进行分类、分项处理,将城市管理内容全面细化,科学地确定相应的责任单位,实现城市管理由粗放向精确的转变,彻底改变城市管理对象权责不清、监管无序的现状。

(4)实现了管理手段信息化、数字化乃至智能化。主要体现在管理对象、过程和评价的数字化、智能化上,保证城市管理执行过程中的敏捷、精确和高效。例如通过无线网络技术与移动通信业务的有机结合,实现信息源的全方位采集,保证了全区域、全时段的监控与管理。

(5)建立了科学化且闭环的管理机制,不仅具有一整套规范统一的管理标准和流程,而且发现、立案、派遣、结案等步骤形成一个科学化管理的闭环,从而提升管理的能力和水平。

(6)按照监控、管理、评价分开的原则,组建城市管理监督中心和指挥中心,全面整合政府职能,解决了城市管理工作中多头管理、职能交叉、职责不到位的现象。

正是因为这些特点,网格化城市管理可以将过去传统、被动、定性和分散的城市管理,转变为今天现代、主动、定量和系统的城市管理。

8.2 网格化城市管理的业务流程

网格化城市管理的核心就是运用新的管理思想再造城市管理业务流程,以实现城市管理的精确、敏捷、高效和全时段、全方位覆盖。相对传统的城市管理业务流程,网格化城市管理业务流程的总体环节大大简化,减少了因部门条块分割、职能重叠、管理滞后而造成的部分政府效能损失,大大提高了城市管理效率。

8.2.1 传统城市管理业务流程概述

在介绍网格化城市管理的业务流程前我们先看一下原有的传统城市管理业务流程。如图 8-2 所示,城市管理作为一项复杂的系统工程,涉及城管、工商、供水、供电、供暖、绿化、环卫等诸多方面。传统的城市管理工作中采用的是平行且垂直的城市管理组织结构——虽然存在一个独立的城管机构,但这个机构人员数量相对城市纷杂的管理内容来讲还是远远不足;而其他专业职能部门,如工商、供水、供电等机构,也都有一套本部门独立的管理流程,而且这些部门与城管部门尽管存在少量沟通,但本身没有制度化的协调机制。所以整个城市管理系统就形成一个各职能部门之间明确分工,部门内部下级唯一向上级负责的格局。这种按职能分工的方式虽然有利于各部门专业能力的充分发挥,但却由于各部门之间信息的内闭,形成相互隔阂、割裂、断层的现象,阻碍了信息在各部门之间的顺畅流通。遇到需要各部门相互合作协同解决的城市管理问题和市民服务请求时,部门之间的信息沟通就落到了提出请求的用户身上,极大地降低了问题处理的效率。并且各部门处理问题中,很容易造成无人问津互相扯皮的现象,不能很好地做到资源的有效调度和问题的协同解决。

而且,在这种业务流程中,许多相同的功能部门都在重复建设(如维修热线,服务系统等),另外,管理所需数据也会相对冗余,这种冗余并不是数据量的绝对过多,而是由于各职能部门之间没有数据的共享,各自根据自身的需求进行数据收集和存储,相对于数据共享情形下数据的重复收集和存储。各部门孤立地考虑自身需要,在数据分析、存储、管理等方面投入了大量的人力、物力资源,造成浪费。并且随着用户反映需求的增多就需要建立新的反映渠道予以满足,管理机构也就随之逐渐庞大,人员相应增多,最终运营成本越来越高。

更为重要的是,传统流程中一个重要的局限是管理模式对城市管理效果缺乏科学的监督和评价,没有控制和反馈。造成自己说了算,所有对各职能部门的制约和监督流于形式。而有效的监督、控制、反馈和评价是现代城市管理新机制的重要特征。只有有效的监督和评价才能够保证职能部门提供的服务符合市民用户的要求,在城市管理问题处理和市民服务请求应答方面真正做到"管理为民"(见图8-2)。

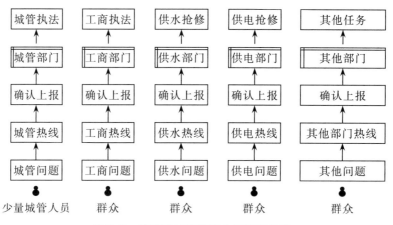

图8-2 传统的城市管理业务流程示意

8.2.2 网格化城市管理业务流程概述

网格化城市管理依据"各司其职、优势互补、规范运作、快速反应"的原则,按照政府流程再造的要求,将城市中各单元网格内的城管、治安、环卫、工商人员之间的联系、协作、支持等内容以制度的形式固定下来,形成新的城市管理体系。其基本业务流程见图8-3。

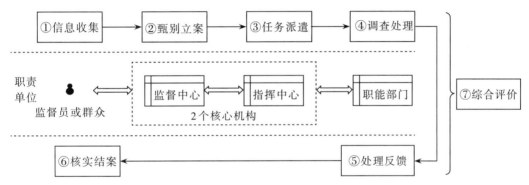

图8-3 网格化城市管理业务流程

从流程图中可以看出,网格化城市管理业务流程跟传统的流程相比,总体环节大大简化,效率普遍提高。其具体业务如下:

(1)信息收集:信息的来源主要有三个渠道,即城管监督员、社会公众、新闻媒体。 信息收集最常规和最主要的途径是来自城管监督员。城管监督员在各自负责的单元网格内现场巡视,查找城市管理的隐患,对发现的问题通过"城管通"这个移动信息采集工具及时上报监督中心。上报内容包括:部件或事件发生的地点、发生问题的部件代码、问题描述以及现场照片,必要时可现场录制有声录像。社会公众和新闻媒体可以通过各种方式向监督中心举报。

(2)案卷建立:监督中心受理平台(为监督中心的一部分)接线员收到城管监督员、市民及相关部门反映的问题后,做出相应处理:对于监督员上报信息,监督中心分析人员对其资料进行检查和甄别,包括监督员上报的内容是否完整、明确、照片是否能反映现状等详细情况,判断是否达到立案标准,最后根据整理后的完整信息建立相关案卷;对于公众举报或媒体发布的信息,监督中心责成城管监督员到现场对事件进行核实,核实后仍由监督员上报,并按照上述程序建立案卷。

(3)任务派遣:立案后的信息会传送到指挥中心,由指挥中心的指令调度员对事件进行详细分析,并根据其发生时间、地理位置、管理部件的权属、损害严重程度以及其他参考信息做出处理方案,填写处理意见和要求,通过政务专网将任务指派给相应的专业职能部门进行处理。

(4)任务处理:各职能部门接到指挥中心的任务派遣单后,对发生的问题填写处理意见,并立即派遣专业人员到现场进行处理。如涉及多部门协同作业才能完成的任务,则由指挥中心负责协调和督办。

(5)处理反馈:各职能部门处理完毕后,及时将处理结果反馈给指挥中心。指挥中心再通知监督中心。对于由于各种原因,职能部门暂时无法完成处理任务的,也要告知原因,由指挥中心挂账,直至最终处理完毕。

(6)核实结案:监督中心收到指挥中心的处理反馈结果后,通知监督员对处理结果进行现场确认,监督员将现场已解决的情况,以图片或有声录像的方式记录下来,并反馈给监督中心。在确认职能部门的处理结果达到要求以后,监督中心对于其案件进行销账处理;对于未达到要求的,再交由指挥中心重新派遣处理。同时,监督中心和指挥中心要对整个案件处理结果进行存档,作为评价的基础资料和依据。另外,对市民和有关部门反映的情况处理完毕后,监督中心受理平台的接线员将联系上报人,将结果予以通知。

(7)综合评价:管理中对案件处理的每一环节都规定了办理时限,系统会对及时地提示其办理的进度时间;城管和各职能部门负责人也可以通过政务专网查阅相关处理情况,对各个环节进行督查督办。另外,综合评价系统会根据立案和处理结果的各项存档数据,结合有关部门的检查情况和社会公众的意见,定期对城市管理有关部门和相关职能部门工作进行综合评价,综合评价结果也可作为对各部门及其领导干部年终考核的依据之一。

8.2.3 网格化城市管理业务流程的核心机构

从图8-3中可以看出,网格化城市管理业务流程中的2个核心部门为监督中心和指挥中心。这是城市管理的一大创新,从而建立起一种监督(监督中心)和处置(指挥中心)互相分离的形式。

监督中心是联系城管监督员中枢和社会公众的窗口,其主要工作是受理来自城管监督员和社会公众的关于城市管理问题的报告或举报,对他们所反映的问题或所举报情况进行核实,并对事件发生地点进行地图定位、登记和立案,立案后传递给指挥中心派遣办理并监督案件处理的结果。

指挥中心负责分配任务以及协调与城管相关的各职能部门及街道办事处之间的关系。指挥中心接到监督中心发送案件,填写登记表后立案,根据案件性质派遣给相应的职能部门,并结合难易程度确定职能部门的处理时限。同时指挥中心对职能部门发送的案件处理结果反馈到监督中心,以便监督中心对处理结果进行核查。

8.3 网格划分与管理部件(事件)信息采集

网格化城市管理的关键问题之一是城市单元网格划分方法,因为网格结构的形式以及网格资源的合理调配对网格化管理能否有效实施至关重要。而网格化城市管理的信息基础条件则是依据网格划分的城市管理部件(事件)信息采集。只有标准化和规范化的信息采集才能实现管理信息的动态更新,为网格化城市管理提供可靠的信息保障。

8.3.1 单元网格的划分

1. 单元网格的划分原则

在网格化城市管理中,城市网格的划分和管理系统设计是网格化管理实施中的两个中心环节。我们首先来看一下单元网格的划分原则。

从上面讲到的网格化城市管理的定义中,我们知道网格化管理首先要将管理区域划分为单元网格。单元网格是网格化城市管理的基本管理单元,是基于城市大比例地形数据,以现有的行政区、街道、社区的界线为基础,根据城市市政监管工作的需要,按照一定原则划分的、边界清晰的多边形实地区域。一般面积以万平方米作为数量级,所以也称为万米网格。

单元网格划分中应遵循的一般原则包括:

(1)法定基础原则。应基于法定的地形测量数据进行,地形测量数据比例尺一般以1∶500或1∶1000为宜,但不应小于1∶2000。

(2)属地管理原则。单元网格最大边界为社区边界,一般不跨社区分割划分。

(3)地理布局原则。应沿着城市中街巷、院落、公共绿地、广场、桥梁、河流等自然地理布局进行划分。

(4)现状管理原则。为强化和实施有效管理,以单位自主管理独立院落(即使超过10000平方米)单元进行划分,一般不拆分自然院落。

(5)方便管理原则。要遵循院落出行习惯,尽可能使城管监督员的管理路径便捷。

(6)负载均衡原则。兼顾建筑物、管理部件完整性,单元网格的边界不应拆分建筑物和管理部件,并且应使得各单元网格内的管路部件数量大致均衡。

(7)无缝拼接原则。单元网格之间的边界应无缝拼接,不应有漏洞,也不应重叠。

(8)相对稳定原则。单元网格的划分一旦确定下来,则应长期相对稳定。

另外,万米网格中的方米只是一个相对的划分级别,在实际中应根据管理需要有针对性地进行网格单元的划分。单元网格的大小并没有以多少方米作为唯一的标尺。

2. 单元网格的划分方法

单元网格在时间和空间定义上应有一个唯一的编码,编码可以对单元网格的具体归属、所在位置进行唯一确定。依据上面的划分原则,可以对实际的管理区域网格划分后进行编码。具体单元网格的编码方法为:所有单元网格由14位数字组成,依次为6位行政区划代码、3位街道代码、3位社区代码和2位单元网格顺序码,具体如图8-4所示。

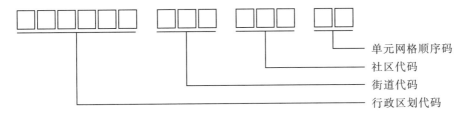

单元网格顺序码
社区代码
街道代码
行政区划代码

图8-4 城市单元网格的编码

北京市东城区根据以上原则和编码方法将全区共划分为1652个单元网格,例如:北京市东城区交道口街道圆恩寺社区第一个单元网格的编码为:11010100300501,如表8-1所示。

表 8-1　城市单元网格的编码示例表

序号	级别	名称	编码
1	行政区划	北京市东城区	110101
2	街道	交道口街道	110101 003
3	社区	圆恩寺社区	110101 003 005
4	单元网格	第一个单元网格	110101 003 005 01

图 8-5 所示为北京市东城区交道口街道圆恩寺社区部分单元网格划分后结果(粗线是划分线)。

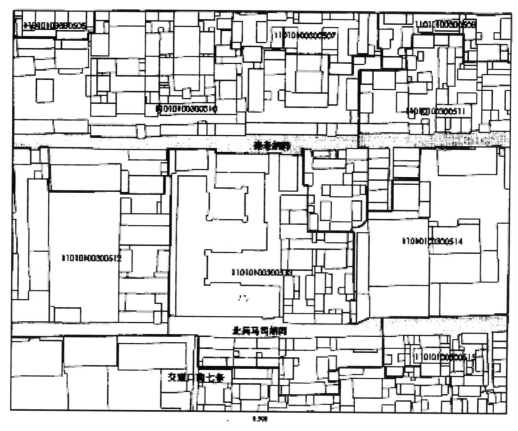

图 8-5　北京市东城区交道口街道圆恩寺社区部分单元网格划分图

8.3.2　管理部件的信息采集

1. 管理部件的分类

管理部件是网格化城市管理的两大管理对象之一,而城市部件数据建库是网格化管理系统运行的前提与基础。所以其信息的采集工作的好坏不仅影响到部件数据的质量,还直接关系到网格化管理的效率以及执行的效果。

要进行管理部件信息采集,首先就要确定采集哪些管理部件的信息,这里就涉及管理部件的分类。如表8-2所示,对于目前的网格化城市管理来说,管理部件分为公共设施类、道路交通类、市容环境类、园林绿化类、房屋土地类及其他设施类,共6大类。每一大类下面又可细分为一些小类。

表8-2 管理部件分类表

序号	大类	小类
1	公共设施	包括自来水、污水、热力、燃气、电力等各种检查井盖,以及电话亭、报刊亭、自动售货亭、信息亭、邮筒、健身设施、变压器、电闸箱等
2	道路交通	包括公交站亭、出租车站牌、过街天桥、地下通道、交通信号灯、交通电子告示牌、人行斑马线、交通护栏、路名牌等
3	其他设施	包括垃圾箱、公共卫生间、公厕指示牌、广告牌匾、气象监测站、环保监测站等
4	园林绿化	包括古树名木、绿地、行道树、花钵、城市雕塑、街头座椅、喷泉、浇灌设施等
5	房屋土地	包括宣传栏、人防工事、公房地下室等
6	其他设施	包括重大危险源、工地、河湖堤坝等

2. 管理部件的编码

分类后就要对每类部件以及每个部件进行编码,以确定该部件的唯一性。管理部件的编码,按国标规定共有16位数字,分为四部分:行政区代码、大类编码、小类编码、流水号。具体格式如图8-6所示。

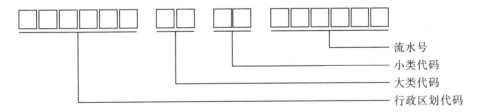

图8-6 管理部件的编码

行政区划代码为6位,与单元网格的编码中相同。大类编码为2位,表示城市管理部件大类。具体划分:01~06分别表示表8-2中的6大类:公用设施类、道路交通类、市容环境类、园林绿化类、房屋土地及其他设施类。小类编码为2位,表示城市管理部件小类,具体编码方法:依照城市管理部件小类从01~99由小到大顺序编写,如果电力井盖在公共设施中的顺序为5,则小类代码为"05"。流水号为6位,表示城市管理部件流水号,具体编码方法:依照城市管理部件信息采集时候的测绘序号顺序从000001~999999由小到大编写。

如北京市东城区安定门东大街南侧,小街桥路口西50m处步行道上一个电力井盖,按上述编码方法,东城区行政区划代码为110101,部件大类代码为01,如果小类代码为06,其信息采集时候的测绘序号为001525,则该电力井盖的编码为:1101010106001525。当然,除了编码外,部件还其他一些基本的属性信息。而因为管理部件都处于某个单元网格中,所以其所属单元网格编号是管理部件的一个重要基本属性。除此之外,如管理部件的主管单位,权属单位,养护单位等信息也是其基本属性。

3. 管理部件基本信息采集与更新流程

管理部件的动态信息由城管监督员日常巡查获取。而这些动态信息的基础则为管理部件的基本信息,其采集与更新通过普查的方式完成。具体流程如图8-7所示。

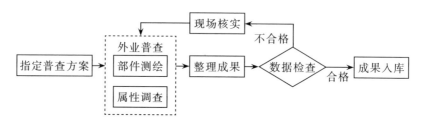

图8-7 城市部件的基本信息采集和更新流程图

首先制定详细的部件普查方案,具体包括确定各类部件的调查内容、测绘时需要保证的精度、形成数据的坐标系统和比例尺等,并利用1:500或1:1000大比例尺地形图制作调查底图。在此基础上,普查人员根据调查底图进行外业普查。本阶段主要包括2部分内容:一是对每一个管理部件的位置进行实地测绘;二是对各类现场可填写的属性信息进行采集、记录,并在工作底图上对每一管理部件编好唯一的流水号,填好《管理部件普查野外调查表》。接下需要对外业普查的成果进行整理,如进行普查成果电子化,为管理部件添加上其他非现场可识别的属性信息等工作。以上工作完成后,进行数据检查,主要包括:数据格式检查、唯一性检查、数据相容性检查和数据完整性检查等工作。检查合格的普查成果可以导入到数据库中,成为"管理部件数据库"的一部分。数据检查中不合格的数据则要现场核实,重新进行外业普查。

8.3.3 管理事件的信息采集

1. 管理事件的分类

如表8-3所示,对于目前的网格化管理来说,城市事件分为市容环境类、宣传广告类、施工管理类、突发事件类及街面秩序类,共5大类。每一大类下面又可细分为一些小类。

表8-3 管理事件分类表

序号	大类	小类
1	市容环境	包括私搭乱建、暴露垃圾、积存垃圾渣土、道路不洁、绿地脏乱、非装饰性树挂等
2	宣传广告	包括非法小广告、违章悬挂广告牌匾、占道广告牌、街头散发小广告等
3	施工管理	包括施工扰民、工地扬尘、无证掘路、违规占道、施工废弃物乱堆乱放等
4	突然事件	包括路面塌陷、自来水管破裂、下水道堵塞、道路积水、道路积雪结冰等
5	街面秩序	包括无照经营游商、流浪乞讨、占道废品收购、店外经营、机动车乱停、黑车拉客等

2. 管理事件的编码

管理事件分类编码采用数字型代码,共有10位数字,分为三部分:行政区划代码、大类代码、小类代码。具体格式如图8-8所示。

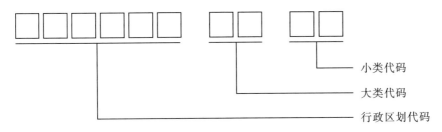

小类代码

大类代码

行政区划代码

图8-8 管理事件的编码

行政区划代码为6位,与单元网格的编码中相同。

大类代码为2位,表示城市管理事件大类。具体划分:01-05分别表示表8.3中5大类事件。

小类代码为2位,表示城市管理事件小类。具体编码方法:依照城市管理事件中小类从01~99由小到大顺序编写。

如北京市东城区某个位置有出现施工废弃物乱堆放的事件,则按上述编码方法,东城区行政区划代码为110101,事件大类代码为03,如果小类代码为05,则该事件编码为:1101010305。

从上面的管理事件编码方式可以看出来,这种编码方式只能区分不同类型的事件,并不能确定唯一的单个事件。那么如何确定某个事件的唯一性呢?其实,除了编码外,管理事件还有些基本的属性信息,如发生时间,发生位置,所在网格单元编号等等。如果在两个不同单元网格发生同类问题,则事件代码相同,需要通过单元网格编号来加以区别;如果在同一单元网格中发生同类问题可以根据发生时间和位置予以去区别。

3. 管理事件的信息采集方法

在网格化城市管理中,为了明确责任,及时处理解决问题,每个单元网格配备有城管监督员对所管区域进行巡查。监督中心一般根据城管监督员所管区域的管理部件分布和管理事件经常发生区域的特点,制定固定的日常巡查线路。城管监督员在巡查中如果发现出现管理事件,则用"城管通"等手持管理终端的照相工具拍摄现场图片(有需要则录音),并利用其管理功能编辑事件类型、发生位置等信息后,发送给监督中心"立案"。这样就完成了事件信息的采集。具体如图8-9所示。

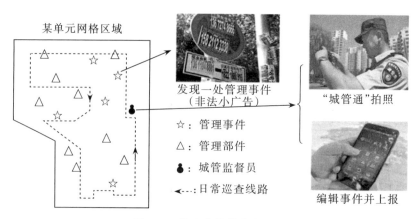

图8-9 管理事件的信息采集

8.3.4 移动测图技术在管理部件坐标采集中的应用

移动测图系统(Mobile Mapping Systems,MMS),是当今测绘界最为前沿的科技之一,代表着未来道路地理信息数据采集和公路普查领域的发展方向。MMS是综合了全球定位系统(GPS)、惯性导航系统(INS)和CCD影像测量以及自动控制等尖端科技发展起来的一种新型测绘及数据采集装置。MMS有多种移动平台,目前以车载为主。车载MMS以车载近景摄影测量的方式,实现对道路及道路两旁地物的空间数据、属性数据以及实景图片的快速采集,如:道路中心线或边线位置坐标、目标地物的位置坐标、路(车道)宽、桥(隧道)高、交通标志、道路附属设施等。这些数据通过软件加工,可生成能满足不同需要的专题数据库及电子地图。移动测图系统的采集方法和硬件设备见图8-10。

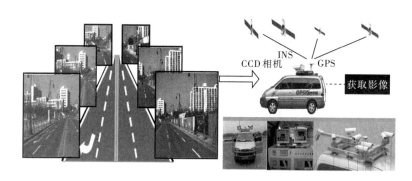

图8-10 移动测图系统硬件设备及采集

管理部件坐标信息提取方法具体如图8-11所示。移动测图系统采集到的图像是连续的且具有左右影像的立体像对(即从不同位置拍摄的具有重叠影像的左右2幅影像)。通过移动测图系统提供的相应软件,就可以通过在左右影像上找到管理部件的匹配点(即2幅影像上的同一地理位置)的方式解算出管理部件的地理坐标,并生成相关的矢量图。这样,就可以在室内提取出管理部件的位置坐标,而不必在野外进行量测。

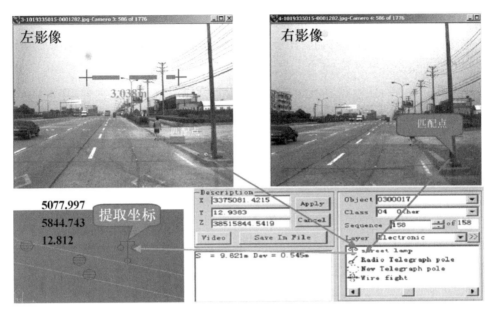

图8-11　移动测图系统提取管理部件坐标并成图

使用移动测图系统进行城市管理部件的提取的主要优点有：

高效率：能以30~60km/h的速度完成影像采集工作。

低成本：只需2~3人即可完成测成图工作，大大降低了人工成本和作业成本。

安全舒适：相比传统的野外测量，车载方式下的作业既安全又舒适。

目前，移动测图技术在管理部件提取中应用的主要局限在测量精度方面。相对传统人工测量的厘米级精度，现在的移动测图技术精度一般在分米级。不过，随着城市管理的深入，对于现势性数据要求逐渐提高，传统人工测量方法已渐渐不能满足需要。而随着移动测图技术的发展，精度必然会提高；作为测成图效率提高10倍乃至数十倍以移动测图系统，将在城市管理部件的提取上发挥越来越大的作用。

8.4　网格化城市管理系统设计与实现

网格化城市管理系统是网格化城市管理赖以实现的信息服务共享平台；是在对管理业务流程进行有效梳理的基础上，整合政府信息资源和政府数据库，将现有信息资源和管理资源进行同步优化的信息收集、管理与服务的协同工作平台，为各城市管理职能部门和政府之间的资源共享、协同工作和协同督办提供可靠保障。

8.4.1　系统的体系结构

在当前的网格化城市管理中，其管理系统主要是基于城市电子政务专网和城市基础地理信息系统，运用"3S"(RS、GIS、GPS)技术、地理编码技术、网格技术、分布数据库、构件技术和移动通信技术,以数字城市技术为依托,将信息化技术、协同工作模式应用到城市管理中,建设网格化城市管理平台,实现监督中心、指挥中心、各职能部门和网格监督员四级联动的管理模式和信息资源共享系统。

系统涉及软件、硬件、数据、信息安全、管理制度、政策规范等诸多内容,其体系结构一般分为接入层、应用层、服务层、数据层和支撑层五个层次,如图8-12所示。

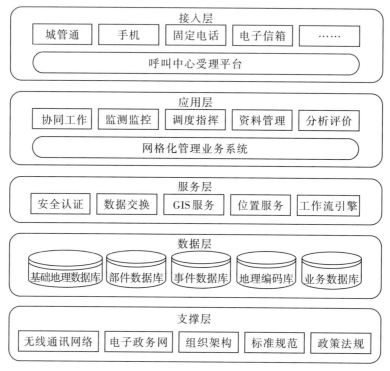

图8-12 网格化城市管理系统体系结构

接入层主要提供城管通、手机、固定电话、网络、传真、智能终端等多种接入方式,是系统数据采集、信息发布的重要途径,也是未来系统业务扩展的基础。在接入层中的核心是呼叫中心受理平台,负责所有接入业务。

应用层主要是系统的业务应用,即系统为网格化管理工作提供各种业务处理和交互服务工作,主要包括各种业务系统,如协同工作业务系统、监测监控业务系统,调度指挥业务系统,资料管理业务系统,分析评价业务系统等。在设计应用层的业务系统中,还应考虑其扩展性,如今后为政府其他职能部门提供城市网格化管理信息、地理信息服务以及辅助政府在城市管理等方面的分析与决策等内容。应用层是整个系统的业务逻辑集中点,直接为网格化管理各种业务提供服务,在整体系统体系结构中,处于非常重要的地位。服务层主要是系统业务应用的支持平台,由各种中间件、服务组件和接口组成,主要包括安全认证中间件、数据交换组件、GIS服务组件、位置服务组件、工作流引擎中间件等。

数据层主要是依托成熟的数据库管理系统和GIS数据引擎,为城市网格化管理的相关应用提供数据支持,包括系统数据资源及其管理功能。虽然因为其各地实际情况不同,数据库组成也不尽相同,但至少应该包含如下几个必要的子数据库:基础地理数据库、部件数据库、事件数据库、地理编码数据库以及业务数据库。

支撑层是系统运行的保障层,囊括支撑系统运行的全要素。这里不仅包括无线通讯网络、电子政务网等信息传输基础设施和相应的硬件设施;也包括网格化管理的组织架构,因为网格化城市管理系统本身并不是一个单纯的软件系统,还包括组织机构和人员队伍的建设,只有形成稳定且长效的管理机制才能使网格化管理健康运行、切实发挥其作用;同时,还包括支持网格化管理的标准规范以及政策法规等内容。

8.4.2 系统的组成

基于网格化城市管理系统体系结构,并结合网格化城市管理中实际需要,从系统功能角度进行设计,整体系统大致由如下 9 个子系统组成,具体如图 8-13 所示。

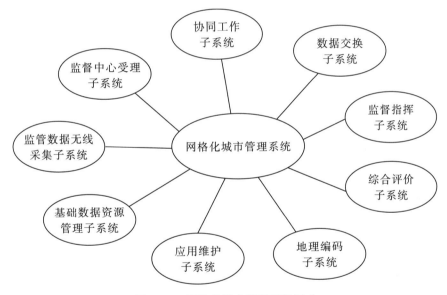

图 8-13 网格化城市管理系统组成

1. 监管数据无线采集子系统

该系统供城管监督员使用,也叫"城管通"。城管监督员在自己的管理单元网格内巡查过程中,通过其向监督中心上报管理部件损坏以及管理事件,也用来接收监督中心分配的核实、核查任务。其实,所谓"城管通"一般本身都是智能手机,不过除了手机基本功能打电话、发短信、拍照外,通过安装监管数据无线采集子系统的客户端,增加了部件定位、填写表单,问题上报等网格化城管所需功能。基于城市部件和事件分类编码体系、地理编码体系,"城管通"与监督中心之间以无线通信的方式实现了对城市管理问题文本、图像、声音和位置信息的实时传递。普通的"城管通"设备界面如图 8-14 所示。

图8-14 某城管通设备界面图

2. 监督中心受理子系统

该系统专门为监督中心设计,使用人员一般为监督中心接线员,主要负责接收城管监督员上报和公众举报的问题。监督中心接线员通过系统对城管问题信息接收、处理和反馈,完成信息收集、处理和立案操作;同时,系统也可为"协同工作子系统"提供管理问题的采集和立案服务,保证问题信息能及时准确地受理并传递到指挥中心。

3. 协同工作子系统

协同工作子系统是网格化城市管理系统的核心子系统,是提供给监督中心、指挥中心、各个专业职能部门以及各级领导使用的主要子系统。该系统提供了基于工作流的面向GIS的协同管理、工作处理、督察督办等方面的应用,为各类用户提供了城市管理各类信息资源共享查询工具,可以根据不同权限编辑和查询基础地理信息、地理编码信息、城市管理部件(事件)信息、监督信息等,实现协同办公、信息同步、信息交换。通过协同工作子系统,各级领导、监督中心、指挥中心可以方便查阅问题处理过程和处理结果,可以随时了解各个专业职能部门的工作状况,并对审批流程进行检查、监督、催办。系统将任务派遣、任务处理反馈、任务核查、任务结案归档等环节关联起来,实现监督中心、指挥中心、各专业职能部门之间的资源共享、协同工作和协同督办。

4. 数据交换子系统

网格化城市管理系统建设应实现与其他市政监管信息系统的信息交换。通过数据交换子系统,可以使不同级别的市政监管系统之间实现市政监管问题和综合评价等信息的数据同步。例如,在区一级的监督管理部门无法协调解决的问题,应该上报给市一级的监管系统,由市级统一协调解决。

5. 监督指挥子系统

监督指挥子系统是信息实时监控和直观展示的平台,为监督中心和指挥中心服务。该系统不仅能够直观显示城市管理相关地图信息、城管问题上报案卷统计信息等全局情况,实现对城市管理全局情况的总体把握;也可通过分客户端直观查询并显示每个社区、监督员、部件等个体的情况,服务于具体指挥和业务派发。

6. 综合评价子系统

为绩效量化考核和综合评价服务,综合评价子系统是在各种评价数学模型的基础,参照工作过程、责任主体、工作绩效、规范标准等建立评价指标体系,并应用数据挖掘技术,对管理区域、职能部门和岗位等信息进行综合分析、计算评估,生成以相应的评价结果。通过该系统可以实现对网格化城市管理工作中所涉及的监管区域、政府部门、工作岗位动态、实时的量化管理;也可以通过比较发现管理中的薄弱环节,为领导决策提供现实可靠的依据。

7. 地理编码子系统

网格化城市管理中,城市管理涉及的各种数据基本都要与其空间位置相对应,这就要求空间数据与非空间数据的共享与整合。据专家分析,政府各职能部门拥有的大量业务信息中,80%的信息都与地理空间位置密切相关,但是这些信息几乎都没有空间坐标,因此无法与其他信息整合,也无法实现可视化的空间分析。为了将这些空间信息与非空间信息、非空间信息与非空间信息进行集成与融合,提供直观、生动的基于空间位置的服务,就需要建立空间与非空间信息之间的联系,地理编码正是建立这二者之间联系的最重要最实用的手段。

地理编码子系统为无线数据采集子系统、协同工作子系统、监督指挥子系统等提供地理编码服务,实现地址描述、地址查询、地址匹配等功能。地理编码子系统采用了地理编码技术、模糊识别技术、空间挖掘技术,在空间信息支持下,通过对自然语言地址信息的语义分析、词法分析,使城市中的各种数据资源通过地址信息反映到空间位置上来,实现资源信息与地理位置坐标的关联,并建立地理位置坐标和给定地址名称的一致性。如图8-15所示,其编码过程是利用已有地址编码数据库,通过地理编码搜索引擎,通过制定相应的匹配与转换规则,实现地址信息与地理坐标的相互匹配与转换。该系统是网格化城市管理最重要的支撑系统之一。

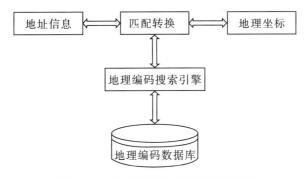

图8-15 地理编码子系统的编码过程

8. 应用维护子系统

由于网格化城市管理模式还在发展变化中,其运行模式、机构人员、管理范畴、管理方式业务流程在系统运行过程中随着应用的逐步深入可能随时调整变化,因此,迫切要求系统具有充分的适应能力,在各类要素变化时及时调整,以满足管理模式发展的需要。应用维护子系统负责整个系统的配置、维护和管理工作,主要是根据实际需求通过配置形成相应的管理资源、业务规则,从而实现网格化管理相关功能的灵活配置。

9. 基础数据资源管理子系统

网格化城市管理中涉及大量空间数据与各方面市政管理所需数据,一方面这些数据的类型和结构各不相同,另一方面这些数据在应用过程中需要不断更新和扩展。基础数据资源管理子系统在适应数据管理和数据变化要求基础上实现数据整合,保证数据资源的完整性、可行性和一致性,并及时提供数据支持(如:实现对各类数据的显示、查询、编辑和统计等)。同时,以业务连续性为建设目标,实现基础数据管理和服务功能,保证数据资源安全、可靠。

8.4.3 系统的关键技术

网格化城市管理系统的构建本身是一个系统工程,在建设中涉及诸多关键技术的应用。这里,简单地介绍几项比较重要的关键技术。

1. "3S"及其集成技术

"3S"(GIS、GPS、RS)技术是现代空间信息科学的重要组成部分。GIS是对多种来源的空间数据进行综合处理、集成管理、动态存取,作为新的集成系统的基础平台,并为智能化数据采集提供技术支撑;GPS主要用于实时、快速地提供目标的空间位置;RS用于实时地或准时地提供目标及其环境的各种信息,及时对GIS数据进行更新。"3S"技术集成是指将GIS技术、GPS技术、RS技术这三种相关技术有机地集成在一起,实现空间数据的实时采集、管理和更新。"3S"技术及其集成是网格化城市管理实现的关键。

2. 分布式数据库及分布式计算技术

分布式数据库是由相互关联的数据库组成的系统,它是物理上分散在若干台互相连接着的计算机上,而逻辑上完整统一的数据库。它的物理数据库在地理位置上分布在多个数据库管理系统的计算机网络中,对于每一用户来说,他所看到的是一个统一的概念模式。分布式数据库的设计需要用到分布式计算技术。从概念上讲,分布式计算是一种计算方法,在这种算法中,组成应用程序的不同组件和对象位于已连接到网络上的不同计算机上。因为用于城市管理的数据一般位于不同地区、不同部门的系统或者数据库中,因此网格化城市管理系统需要用分布式计算技术来构建异构的分布式数据库。

3. 网格及网格计算技术

互联网把各地的计算机连接起来,网格则把各种信息资源连接起来。而网格计算则是把计算机和信息资源都连接起来。在网格计算中,资源是分布的,资源及其提供者也是分布的。在城市的网格化管理中,各种计算资源和信息资源异构地分布在不同地区和不同的部门,网格和网格计算技术对信息处理一体化、信息资源共享与协同工作将起到重要作用。

4. 构件与构件库技术

构件(component)是被用来构造软件可复用的软件组成成分,可被用来构造其他软件,它可以是被封装的对象类、类树、功能模块、软件构架、分析件、设计模式等。应用构件技术可以有效地提高软件开发的质量和效率。构件库是把一组功能和结构有联系的一组构件组织在一起形成的有机的系统,可以对组件进行查询、管理、编辑等,类似于数据库管理系统。网格化城市管理系统有许多结构和功能差异很大的子系统,需要用到不同的数据库和软件系统,因此在系统开发过程中构件和构件库技术的使用将大大提高系统的开发效率。

5. 中间件技术

所谓中间件就是位于平台与应用系统之间的具有标准的协议与接口的通用服务,它是一个通用的软件层,利用该软件层提供的 API,可以开发出具有良好通信能力和可扩展性的分布式软件管理框架,用于在客户机和服务器之间传送数据、协调客户和服务器之间的作业调度、实现客户机和服务器之间的无障碍通信。通信是网格化城市管理系统中最重要最基本的功能,需要大量的通信来协调和完成各种事务处理,为此要借助中间件技术来统一管理、调度异构软件协同运行,减少关键任务切换,提高运行效率。

6. 地理编码技术

地理编码是基于空间定位技术的一种编码方法,它提供了一种把描述成地址的地理位置信息转换成可以被用于 GIS 系统的地理坐标的方式。在网格化城市管理系统中用到许多不同部门和类型的数据,其中大量的数据必须通过地理编码才能具备空间属性,才能与空间网格融合。所以,网格地理编码技术对于这些信息资源的集成和融合具有重要的作用。

另外,网格化城市管理系统中还涉及 Agent 技术、互操作技术、移动通信技术、安全机制等方面的其他技术。

8.5 网格化城市管理的应用

网格化城市管理新模式的实施与应用,不仅实现了在管理空间的划分上精细化;而且也为管理的信息化平台提供了共享的基础,避免了重复建设、信息分割的局面,同时,整合了各级城市管理问题的发现、处置队伍,在提高城市管理的效率基础上降低了日常管理成本,应用前景广阔,实施效果显著。

8.5.1 各地的网格化应用与拓展

网格化城市管理的方法与模式本身只是一个框架——建设部于2005年6月批准了《城市市政综合监管信息系统》的四个行业标准,规范了全国数字化城管新模式的建设,为网格化城市管理在全国推广奠定了重要的技术基础。在这个框架下,从北京东城区兴起的网格化城市管理在全国范围内迅速推开——上海市长宁区、卢湾区,南京市鼓楼区,深圳市,成都市,杭州市,武汉市,扬州市,烟台市,北京市朝阳区等作为全国推广网格化管理模式的首批10个试点城市(区)。2006年年初,建设部又公布了天津、重庆、郑州、昆明、南宁等第二批17个试点城市(区)名单。2015年12月,《中共中央国务院关于深入推进城市执法体制改革、改进城市管理工作的指导意见》出台,明确要求"积极推进城市管理数字化、精细化、智慧化,到2017年年底,所有市、县都要整合形成数字化城市管理平台",从而将网格化城市管理作为了全国市、县的"标配",网格化城市管理成为国家部署。

各个试点城市(区)在建设部的标准之上,结合各地的实际情况,在管理方式、管理流程和软、硬件配置上,发挥了各自的创造性思维,又开发出了很多的特色应用,极大丰富了网格化城市管理模式的内涵,对于国内有计划开展此项工作的城市有很好的借鉴作用。

下面是6个比较特色的网格化应用地区。

1. 北京市朝阳区:社会化管理、推向农村

对北京朝阳区来说,既有成熟的建成区,又有大量的建设区。可谓是有CBD,有使馆区,有现代大型商圈,同时也有广阔的城郊地区。各地方的经济社会发展情况很不一样,所以朝阳区的办法是,广泛发动社会力量,提倡社会化管理。具体举措包括以下几点:

首先,试点先行,分步推广。一期网格化管理在三环路内12个街道范围内实施。二期网格化管理范围包括三环路以外的城区和农村地区。城区面积54.8平方公里,划分为2524个网格,普查了42万6千多个城市部件。朝阳区在城区推行网格化城市管理的同时,还向农村地区延伸,在20个地区办事处369.8平方公里范围内,全面实行网格化管理,共划分网格3658个。城区主要监督道路及其可视周边部件、事件问题以及"门前三包"单位履行责任制情况,农村地区主要监督违法建设、暴露垃圾、卫生死角、积存渣土等重点问题。

其次,以事件管理为重点,管理内容从城市环境管理拓展到社会管理,纳入对人、对单位的管理。

再次,推进城市管理社会化,调动门前三包单位、保洁队、绿化队、物业公司等社会力量参与网格化城市管理。

最后,以96105作为统一呼叫平台,实现网格化城市管理系统与居民互动系统进行对接。

2. 北京市海淀区:三心合一集中共享

朝阳区面临的问题同样适用于海淀区。而且,由于海淀区的信息化建设已经有不错的

底子,因此,不重复建设,而是利用集成已有信息系统的愿望也就更加强烈。在这个基础上,海淀区"三中心"工程将视频指挥调度中心、城市管理监督指挥中心、行政事务呼叫中心从空间位置上进行合并,从应用功能上进行整合,形成统一的综合网格化城市管理体系。

再有,由于海淀面积大、人口多,尤其是流动人口多,海淀并不全部通过城管监督员来发现问题。经过论证,海淀区决定采用视讯技术,视讯和城管监督员相结合的方式进行;两年来的实践证明,这是一种实用且有效的做法。

3. 上海:市/区两级平台联动

上海市网格化城市管理模式采用了以市级平台建设为主线,以区级系统平台建设为重点,市、区两级平台协同工作的技术体系,实现了市、区两级平台联动的网格化城市管理模式。

2005年4月,上海市"12319"城建服务热线正式开通。热线整合了全市建设交通系统17条热线,受理范围涵盖建设、水务、交通、房地产、市政、绿化、市容环境、城管综合执法等政府管理部门。10月,市级平台和卢湾、长宁两区的区级管理平台投入运行。上海市积极将"12319"城建服务热线与数字化管理工作相结合,建立市、区两级联动的网格化的管理系统。自网格化城管平台上线以来,自卢湾、长宁两区的投诉,呈现出明显下降态势,进展情况良好:2005年10月至今,两区的城管问题结案率均达到90%左右。上海网格化城市管理中对市级平台的数据库进行了深层次的数据挖掘,包括静态的数据和动态的数据的加工、整合、挖掘等,并预留编码给区级平台。同时,通过市级平台,还可以向政府、社会企事业单位以及公众提供预报人气、重大突发事件的提示等信息服务,拓展了网格化管理的服务内容。

4. 杭州:GPS 定位和手机 GIS 系统以及地下管线管理

杭州将190.95平方公里主城区划分为10074个万米单元网格,专业部门还把有形的市政公共设施、道路交通设施、市容环卫、园林绿化、房屋土地等建立成总数为196万件的部件数据库,这样每个部件都有独一无二的代码。如有公共设施损坏,第一时间里,负责该区域的工作人员会用集定位、录音和拍照等多种功能于一体的智能手机拍下被损坏城市部件,传递到市城管信息中心受理平台,再由协同平台安排处理,大大缩短了时间。城市管理者能对城市运转中的各种问题做到"第一时间发现,第一时间处置,第一时间解决"。目前杭州市已有170多家市级部门纳入网格化城管系统共享平台。按照发展规划,杭州市的网格化城市管理将进一步拓展,由市区向城乡接合部拓展,从主要街道向背街小巷拓展,由静态管理向动态管理拓展,由地面管理向地下的煤气管道等拓展,经常性管理向突发性事件处置拓展,定时管理向全天候管理拓展。

5. 深圳:一个平台三项评价

一个平台就是建立统一的网格化城市管理信息系统平台。首先,深圳市将全市管理区域划分为8726个单元网格,并对全市的六大类92小类城市部件进行全面普查。在此基础上,按建设部数字化城市管理有关规范的要求,结合深圳实际,开了包含12个软件系统组成的网格化城市管理信息平台。该平台运行在统一的城市管理中心数据库和软件支撑平台上,覆盖市、区、街道、社区和各个专业管理部门的多级多类城市管理应用需求,实现统一平台、集中管理、信息共享、分布应用。目前,通过该平台已共享了市规划、国土部门的基础电子地图信息、市工商部门的法人信息、市公安部门的视频监控信息、市气象部门的气温信息等公用信息。

三项评价是对城市管理的监督人员、指挥协调人员、操作人员、事件部件处理人员实行岗位绩效评价;对城市管理的有关单位和部门实行部门绩效评价;对各级政府的管理辖区实行区域质量和管理效果评价。这三类评价都是刚性评价。系统对每个管理对象都设计了一级指标、二级指标和三级指标,采用加权综合评分法计算总分,自动生成评价结果,并通过不同的颜色显示在相应的网格图中,予以在网上公布,使其一目了然,接受市民监督。评价结果作为考核业绩的重要内容之一,通过考核各专业部门、街道办事处的立案数、办结率、及时办结率、重复发案率,督促各责任单位和责任人依法履行管理职责,主动发现问题,主动解决问题。

6. 扬州:一级监督、二级指挥、三级管理、四级网络

扬州市市区面积141平方公里,而网格化管理范围则以65平方公里的主城区为主,划分5510个单元网格。运用地理编码技术,将管理部件按照城市坐标准确定位,继而进行分类管理。目前已采集6大类127小类共计53万个管理部件的基本信息。具体地说,城市里每一个窨井盖、路灯、邮筒、果皮箱、停车场、电话亭等都有自己的“数字身份”。扬州市在全国第一个采用“一级监督、二级指挥、三级管理、四级网络”的管理模式。这种模式比较适用于中小城市,重点强化市一级的管理,并可以充分地调动市区两级的积极性,责任清晰、权利明确,便于指挥调度、协调管理和人员配置。该模式下,数字化城市管理总平台设在市一级,成立“两个中心”——监督中心和市指挥中心。监督中心只建在市级,行使监督权、评价考核权、奖惩权,实行高位监督;市、区两级分别设立指挥中心,将市管和区管单位统一整合到同一系统中,强化市、区两级指挥职能;明确市、区、街道三级的管理责任;建设跨市、区、街道、社区四级信息网络。市里统一给各级部门及监督员配备电脑、城管通等网络通信设备。

扬州着力强化市级监督中心和市区两级指挥中心这“两个轴心”的建设,两个中心闭合式运行,又紧密联系,协同联动,形成合力。通过强化“两个轴心”的建设,形成“城管有没有问题,监督中心说了算;问题由谁解决,如何解决,指挥中心说了算”的大城管格局。

8.5.2 应用后的总体效果

1. 明显提高了城市管理效率

网格化城市管理模式极大地提高了城市管理效率。北京市东城区自2004年10月24日系统投入运行以来,政府系统本身对城市管理问题的发现率达到90%以上,而过去只有30%

左右;任务派遣准确率达到98%;问题处理率为90.09%,问题平均处理时间为12.1小时,而过去要1周左右;结案率为89.78%,平均每周处理问题360件左右,而过去每年只能处理五六百件左右,城市管理水平明显提高。上海市长宁区网格化城市管理系统自2006年1月正式投入运行以来两个月内有效立案16391件,按时处置结案16249件,处置完成率为99.1%。上海市城建热线平台针对卢湾区的公众投诉量明显下降,2005年11月重复投诉率为零,卢湾区内各条城建热线的投诉量也同比下降50%左右。武汉市网格化城市管理系统2005年10月18日建成投入试运行,截至2006年4月13日,立案13210件,结案率达80%以上,日均处理事件100余件。

2. 有效降低了城市管理成本

网格化城市管理模式建立在数字技术基础之上,一方面,数字化的城管信息使得管理成本有效降低:信息传递的快速准确使得各类损害、危险能够在第一时间被发现、解决,从而降低各类城市部件的维护成本;另一方面,数字技术使得组织人员的集约化分工配置成为可能:传统管理模式下某一区域内不同类别的设施、事件,需要不同专业部门分别派人监督,而在新模式下这些工作可以完全交给一名监督员来完成。专业部门不再承担发现问题、捕获信息的责任,彻底从监督工作中解放了出来,降低了人员消耗。北京市东城区的经验充分证明了这一点:由于城市管理监督员对万米单元进行不间断巡视,各专业部门的巡查人员相应减少10%左右,各类费用明显降低;由于问题定位精确,人员分工明确,各专业部门的部件、事件处理成本大大降低。由于管理部件破坏、损伤发现及时,管理部件维修、重置费用等也大大降低。测算结果表明,今后5年内,新模式的运行可以使东城区每年节约城市管理资金4400万元左右,而该区为实施新模式投入的建设资金不到2000万元。

3. 有助于建立城市管理长效机制

网格化城市管理模式在很大程度上克服了传统城市管理模式的制度缺陷和技术障碍。信息收集传递的及时准确使城市管理工作做到了有的放矢、有条不紊,走出了过去"群众运动式管理""突击式管理"的尴尬境地;与网格化城市管理模式相适应的新型组织结构和人员分工方式解决了职责交叉、推诿扯皮、多头管理等问题,提高了管理主体的活力和效率;网格化城市管理模式推动下的管理工作流程再造,使得城市管理由过去的粗放、被动、分散向高效、敏捷、系统转变,进一步强化了政府的社会管理和公共服务职能,为建立城市管理长效机制做出了有益探索。

4. 提高了城市管理的民主化水平

现代行政管理理论认为,民主是实现政府"善治"的重要基础。传统城市管理模式的一大缺陷是公众意见表达渠道不通畅,造成管理者的行为失准,降低了管理效率,甚至损害了公众利益。网格化城市管理模式的一大特点是沟通渠道的双向性,通过"监督中心"的纽带作用,实现了市民与政府的良性互动,加速了信息传递,密切了政群关系。市民的问题能够及时传达给管理者,方便了管理者及时采取措施对症下药;同时,市民评价被列为管理者绩效考核的重要指标,提高了管理者的主动性和市民参与管理、协助管理的积极性,形成了一套完整的反馈控制系统,增强了管理的有效性。

5. 进一步规范了城市管理行为

城市管理的根本目的是创造、维持城市和谐优美的生活工作环境。因此,城市管理应秉持以人为本、和谐关怀的理念,重"疏导",轻"压制",重"沟通",轻"命令"。然而近年来,城市管理工作中"以罚代管""以压代管""暴力执法"等不和谐现象常常见诸报端。究其原因,一方面是管理者的价值取向问题;另一方面则是传统的城市管理模式在绩效考核环节过于重视组织内部评价和机械的指标评价,忽视了外部评价和主观评价。网格化城市管理模式下衍生的新型绩效考核制度,将市民和相关方面的主观评价列为一项主要指标,内外兼顾,起到了端正管理理念、规范管理行为的功效,彰显了城市管理的人性化精神。

目前,随着网格化管理城市模式的不断拓展,在技术上向着精细化、智能化方面不断深入;在广度上,向着网格化社会治理与城市公共服务下沉,特别是关注于社区等基层网格化管理中的风险防控、生态文明建设与环境治理等方面。

思考题

1. 网格管理和网格化城市管理之间有什么关系?

2. 传统的城市管理的主要问题在什么地方? 网格化城市管理的优势是什么?

3. 单元网格的划分原则中主要考虑了什么?

4. 移动测图系统能够代替传统的部件采集方法吗?

5. 网格化管理系统相当复杂,你觉得哪些组成部分是最重要的? 哪些次之?

6. 上网查一下,网格化管理在你所在城市有所应用吗?

本章课件

课件

第 9 章

城市热环境遥感监测

在城市化不断发展的背景下,城市景观的组成和配置发生了变化。土地和植被等自然景观逐渐被建筑物、道路以及其他城市基础设施覆盖。城市的高蓄热体的增加和绿地面积的减少,导致城市的温度比郊区高,生成城市热岛。

本章概述城市热岛的定义、城市热环境的特性及影响因素以及城市热环境的遥感监测手段。主要介绍对理解和缓解城市热岛效应的关键概念,讨论城市热岛的一般特征。

9.1 城市热岛的定义

城市热岛是城市气候最显著的特征之一。19世纪初,Lake Howard首次发现伦敦城市中心的温度高于郊区。随后Manley于1958年首次提出了城市热岛这一概念。当代研究普遍认为,城市热岛效应是由于人类的活动使得城市温度明显高于郊区的现象。城市热岛一般分为地表城市热岛和大气城市热岛。

9.1.1 地表城市热岛

在炎热、晴朗的夏日,太阳可以将干燥、暴露的城市表面(如屋顶和人行道)加热到比空气热27至50°C,而阴暗或潮湿的表面(通常在更多的农村环境中)保持接近空气温度。地表城市热岛通常在白天和晚上都存在,但往往在白天阳光普照的时候最强烈。

平均而言,发达地区和农村地区的白天地表温度差异为10°C至15°C;夜间表面温度差异通常较小,为5°C至10°C。由于太阳强度以及地面覆盖物和气候的变化,城市地表热岛的大小随季节变化而变化。通常,城市地表热岛在夏季最大。

确定城市热岛的方法主要有直接和间接方法、数字模型以及基于经验模型的估计。研究人员经常使用遥感技术来估计地表温度。

9.1.2 大气城市热岛

大气城市热岛现象主要指城市地区的暖空气较之偏远地区的冷空气。专家们通常将其分为两种类型:

(1)城市冠层热岛。该层是指地表与树木或者建筑顶部之间的区域,也是城市居民日常生活的主要区域。

(2)城市边界层热岛。该层是指从屋顶或树木顶端垂直延伸到城市景观不再影响大气的地方。这个区域通常从地表垂直延伸不超过一英里(1.5公里)。

城市冠层热岛较之城市边界层热岛更易观察到,在城市热岛的讨论中也经常提到。基于此,本章提到的大气城市热岛指城市冠层热岛。

由于城市基础设施的热量释放缓慢,大气城市热岛通常在白天较弱,而日落后更为明显。然而,热岛强度峰值的时间取决于城市和农村表面属性、季节和当时的天气条件。

地表温度对空气温度有显著影响,主要起间接作用,特别是在最接近地表的城市冠层。例如,公园和植被区,通常有较低的地表温度,有助于降低温度;另一方面,密集的建筑区通常会导致空气温度升高。不过,由于空气在大气中混合,地表和空气温度之间的关系并不恒定,空气温度通常比整个地区的地表温度变化要小(见图9-1)。

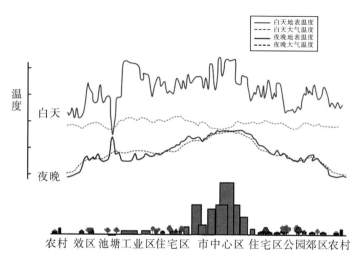

图9-1　地表和大气温度变化(引自:Eva wong,2008)

大气热岛的强度变化比地表热岛小得多。在年平均基础上,大城市的空气温度可能比其农村环境的温度高1℃至3℃。

表9-1总结了不同类型热岛的基本特征。

表9-1　地表城市热岛与大气城市热岛的基本特征

特点	地表城市热岛	大气城市热岛
时间上	存在于白天和夜晚的任何时候 夏季白天最强烈	白天可能很小或不存在 在冬季夜间或黎明前最为强烈
峰值强度	时空变化较大(白天:10-15℃,夜晚:5-10℃)	变化较小(白天:-1-3℃,夜晚:7-12℃)
典型识别方法	间接测量	直接测量
典型描述	热图像	等温线图 温度图

9.2 城市热环境的特性及影响因素

9.2.1 城市热环境的时空分布特征

1. 城市热岛的时间分布特征

城市热岛强度随着时间的变化具有明显的周期性和非周期性变化特征,其中周期性变化表现为2种,即日变化和年变化。在晴好天气条件下,城市热岛的日变化特征为夜间强,白昼午间弱,年变化特征一般为秋、冬季强,夏季弱。城市热岛的非周期性变化多与当时的风速、云量和低空气温直减率有关,并呈现负相关的特征。也即风速越小,云量越少,低空气温直减率越低,热岛强度越大。此外,天气形势也影响着城市热岛的非周期性变化,且天气形势越稳定,热岛强度越大。

2. 城市热岛的空间分布特征

城市热岛强度的水平分布特征表现为人口越密集、建筑物密度越大、工商业越集中的城市地区,热岛强度越大。而植被覆盖良好的郊区往往热岛强度小。城市热岛强度还具有垂直分布的特征。白天城郊之间的热岛强度差别相对不明显,而夜晚城郊的热岛强度差异大,且随着高度的增加而差异逐渐减小。此外,在一定的高度上,城郊的热岛强度可能会出现"交叉"现象。

9.2.2 城市热环境的形成及影响因素

1. 城市地区植被减少

在农村地区,植被和空地通常是景观的主导。树木和植被提供阴凉,这有助于降低表面温度。此外,植被蒸发,植物将水释放到周围的空气中,使环境的热量减少,从而降低空气温度。相比之下,城市地区多干燥、不透水的表面,如传统屋顶、人行道、道路和停车场。随着城市的发展,更多的植被消失,更多的表面被铺设或覆盖上建筑。地面覆盖物的变化导致保持城市地区凉爽的阴凉处和水分逐渐减少。而建成区蒸发的水量更少(见图9-2),这导致地表和空气温度升高。

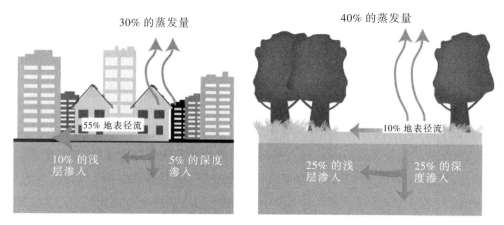

图9-2 不透水表面与蒸散量

（引自 *Federal Interagency Stream Restoration Working Group*(FISTWG)）

2. 城市材料特性

城市材料的特性也影响城市热岛的发展,特别是太阳反射率、热辐射率和热容量。它们决定了太阳的能量是如何被反射、发射和吸收的。

太阳能由紫外线(UV)、可见光和红外线组成,每种能量到达地球的比例不同:5%的太阳能属于紫外线光谱,包括导致晒伤的射线类型;43%的太阳能是可见光,颜色从紫色到红色不等;其余52%的太阳能是红外线,以热量的形式出现。所有这些波长的能量都有助于城市热岛的形成。

太阳反射率,或称反照率,是指一个表面反射的太阳能的百分比。太阳的大部分能量存在于可见的波长中;因此,深色的表面往往比浅色的表面有较低的太阳反射率值。

城市地区通常有一些表面材料,如屋顶和道路,其反照率比农村地区低。因此,建成区通常会减少反射并吸收更多的太阳能量。这种吸收的热量增加了地表温度并导致了地表和大气城市热岛的形成。

尽管太阳反射率是决定材料表面温度的主要因素,但热辐射与发射率也起着重要的作用。热辐射是衡量一个表面释放热量或发射长波(红外)辐射的能力。在同等条件下,高辐射值的物体表面会保持较低的温度,因为它们会更容易释放热量。大多数建筑材料,除了金属以外,都有很高的热辐射值。这一特性有助于设计安装凉爽的屋顶。

影响热岛发展的另一个重要属性是材料的热容量,这是指其储存热量的能力。许多建筑材料,如钢铁和石头,比农村材料,如干燥的土壤和沙子有更高的热容量。因此,城市通常更有效地将太阳的能量作为热量储存在其基础设施中。大都市的市中心在白天可以吸收和储存两倍于其农村环境的热量。

3. 城市几何

城市几何是影响城市热岛发展的另一个因素,尤其在夜间。它指的是城市中建筑物的尺寸和间距。城市几何影响着风的流动、能量的吸收,以及一个特定的表面向空间发射长波辐射的能力。在城市地区,部分物体表面和结构往往会被物体阻挡,如邻近的建筑物。并且这些阻挡物导致其不能很好地释放热量,从而成为大的热团。特别是在夜间,城市中心上空的空气通常比农村上空的空气更热。在热浪期间,夜间大气热岛会对城市居民的健康产生严重影响。

城市几何的一个重要研究方面,城市峡谷。城市峡谷可以用一条相对狭窄的街道来理解,该街道两旁都是高楼大厦。在白天,城市峡谷可以产生相互竞争的效果。一方面,高大的建筑物可以创造阴凉,降低地表和大气温度;另一方面,当阳光到达峡谷的表面时,太阳的能量被建筑物的墙壁反射和吸收,这进一步降低了城市的整体反照率(地表反照率+城市几何的净反射率),并能提高温度。而在夜间,城市峡谷一般会阻碍冷却,因为建筑物和结构会阻碍城市基础设施释放的热量。

城市几何学对城市热岛的影响通常通过"天空视域因子(SVF)"来描述,即从一个表面上的某一点看天空的可见面积。例如,一个开放的停车场或没有什么障碍物的场地会有一个大的SVF值(接近1)。相反,位于市中心的城市峡谷,周围都是密密麻麻的高楼,其SVF值会很低(接近0),因为那里只有一小块天空可见的区域。

4. 人为热与大气污染

人为热也就是指人类活动产生的热量。它可以来自不同的来源,并通过总计用于加热和冷却、运行设备、运输和工业流程的能源来估算。人类活动产生的热量因城市活动和基础设施的不同而不同,能源密集型的建筑和交通产生的热量更大。人为热排放一方面直接导致城市热量的增加,另一方面,伴随其产生的煤灰、粉尘及各种污染气体(CO_2、N_2O、H_2O、CH_4、CFC等)的排放,覆盖在城市上空,大大促进了热岛的形成。

5. 其他因素

天气和地理位置对城市热岛的形成有很大影响。两个主要的天气特征影响着城市热岛的发展:风和云。一般来说,城市热岛是在风平浪静和晴空万里的时期形成的,因为这些条件使到达城市表面的太阳能量最大化,并使对流热量最小化。相反,强风和云层会抑制城市热岛。此外,气候和地形影响着城市热岛的形成,在一定程度上由一个城市的地理位置决定。例如,大型水体可以调节温度,并产生风,将热量从城市对流出去。附近的山脉可以阻挡到达城市的风,或者形成穿过城市的风向模式。当大范围(例如:盛行风)影响相对较弱时,当地的地形对热岛的形成具有更大的意义。

9.3 城市热环境的遥感监测

9.3.1 数据来源

1. Landsat-8

Landsat-8由美国地质调查局(USGS)和美国航空航天局(NASA)合作开发与管理。Landsat-8卫星主要携带了陆地成像仪(Operational Land Imager,OLI)和热红外传感器(Thermal Infrared Sensor,TIRS),时间分辨率为16天。Landsat-8 OLI主要包括9个波段,其中全色波段空间分辨率可达15m,其余波段空间分辨率为30m。较之ETM+,OLI新增了两个波段,包括蓝色波段(Band 1,0.433-0.453μm)和卷云波段(Band 9,1.360-1.390μm),分别用于海岸带监测和云检测。Landsat-8 TIRS包括两个单独的热红外波段,即TIRS 10和TIRS 11,空间分辨率为100m。

2. MODIS

中分辨率成像光谱仪(Moderate-resolution Imaging Spectroradiometer,MODIS)搭载在Terra和Aqua卫星上,包含36个波段。MODIS基于Terra和Aqua两颗卫星,在全球的大部分地区一天可以观测4次,昼夜各两次。MODIS传感器的1、2波段的空间分辨率为250m,3~7波段的空间分辨率为500m,8~36波段的空间分辨率为1km。MODIS可以提供陆地、海洋、地表温度、云顶温度、大气温度、气溶胶、水汽等特征信息,在全球海洋、陆地和大气的动态变化监测中广泛应用。MODIS数据主要具有四个特点:全球免费、光谱范围广、数据接收简单、更新频率高。

9.3.2 地表温度反演方法

基于热红外遥感反演地表温度主要有三种方法:辐射传输方程法、单通道算法、分裂窗算法。

1. 辐射传输方程法

辐射传输方程法的基本原理:卫星传感器接收到的热红外辐射亮度值L由三部分组成。大气向上辐射亮度L↑、地面的真实辐射亮度经过大气层之后到达卫星传感器的能量和大气向下辐射到达地面后反射的能量。卫星传感器接收到的热红外辐射亮度值L_λ可表示为:

$$L_\lambda = [\varepsilon B(T_S)(1-\varepsilon)L\downarrow]\ \tau + L\uparrow \tag{9.1}$$

式中,ε为地表比辐射率,T_S为地表真实温度(单位为K),$B(T_S)$为黑体热辐射亮度,τ为大气在热红外波段的透过率。则温度为T的黑体在热红外波段的辐射亮度$B(T_S)$为:

$$B(T_S) = \frac{L_\lambda - L\uparrow - (1-\varepsilon)L\downarrow}{\tau\varepsilon} \tag{9.2}$$

根据普朗克公式，T_s 为：

$$T_s = K_2/\ln(K_1/B(T_s) + 1) \tag{9.3}$$

对于 TIRS Band10，$K_1 = 774.89 \mathrm{W \cdot m^{-2} \cdot \mu m^{-1} \cdot sr^{-1}}$，$K_2 = 1321.08\mathrm{K}$。

2. 单通道算法

单通道算法，顾名思义，只允许一个热红外通道的反演方法。该方法避免了对于实时探空数据的依赖。选择 Landsat-8 的第10波段来进行单通道算法研究，地表温度可以表达为：

$$T_s = \frac{a(1 - M - N) + [b(1 - M - N) + M + N]T_{10} - DT_{avg}}{M} \tag{9.4}$$

式中：T_s 是反演后的地表温度，根据经验参考，系数 a、b 分别取值为 -62.73566 和 0.43404，M 为地表比辐射率，N 为大气透过率，T_{10} 为 Band10 的星上亮度温度（单位为 K），T_{avg} 是大气平均作用温度（单位为 K）。

在晴好天气且无明显垂直涡旋作用的大气条件下，大气平均作用温度可根据中纬度夏季的平均大气廓线式近似计算，如公式（9.5）所示。

$$T_{avg} = 0.92621T_0 + 16.011 \tag{9.5}$$

式中：T_0 为近地面气温（单位为 K）。

3. 分裂窗算法

分裂窗算法反演地表温度多用于 MODIS 产品。基于覃志豪等人的研究，Landsat-8 反演的地表温度可表示为：

$$T_s = M_0 + M_1 T_{10} - M_2 T_{11} \tag{9.6}$$

其中：

$$M_0 = \frac{a_{10} D_{11}(1 - C_{10} - D_{10})}{D_{11} C_{10} - D_{10} C_{11}} - \frac{a_{11} D_{10}(1 - C_{11} - D_{11})}{D_{11} C_{10} - D_{10} C_{11}} \tag{9.7}$$

$$M_1 = \frac{D_{10}}{D_{11} C_{10} - D_{10} C_{11}} - \frac{b_{10} D_{11}(1 - C_{10} - D_{10})}{D_{11} C_{10} - D_{10} C_{11}} \tag{9.8}$$

$$M_2 = \frac{D_{10}}{D_{11} C_{10} - D_{10} C_{11}} - \frac{b_{11} D_{10}(1 - C_{11} - D_{11})}{D_{11} C_{10} - D_{10} C_{11}} \tag{9.9}$$

$$c_i = \varepsilon_i \tau_i \tag{9.10}$$

$$D_i = [1 - \tau_i][1 + (1 - \varepsilon_i)\tau_i] \tag{9.11}$$

式中：T_{10} 和 T_{11} 为 Band 10 和 Band 11 的星上亮度温度（单位为 K），i 分别为 Band 10 和 Band 11，ε_i 为第 i 波段的地表比辐射率，τ_i 为大气透过率。同样根据覃志豪等人的研究，在 $10° \sim 40°$ 范围之内，$a_{10} = -62.806$，$b_{10} = 0.434$，$a_{11} = -67.173$，$b_{11} = 0.470$。

思考题

1. 请查阅热红外传感器数据,并探讨适合于不同热红外传感数据的地表温度反演算法。

2. 请查阅资料,分析热红外传感器反演地表温度的可靠性及影响因素。

本章课件

课件

第 10 章

城市灾害应急管理

城市在推进社会经济建设的同时,也是灾害事件的易发和多发区域。例如城市暴雨内涝灾害事件层出不穷,给人类社会造成深重影响。在"大应急"形势下,做到系统、科学、有效地管理突发事件。当灾害发生时,在第一时间知道灾害发生的位置、灾害发生地的自然与社会环境、周围有无紧急避难所、救灾物资储备,及时、快速、科学地应对灾情,减轻灾害损失,保障人民群众的生命财产安全。

10.1 城市洪涝灾害风险评估

所谓灾害是指集中于某一时间与空间发生的某类事件,这类事件致使社会或社会内部自给自足的相关组成部分处于一种极度危险状态,进而造成人员伤亡与基础设施严重破坏,甚至导致社会结构崩溃,而无法履行全部或部分社会的基本功能。图10-1为自然灾害与人为灾害的规模与发生频率的比较图。

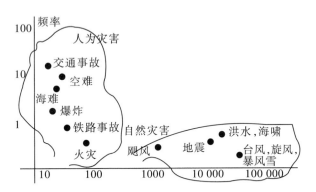

图10-1 自然灾害与人为灾害的规模与发生频率的比较图

据统计,在全球各种自然灾害导致的损失中,暴雨洪涝灾害所占比重约为40%。我国城市内涝灾害现象十分明显,多个城市呈现"逢雨必涝"和"城市看海现象",因此,本章内容主要以暴雨相关自然灾害为例,进行城市灾害应急管理相关环节的讨论。

10.1.1 灾害风险的影响因子分析

灾害风险是指一定区域和给定时间段内,由于某一灾害而引起的人们生命财产和经济活动的期望损失值。自然灾害风险法(NDRI)认为灾害风险是致灾因子危险性(H)、孕灾环境敏感性(E)、承灾体脆弱性(V)和防灾减灾能力(R)四个方面综合作用的结果。

1. 致灾因子危险性

降雨是暴雨内涝的主要致灾因子,其危险性体现在降雨强度上,暴雨内涝风险评估可由降雨强度推算危险性指数。当天降雨量对内涝灾害有着决定性的影响,当天的降雨量越大,危险性越高;另外一方面,前期降雨量多少对内涝灾害风险也有很大影响,尤其是一次暴雨持续时间越长,强度越大,则危险性越高。一般选择当天降雨量和前3天的降雨量作为评估内涝致灾因子危险性的指标。

2. 孕灾环境敏感性

孕灾环境敏感性主要指地形状况、河湖水系、植被覆盖等组成的自然和社会环境因子的综合影响,它们在一定程度上能减弱或者加强灾害事件及其衍生灾害。

地形高程对内涝产生的影响体现在海拔越低越可能使得水流汇聚产生内涝,敏感性越高;相反海拔高的地方积水的可能性较低。另外一方面,地形的起伏程度对积水产生也有重要影响,地形起伏越小,积水越不容易排泄进而导致内涝。

城市内涝通常发生在雨季、汛期,此时河流和湖泊水位较高,流量较大并产生顶托作用,城市管网排水能力和河流湖泊的泄洪蓄水能力受到极大的削弱。河流流量越大,距离河网水系越近,发生积涝的可能性就越高,对内涝灾害的敏感性越高。

植被具有水土保持作用,同时对降雨有削减作用。植被覆盖率越高的区域,洪涝灾害的孕灾环境敏感性越低。

3. 承灾体脆弱性

城市暴雨内涝的承灾体是受到暴雨内涝灾害的对象,主要包括两个方面,第一个是社会经济方面,第二个是人身财产安全方面。灾害如果发生在没有受灾体的区域,是不会对社会经济、人身财产造成损失的。

人口的数量很大程度上决定了这个区域的社会经济发展水平,也能直接反应人身安全方面;地均GDP主要反映了区域的经济发展情况,经济越发达,洪涝灾害造成的损失也越严重。采用极差法公式对人口密度和地均GDP进行归一化。

4. 防灾减灾能力

防灾减灾能力是人类社会用来应对灾害所采取的方针、政策和行动的总称,表示人们应对灾害的积极程度。城市是国家防灾减灾的重点地区,城市内涝灾害的防灾减灾能力是指受灾地区对内涝的抵御程度。

城市排水管网和排水泵站建设是城市抵抗内涝的重要工程性指标,对防涝减灾有着极其重要的作用。通过汇流面积与泵站规模,计算得到不同汇流区域的单位排水能力,采用自然断点法将排水能力分为五个级别,即强、较强、中等、较弱、弱,排水能力越强,承灾体脆弱性越低。

与排水泵站相比,避难场所也是在抵抗洪涝灾害中起着不可忽视作用的工程设施。每一个避难场所都可以看作为一个功能单元,那么其密度越高,则表示该地区功能越集中,因此可以对避难场地点进行核密度估计,密度越高,防灾减灾能力越强。

消防力量通常担负着抢险救灾的重要责任,是城市防灾中不可或缺的一股力量,同理可以用消防站点来评估防灾减灾能力。

【案例】武汉市暴雨内涝风险因子分析

武汉共有 7 个中心城区(汉阳区、江汉区、硚口区、江岸区、武昌区、洪山区和青山区)和 6 个新区。武汉市整体地势较低,坡度平缓,长江和汉江在此交汇,水系发达,水网纵横,湖泊数量众多,夏季突发性暴雨天气多发,因此武汉市极易形成城市内涝灾害。

计算中采用了地面数字高程模型(DEM)、土地覆盖、夜间灯光、人口密度等面状数据。其中 DEM 数据采用 30m 分辨率 ASTER GDEM V2 数据,土地覆盖数据选取 GlobalLand30 地表覆盖产品,夜间灯光数据则采用分辨率约为 130m 的珞珈一号夜间灯光数据。

对武汉市 2016 年 7 月暴雨内涝事件的危险性、敏感性、脆弱性和防灾减灾能力进行计算,采用自然断点法将结果分为低、较低、中等、较高和高五个等级。7 月 6 日这天,武汉市中心城区的致灾因子危险性整体都很高,当天降雨量超 200mm 而且 6 月 30 日至 7 月 5 日暴雨不断。武汉市中心城区孕灾环境敏感性差别不大,高敏感性地区较少,基本沿长江分布,较高敏感性的地区基本处于湖泊和河流沿岸,大部分地区敏感性处于中等,而洪山区东部部分地区的敏感性较低。这是由于武汉市中心城区整体地势低平,起伏不大,多河流湖泊,而洪山区东部地势相对较高,起伏较大,且植被覆盖率高。江汉区、硚口区和江岸区的脆弱性最高,武昌区和汉阳区次之,洪山区和青山区最低。江汉区、武昌区和汉阳区是老城区,经过多年发展,人口密度高,经济活动频繁,发展程度高于洪山区和青山区。江汉、硚口和江岸区的防灾减灾能力最高,武昌区和青山区次之,防灾减灾能力和脆弱性具有很高的空间相似性。

10.1.2 暴雨内涝灾害风险评估

暴雨内涝评价因子有若干个指标,为了消除各指标的量纲和数量级,需要对每一个指标值进行归范化处理,之后基于熵值法得到各指标的权重,最后综合得到风险评估结果。

1. AHP 熵值法综合评价方法

为了消除各指标的量纲和数量级,基于极差法进行归一化,根据指标与因子的关系有正向与负向的不同,正向公式为:

$$P_i = \frac{X_i - X_{\min}}{X_{\max}} \qquad i=1,2,\cdots,n \qquad (10.1)$$

式中,$X_{\min}$ 为当前指标中的最小值,$X_{\max}$ 为指标最大值,X_i 表示任意指标值,P_i 为归一化后的值。

负向公式为:

$$P_i = \frac{X_{max} - X_i}{X_{max} - X_{min}} \qquad i = 1, 2, \cdots, n \qquad (10.2)$$

对指标进行规范化的时候,要根据实际情况对数据进行分析,得到适合的归一化公式。

为减弱主观因素对层次分析法赋权的干扰和弱化熵值法赋权产生偏差的问题,得到更为客观合理的指标权重,可以采用主客观结合的指标赋权法,即AHP熵值法。该方法首先利用层次分析法计算出反映专家主观意志的主观权重,保证重要性指标所占的权重较大,再利用熵值法得到的熵权和主观权重综合加权,得到优化权重。

将层次分析法得到的主观权重和熵值法得到的客观权重加权计算,得到优化综合权重,计算公式为:

$$w_j = \alpha \cdot w_j^1 + (1-\alpha) \cdot w_j^2, j = 1, 2, \cdots\cdots, m; 0 \leq \alpha \leq 1 \qquad (10.3)$$

其中w_j^1为层次分析法得到的权重,w_j^2为熵值法得到的权重,α表示主观偏好。在得到各指标的权重之后,加权综合评估法用来计算得到上级指标的值。

2. 暴雨内涝灾害风险评估方法

对于暴雨洪涝灾害风险评估来说,致灾因子危险性、孕灾环境敏感性、承灾体脆弱性以及防灾减灾能力之间的定量关系是乘积关系,因为一个因子对另一个因子的影像呈现一种放大效应,而不是无量纲的权重相加方法。考虑到各风险评价因子对风险的构成起到不同作用,对每个风险评价因子分别赋予指数权重建立暴雨内涝灾害风险指数模型。

$$D = H^{W_H} \cdot E^{W_E} \cdot V^{W_V} \cdot (1-R)^{W_R} \qquad (10.4)$$

式中,H、E、V、R分别代表暴雨洪涝灾害的致灾因子危险性、孕灾环境敏感性、承灾体脆弱性和防灾减灾能力指数,W_H、W_E、W_V、W_R分别为致灾因子、孕灾环境、承灾体和防灾减灾能力的权重。

【案例】武汉市暴雨内涝灾害风险评估区划

基于AHP熵值法,为武汉市中心城区2020年7月暴雨内涝灾害致灾因子危险性、孕灾环境敏感性、承灾体脆弱性和防灾减灾能力分别赋予0.38411、0.25083、0.21687和0.14819的权重,相乘得到风险评估结果。武汉市中心城区的内涝风险呈现出东低西高的趋势,高风险区域大都位于硚口区、江汉区、江岸区和汉阳区等长江北岸区域,其他的高风险区分布在武昌区的长江沿岸和南湖沿岸地区;武昌区大部分地区和洪山区西南部基本处于较高风险区域;而青山区和洪山区东部绝大地区处于中等风险和较低风险区域。

【案例】郑州市暴雨内涝灾害风险评估

通过AHP熵值法与空间分析方法对各风险指标进行量化分析,构建郑州市暴雨内涝风险评估模型。运用AHP层次分析法确定郑州市城市内涝灾害风险评估(R)的致灾因子危险性(H)、孕灾环境脆弱性(E)、承灾体易损性(V)。致灾因子危险性(H)、孕灾环境脆弱性(E)、承灾体易损性(V)三者对应的权重值分别是:66.14%,21.84%,12.02%。城市建筑密集,不透水区域占比高,同时排水系统缺乏维护、排水效果差,从而导致建筑容易受到暴雨内涝的淹没影响。根据综合淹没风险区划图,对郑州市主城区的建筑淹没风险进行分析,提取高淹没风险的建筑与道路,为实时防控灾情和疏散人群提供帮助。淹没风险高的建筑主要集中在郑州中部的老城区和郑州南部的部分地区,如金水区和关城地区,呈现集中分布。

10.1.3　暴雨内涝下的道路广义风险评估

暴雨内涝下的广义路网风险评估既要考虑道路上积水危险性,也要顾及道路这一承灾体的脆弱性,是一个涉及多个领域、多因素、多指标的问题。

1. 基于复杂网络中心性的指标

城市路网是由不同道路相互连接而形成的一个连通的网络系统,路网中的各个道路在路网中的重要性也是不一样的。路网的拓扑结构是城市交通网络形成的基础,是对城市道路网络规模的总体描述。

灾害传播与网络结构存在强关联性,中心性节点作为初始节点对整个网络的破坏程度更明显于其他节点,因此,选取了如下基于复杂网络中心性的指标:度中心性、介数中心性、紧密度中心性和 PageRank 值。

度定义为节点的邻边数,可用来衡量节点的重要程度,在网络中一个节点与其他很多节点发生直接联系,那么这个节点就处于中心地位,在网络中重要性也越高。由于城市路网是一个有向网络,节点 n_i 的度可分为出度 $k_{n_i}^-$ 和入度 k_n^+,出度是指起点为节点 n_i 的边的数目,入度是指终点为节点 n_i 的边的数目。度的分布函数描述的是具有相同度的节点出现的概率。

介数中心性可用于度量网络个体地位的重要性。节点的介数指网络中所有起点终点(OD)间最短路径经过该节点的数量比例,边的介数指网络中所有 OD 间最短路径经过该边的比例。介数反映了节点或边的影响力,考察的是节点或边对于其他节点信息传播的控制能力。介数越大,说明该节点或者边越重要。介数指标隐含地设定了所有的出行都是选择最短路径进行的。

紧密中心性又称接近中心性,反映某一个节点与其他节点之间的接近程度,用于度量节点通过网络对其他节点施加影响的能力。其衡量标准是节点间的拓扑距离,一个节点如果到网络中各个节点的距离都很短,则它的紧密中心性值越大。节点的紧密中心度是基于该节点到网络中其他所有节点的最短距离之和。

节点自身度、介数、紧密中心性等属性能反映节点的重要程度,但这并不能准确地刻画节点在整个网络中的重要度。节点的重要性还与相邻节点的重要度密切相关。而特征向量中心是一个考虑了邻居节点重要性的指标。其基本思想是节点的各邻居节点对该节点的影响是不等同的,对网络中的每个节点,如果与该节点连接的是一个高得分的节点,则此高得分节点对该节点的贡献越大;如果是连接到一个低得分节点,则此得分节点对该节点的贡献就小,最终赋予每个节点对应的重要度值。PageRank算法是特征向量中心性的一个变种,是由Google公司提出,Google公司用这个算法来为网页进行排序。其核心思想为:如果一个网页被很多其他网页链接,说明这个网页比较重要,其PageRank值会相对较高;如果一个PR值很高的网页链接到一个其他的网页,那么被链接到的网页的PR值会相应地因此提高。

【案例】武汉市路网中心性指标

以武汉市为研究区域,采用对偶法构建武汉市路网拓扑结构,并利用高德POI数据来计算功能特征。介数比较高的路段有武汉长江大桥、鹦鹉洲长江大桥、武汉长江二桥、雄楚大道、三环线青菱立交桥至文化大道立交桥段、鹦鹉大道、临江大道、铁机路临江大道至友谊大道段、知音桥、琴台大道等,多为桥梁。度比较大的道路路段有解放大道(汉西一路-古田二路)、关山大道(雄楚大道-南湖大道)、园林路(团结大道-和平大道)等,呈现纵横交错分布与局部聚集的态势,一般为双向行驶;而呈环形分布的道路如二环线、三环线等道路所属路段度较小。三环内道路的紧密中心性大致呈现出内高外低的趋势,内环内道路的紧密中心性高于二环与内环之间道路,二环与三环内又低些,距离长江和汉江较近的道路紧密中心线越高,距离远的道路紧密中心性低。可看出武汉三环内道路的PageRank值空间分布较为均匀,长江二桥、二七长江大桥、鹦鹉洲长江大桥、三环线(菱立交桥至文化大道立交桥段)、武珞路等桥梁与干道所属路段的PageRank值较高。

2. 道路功能指标提取

城市道路是城市中人和货物移动的重要设施载体,除了满足车流和人流安全畅通以外,还满足城市发展各种需求,是城市功能得以正常实现的基础。道路的功能性质可分为交通性功能和生活服务型功能,交通性功能是道路承担交通流和对外交通联系能力;生活服务型功能是指为道路两侧用地提供到达和离开服务。交通功能是道路的主要功能,但道路不仅仅只有交通功能,道路与周围的建筑、人行空间等构成了一种线性开放空间—街道,兼具防灾、避难、生活场所等功能。人们的活动依赖于交通运输,活动的目的地是各类建筑物或活动场所,离开道路,这些场所可能完全失去可达性,同时离开这些场所道路也就失去了服务对象。

道路的等级划分主要根据交通流性质划分。在我国,城市道路等级分为快速路、主干道、次干路、支路四级。快速路中为城市中大量、长距离、快速交通服务,又称汽车专用道,一般设计行车速度为60~100km/h;主干路担负链接城市各分区的职能,是路网的骨架,设计速度为40~60km/h。次干路承担主干路与各分区间的交通集散功能,具有承"上"启"下"的作用,设计行车速度为30~50km/h。支路是次干路与街坊路的连接线,设计行车速度为20~40km/h。一般来说,道路等级越高,车速越快、车流负载量越大。

将道路周边各类POI的数量定义为功能密度,表明了道路周边提供各类型服务的可能性,一般来说,功能密度越大,能提供的服务越多,越能满足人们的需求,吸引车流人流,也越繁华。人们的兴趣爱好、需求、品味各不相同,多样化的功能可满足不同人群的多样化需求,为更多人群提供多样选择的可能性,从而带来活力并吸引人口与财富的集中。

通过道路等级、功能密度以及功能混合度作为衡量道路功能特性的指标,功能密度即为道路缓冲区范围内的POI点数。POI是一个无体积、无密度的抽象点,在已经获得的POI数据的基础上,根据POI的服务功能,以高德地图提供的POI分类方式为基础,对POI进行重分类。

【案例】武汉市路网功能

对武汉市三环内的道路建立缓冲区,通过空间连接工具,统计落入道路缓冲区内的不同分类的POI点的数量,计算道路功能混合度。计算结果显示:二环内道路的功能密度较高,汉口地区最为集中,汉阳区域龙阳大道路段、玫瑰街等路段周围POI数量多,武昌地区功能密度较高的路段集中于小东门、徐东、汉街、街道口、虎泉、光谷和青山区三环内区域;武汉市道路整体功能混合度较高,三环路周围的较低,说明三环内各种用地混杂,活力高,是城市中心区域。

3. 路网广义风险

路网广义风险评估指标体系中的各指标值特性不一,重要程度不同,需对其进行标准化处理和计算它们的权重。

以道路的积水情况、拓扑中心性、功能特性等作为衡量暴雨内涝灾害下城市路网广义风险的一级指标,并归纳了各一级指标下所属的二级指标。最大积水深度、路段积水长度等是具有单位的连续数值形式;介数、接近中心性、PageRank值等是范围不一的无量纲数值;道路等级则是定性描述;各种指标的特性不一。

基于AHP法的思想,就评估指标体系设计调查表,咨询了相关专家建议并参照相关研究,对同一级别的指标因子进行两两比较,根据层次分析法的计算步骤,得到的主观权重结果。

【案例】武汉市路网广义风险等级计算

在采用AHP熵值法确定指标权重之后,使用加权综合评估法得到了武汉市100年重现期暴雨情景下的路网广义风险,结果如图10-2所示。从图可知,100年重现期暴雨情景下,武汉市三环内的道路整体风险较高,例如琴台大道、四新北路、鹦鹉大道、汉阳大道、临江大道、徐东大街、工业二路、鲁磨路、文荟街、关谷创业街、白沙洲大道、民主路、中华路、建设大道、京汉大道等。

琴台大道是渍水的重灾区,排水系统标准低,2013年7月、2015年7月、2016年7月,琴台大道附近都因暴雨而产生过不同程度的内涝,多次因渍水而中断交通;同时,琴台大道也是汉阳区的重要交通干道,是主城区和蔡甸区间的重要连接线,周边还有多个大型住宅小区和中小学,车流量大,人口密集,因此,琴台大道具有极高的风险。徐东大街也是经常积水的地区之一,2011年6月,徐东大街汪家墩至岳家嘴路段发生严重内涝,一些地方渍水超过半米,导致部分汽车熄火漂在水中,交通几近瘫痪,而徐东大街附近多楼盘,多商业中心,积水与拥堵造成了徐东片区的可达性大幅降低,给附近居民的经济文化生活造成了重要影响。而中华路地处武昌区中部,属于老旧城区,排水系统落后,存在多个易渍水点,虽然交通量不大,但存在多个街道社区,人口密集,2019年6月,暴雨积水导致部分居民无法出行。鲁磨路位于光谷广场正北、通往中国地质大学,是连接东湖和光谷的重要通道,周边高校林立,该路段存在多个易渍水点,如当代花园、阳光社区等,多次能在新闻报道上看到与鲁磨路相关的渍水信息,2010年,位于鲁磨路的一小区11栋居民楼被淹,300多名住户泡在水中,受灾极为严重。

彩图效果

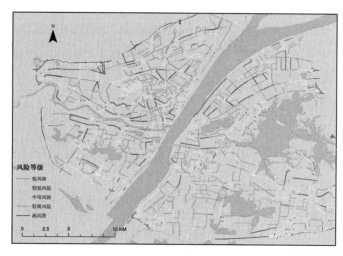

图10-2　道路风险等级

10.2　灾害事件发展态势研判

自然灾害的发展往往经历孕育与发生、发展与突变、衰减与结束的阶段。在灾害演化过程中,对其影响空间范围内的人、财、物等承灾体构成威胁。国家或社会组织针对灾害事件发展的不同阶段、不同级别、不同影响范围,根据灾害事件的影响范围、发展趋势,制定恰当的应急策略,开展相应的应急救援活动,降低灾害带来的损失。

10.2.1　灾害事件的影响范围分析

空间分析是评估潜在危险的强大工具,能够评估灾害在哪里发生,可能会造成什么样的影响、伤害和损失等。通过事发位置信息、追踪路径、传感器、视频以及其他相关动态数据与交通、医院、气象等结合起来,为决策者提供有力支持。当危机出现时,空间分析成果能为应急行动计划制定、毁坏情况的评估,以及灾害信息的共享提供相关信息和帮助。

1. 基于空间分析的灾害影响分析

对灾害进行空间分析的时候,首要关注的是其空间位置、影响范围以及影响范围内承灾体分布等情况。主要涉及了两种基本空间分析方法:空间缓冲区分析和空间叠加分析。

缓冲区是地理空间目标的一种影响范围或服务范围。缓冲区的基本思想是给定一个空间对象或者集合,确定它们的邻域,邻域的大小由邻域半径 R 决定。对象 Q_i 的缓冲区定义为:

$$B_i = \{x : d(x, Q_i) \leqslant R\} \tag{10.5}$$

即对象 O_i 的半径为 R 的缓冲区为距离 O_i 的距离 d 小于 R 的全部点的集合。d 一般采用欧氏距离,但也可以采用其他定义的距离。对于对象集合 $Q = \{O_i : i = 1, 2, \cdots, n\}$,其半径为 R 的缓冲区是各个对象缓冲区的并集,即:

$$B = \bigcup_{i=1}^{n} B_i \tag{10.6}$$

叠加分析是将有关主题层组成的数据层面,进行叠加产生一个新的数据层面的方法,其结果综合了原来两层或者多层要素所具有的属性。叠加分析包括空间关系的比较和属性关系的比较,可以分为以下几种:视觉信息叠加、点与多边形叠加、线与多边形的叠加、多边形叠加和栅格叠加。

2. 空间插值分析

空间插值常用于通过已知的空间数据来预测未知空间数据值,其理论假设基于地理学第一定律:空间位置上越靠近的点,越可能具有相似的特征值;而距离越远的点,其特征值相似的可能性越小。

空间插值一般包括以下过程:①空间样本数据的获取;②通过对已获取到的数据进行分析,找出空间数据的分布特性、统计特性和空间关联性;③根据所掌握的信息量,选择最适宜的插值方法;④对插值结果的评价。

空间插值方法可以分为整体插值和局部插值方法两类。整体插值方法用研究区所有采样点的数据进行全区特征拟合;局部插值方法是仅仅用邻近的数据点来估计未知点的值。整体插值方法通常不直接用于空间插值,而是用来检测不同于总趋势的最大偏离部分,在去除了宏观地物特征后,可用剩余残差来进行局部插值。由于整体插值方法将短尺度的、局部的变化看作随机的和非结构的噪声,从而丢失了这一部分信息,局部插值方法恰好能弥补整体插值方法的缺陷。

地理分析中经常采用泰森多边形的插值方法进行快速的赋值。泰森多边形方法采用了一种极端的边界内插方法,只用最近的单个点进行区域插值。 反距离权重方法综合了泰森多边形的邻近点方法和趋势面分析的渐变方法的长处,其输入和计算量少,不过这种方法无法对误差进行理论估计,计算公式如下:

$$\begin{cases} z(x_0) = \sum_{i=1}^{n} \mu_i \cdot z(x_i) \\ \sum_{i=1}^{n} \mu_i = 1 \end{cases} \tag{10.7}$$

式中,权重系数μ_i由函数$\psi d(x,x_i)$来计算,要求当$d \to 0$时,$\psi d \to 0$,一般取倒数或负指数形式$d^{-\gamma}, e^{-d^2}$,其中。函数$\psi d(x,x_i)$最常见的形式是距离倒数加权函数,形式如下:

$$z(x_j) \sum_{i=1}^{n} z(x_i) \cdot d_{ij}^{-\gamma} / \sum_{i=1}^{n} d_{ij}^{-\gamma} \tag{10.8}$$

式中,x_j为未知点,x_i为已知点。

克里金插值方法认为任何在空间连续性变化的属性是非常不规则的,不能用简单的平滑数学函数进行模拟,可以用随机表面给予较恰当的描述。这种连续性变化的空间属性称为区域性变量。克里金插值方法的区域性变量理论假设任何变量的空间变化都可以表示为下述三个主要成分的和:①与恒定均值或趋势有关的结构性成分;②与空间变化有关的随机变量,即结构性变量;③与空间无关的随机噪声项或剩余误差项。

空间插值既取决于样本点的数量,取样点数量越多,插值的准确性越高,还取决于样本点的位置,当数据点相关且均匀分布时,能更好地反映研究要素在空间的分布特征。对于空间数据的内插,一种"包插百量"的最优空间内插方法是不存在的;对于不同的空间变量,在不同的地域和不同的时空尺度内所谓的"最优"内插法是相对的。

3. 空间聚类分析

空间聚类分析是聚类研究在空间数据分析中的应用。通过空间聚类,可以从空间数据集中发现隐含的信息或知识,包括空间实体聚集趋势、分布规律和发展变化趋势等。空间聚类分析的任务是把空间数据对象划分为多个有意义的簇,即根据相似性对数据对象进行分组,使得每一个簇中的数据是相似的,而不同的簇中的数据尽可能不同,即簇内相似,簇间不同。

空间聚类算法主要可归纳为以下几种:基于划分的方法、基于层次的方法、基于密度的方法、基于网格的方法、基于模型的方法和其他形式的空间聚类算法。

基于划分的方法通过给定一个包含n个对象或数据的集合,将数据集划分为k个子集,其中每个子集均代表一个聚类($k \leq n$),划分方法首先创建一个初始划分,然后利用循环再定位技术,即通过移动不同划分中的对象来改变划分内容。K-means算法是其中较为典型的一种,这里对其进行简单介绍。K-means算法首先从n个数据对象中随机地选择k个对象,每个对象初始地代表一个簇中心,对剩余的每个对象,根据其与各个簇中心的距离,将它赋给最近的簇,然后重新计算簇的平均值。这个过程不断重复,直到准则函数收敛。

基于层次的聚类方法通过将数据组织为若干组并形成一个相应的树来进行聚类,可分为自顶向下的分裂算法和自底向上的凝聚算法两种。分裂算法,首先将所有对象置于一个簇中,然后逐渐细分为越来越小的簇,直到每个对象自成一簇,或达到某个终止条件,而凝聚聚类算法刚好相反,首先将每个对象作为一个簇,然后将相互邻近的簇合并为一个大簇,直到所有对象都在一个簇中,或达到了某个终止条件。

DBSCAN是基于一组邻域来描述样本集的,参数$(\epsilon, MinPts)$用来描述邻域的样本分布紧密程度。其中 ϵ 描述了某一样本的邻域距离阈值，$MinPts$ 代表某一样本的距离为 ϵ 的邻域中样本个数的阈值。设样本集为 $D=(x_1,x_2,\cdots,x_n)$。DBSCAN 算法的步骤如下所述：任选一个未被访问(unvisited)的点开始，找出与其距离在 ϵ 之内(包括 ϵ)的所有附近点，如果附近点的数量大于或等于 $MinPts$，则当前点与其附近点形成一个簇，并且出发点被标记为已访问(visited)。然后递归，以相同的方法处理簇内所有未被标记为以访问(visited)的点，从而对簇进行扩展。如果附近的点的数量小于 $MinPts$，则该点暂时被标记为噪声点。如果簇充分地被扩展，集簇内所有地点被标记为已访问，然后用同样的算法去处理未被访问的点。

基于网格的空间聚类方法采用了一个多分辨率的网格数据结构。该类方法首先将数据空间划分为有限个单元的网格结构，所有的处理都以单个的单元为对象。这样处理的一个突出优点是处理速度较快，通常与目标数据库中纪录的个数无关，只与把数据空间分为多少个单元有关。

基于模型的空间聚类方法包括基于统计的空间聚类方法和基于神经网络的空间聚类方法等，一般是给每一个聚类假定一个模型，然后寻找能够很好地满足这个模型的数据集。

10.2.2 自然灾害的发展趋势分析

同任何事物一样，自然灾害并非静止不动，它会随时间与空间的不同呈现出差异。通过对自然灾害进行时空分析(致灾因子、孕灾环境、承灾体等)，可以了解自然灾害的长期发展演变趋势或者某个灾害事件的具体变化过程，为应急决策、防灾减灾提供信息和帮助。

Mann-Kendall 是一种被广泛采纳的非参数检验方法，该算法的好处在于样本不用满足某一特定的分布条件，从而能够很好解释序列的变化趋势。Mann-Kendall 算法的一个限定条件是要求时间序列自身具有独立性，即时间序列不存在自相关性。然而实际上，不同地区多年的降水数据往往是存在自相关性的，若不考虑这种情况，会使得最终的结果有误差。因此，在进行 Mann-Kendall 趋势检验之前需要去除时间序列的自相关性。

在进行过白化操作之后，可以认为原始序列中的自相关性已经去除，此时可以开始进行 Mann-Kendall 检验，具体步骤如下：

(1)计算统计量 S。假设时间序列 X，用下式计算统计量 S：

$$S=\sum_{i=1}^{n-1}\sum_{j=i+1}^{n}\mathrm{sgn}(x_j-x_i) \tag{10.9}$$

其中，x_j 为时间序列中的第 j 个数据，n 为时间序列的长度，sgn 为符号函数，定义如下：

$$\mathrm{sgn}(\theta)=\begin{cases}1,\theta>0\\0,\theta=0\\-1,\theta<0\end{cases} \tag{10.10}$$

(2)计算统计量 S 的方差。研究表明，当时间序列长度 $n\geq8$ 时，统计量 S 大致服从正态分布，均值为 0，方差为：

$$\text{Var}(S) = \frac{n(n-1)(2n+5)}{18} \tag{10.11}$$

（3）标准化统计量。

$$Z_c = \begin{cases} \dfrac{S-1}{\sqrt{\text{Var}(S)}}, & S > 0 \\ 0, & S = 0 \\ \dfrac{S-1}{\sqrt{\text{Var}(S)}}, & S < 0 \end{cases} \tag{10.12}$$

在给定置信水平 α 上，如果 $|Z| \geqslant Z_{1-\alpha/2}$，则否定原假设，即在置信水平上，该序列存在明显上升或下降趋势。

【案例】武汉城市圈的降水时空趋势分析

计算武汉城市圈过去几十年间在年与季节尺度上的平均降水量，同时采用MK趋势分析法计算了各个站点的降雨趋势。武汉城市圈的平均降雨量分布在不同季节以及年际尺度上呈现出大体一致的分布情况，总体趋势是东南部分区域的降水比西北部分的降雨偏多。在年际尺度上，武汉城市圈整个区域的平均年降水量可达到1000mm以上，降雨量最高的地区可以达到1737.99mm。在该区域内部的11个站点中，有9个站点经过MK趋势检验后呈现出降水量上升的趋势，另外两个站点呈现出下降趋势。具体分析，大部分上升趋势的站点以及两个降水下降趋势的站点趋势并不明显，没有通过90%的置信检验。此外，有三个站点有明显的上升趋势。由此分析，根据历年数据，武汉城市圈的平均年降水量整体呈现出一个上升趋势。

从季节尺度分析，在春季，武汉城市圈平均降水总量可达到284.41~600.63mm，且分布与年际尺度降水量分布类似，呈现出东南多，西北少的态势。在所有站点中，有超过半数的站点显示降水量呈现下降趋势，但是趋势均不明显。在四个季节中，夏季里该区域的降水量最大，最低有446.438mm，最高可达到802.725mm，且所有站点均呈现出降水量上升趋势。其中三个站点通过了90%的置信检验，两个站点通过了95%置信检验，表明上升趋势较为明显。这种变化趋势说明武汉城市圈面临着夏季降水进一步增加的情况。秋季降水相对春夏两季来说较少，最高只达到303.638mm，分布趋势上，东南区域以及东北小部分区域相对降水较多，西北区域以及中部地区降水较少。在趋势上，与春季类似，同样有过半数的站点显示降水有下降趋势，其中一个站点趋势较为显著。冬季降水量为全季最少，最低到81.791mm，最高只达205.126mm，该数据表明武汉城市圈在一年中冬季相对很少发生降雨，但是经过MK检验，大部分站点呈现出降水量会增加的趋势。

10.2.3　自然灾害的演化过程分析

灾害链(级联灾害)描述的是一种灾害引发另一种灾害,多种灾害之间存在因果关联的现象。随着灾害链研究的深入,灾害链的内涵得到了扩充。灾害链指原生灾害及其引起的一种或多种次生灾害所形成的灾害系列,即灾害链中多种灾害间存在明确的引发关系。对于灾害链的研究有三个比较关注的问题:①某一原生事件有可能引发哪些次生事件;②在特定情景下危害最大且最需预防的是哪一条灾害链;③采取怎样的应急处置措施能够断链减灾。

第一个问题是事件链的知识构建问题,已有许多学者对地震灾害链、台风灾害链、雨雪冰冻灾害链等自然灾害链进行了研究,分析了具体灾害事件演化及衍生链的特征。第二个问题是事件链的风险计算问题,现阶段事件链的相关研究大多停留在概率模型上,分析事件链中各次生事件发生的可能性,但缺乏危害性评估,无法动态推演各种可能的事件链后果。第三个问题是事件链的应用问题,研究事件链的目的就在于通过适当的应急手段切断链式传播,减少潜在风险。在找到事件链的最大风险路径后分析事件链中各事件的触发因子,通过控制触发因子达到断链减灾的效果。

1. 灾害链的模型

灾害链的模型可分为经验模型、智能体模型、灾害模拟系统模型、系统动力模型、经济理论模型和复杂网络模型六个基本类别。

(1)经验模型:经验地学统计模型通过分析孕灾环境敏感性、承灾体脆弱性与致灾因子危险性的时空特征,选取特征指标进行地学统计分析,评估风险或损失情况。经验地学统计模型根植于地学统计分析与灾害系统理论,能够体现区域特征,方便进行风险和损失评估,模型各部分参数具有明确的意义,反映了研究者对于灾害链各部分间触发关系以及灾情成因的理解。

(2)智能体模型:将灾害系统分割为多个离散的智能体或元胞,赋予每个个体属性以及个体间或与环境进行交互的规则,通过这种自下而上的方式模拟系统整体的行为与状态,达到模拟灾害动态演化过程的目标。此模型模拟了极端水文气象事件下降雨触发的灾害链,并使用智能体模拟城市实时人口流动的情况,同时考虑人类和灾害的动态特性,准确计算城市人口在暴雨灾害链下的暴露性和风险。

(3)灾害模拟系统模型:呈现系统每个单元之间的关系,还可以将决策者和决策行为纳入分析中,推演不同决策带来的结果。但这类模型需要人为给定系统单元的行为和规则,模拟仿真的质量高度依赖于建模者的认知,需要大量数据支持,模型验证起来也较为困难。

(4)系统动力模型:系统动力模型采用自上而下的架构来描述灾害链这一复杂适应性系统之间复杂的相互关联关系。模型使用因果环链图或存量-流图(stock-flow)来描述系统各部分之间的相互关联关系和信息、物质的流动。改变系统一个部分的状态变量值,就可以通过这两个图来推理其他部分的变化情况。系统动力模型可以推理复杂系统的变化过程,但也存在需要大量数据支持、模型验证困难的问题。

(5)经济理论模型:此类模型在灾害链领域的典型应用是出的IIM模型(输入-输出故障模型)。模型用网络表示系统的组成和关联关系,网络各个节点的值表示故障程度,其核心公式是:

$$x_i = \sum a_{ij} x_j + c_i \qquad (10.13)$$

其中,x_i表示故障的程度,a_{ij}是故障传播的概率,这两类值由经济统计数据中获得。改变某一网络节点的值,即可计算系统中其他节点的故障程度。

(6)复杂网络模型:复杂网络模型用网络来表示系统,网络节点代表系统的单元,边代表单元间的连接。根据是否模拟网络中物质或信息的流动可分为拓扑结构模型和网络流模型。前者侧重于研究系统网络拓扑结构对级联故障蔓延过程的影响;后者考虑了在系统中流动的信息、物质或提供的服务,相比单纯的拓扑结构模型,流模型能够更真实地模拟灾害系统运行的机制。

2. 复杂网络的经典模型

现实世界中的真实网络既不是完全规则的,也不是完全随机的,为了研究真实网络的拓扑结构,学者们提出了许多网络模型,典型的网络模型包括:小世界网络、无标度网络等。

小世界网络是一类特殊的复杂网络结构,在这种网络中大部分的节点彼此并不相连,但绝大部分节点之间经过少数几步就可到达。小世界网络假设任意两个节点可以通过有限的边实现连接,网络的连接度分布近似服从Poisson分布,节点的度集中在平均值附近,因此,小世界网络也被称为同质、均匀网络。小世界现象广泛存在于自然界和人类社会,万维网、脑神经网络、基因网、电力网、世界航空网、公路交通网、社会网络都呈现出小世界特性。在公共安全研究领域,部分灾害网络具备小世界特性,平均路径长度短,聚类系数大,灾情可以通过网络迅速传播。例如,在缺乏及时有效的预防和控制的情况下,病毒可以通过少数感染者迅速蔓延,导致大规模的瘟疫;电力网络一个节点的崩溃,可能引发大规模的节点失效,导致大面积停电事故。

无标度网络的典型特征是:极少数节点拥有很高的度数,而大部分节点只有很少的度数,即大部分节点只和很少节点连接,而有极少的节点与非常多的节点连接。这些高度数的节点称为集散节点(hub),集散节点存在使得无标度网络对意外故障有强大的承受能力,针对集散节点的攻击呈现较高的脆弱性,而对于随机的扰动则展现了较强的稳健性。无标度网络中节点度不再集中分布在相似的区间内,而是遵循"幂次定律"。无标度网络自组织的两个因素:增长与择优连接,即网络中不断有新的节点加入,而新加入的节更倾向于与本身连接度就较高的节点相连。集散节点的存在对于我们寻找级联灾害传播的关键节点、制定应急管理的策略,以及关键基础设施系统的平时维护都有很好的应用价值。

灾害系统是由众多相互关联、协作的子系统组成的复杂适应性系统,有如下基本特性:

①复杂性:由多领域网络系统形成的复杂网络系统,具有复杂系统的非线性基本动力学特征;②自组织性:系统在离开平衡态后,可自动实现从无序有序状态或从有序到无序状态的演变,同时对环境和条件的变化具有一定的适应和修复能力;③临界性:系统或系统的某些节点的破坏程度达到一定阈值时会引发级联故障,故障传播的速度大大增加;④相互依赖性:各个系统之间、系统内部存在相互依存的关系,这是一种双向的关联关系,一个部分的状态发生变化可以影响另一个部分的状态,反之亦然。

网络的拓扑结构特性并不能够完整地表现灾害演化的复杂动态过程,网络的各个节点本身状态的变化也影响到灾害的演化进程。在由多个子系统节点 N 和关联边组成的灾害系统中,任一节点 N_i 的状态受到五类因素作用:①环境致灾因子 Hk 的直接破坏作用;②与之关联的其他节点 N_{ji} 的影响;③节点内部损失的加剧,N_i 遭到破坏而出现故障后,由于系统内部的相互关联关系,故障可能会在系统内进一步传播,在模型中用自循环参数来模拟;④节点本身具备一定的自修复能力,受到轻微扰动时能够在没有外力救援的情况下恢复到正常状态;⑤节点内部存在固有的随机噪声,灾害系统本身未涵盖所有的灾害事件,因此也存在外部噪声,两类噪声统一表达为随机噪声。如图 10-3 所示。

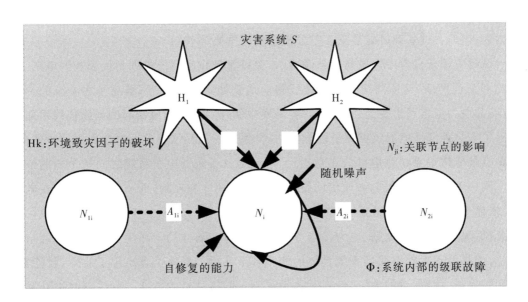

图10-3 灾害演化系统的动力学原理示意图

灾害系统 S 可由网络 $G=(V,E)$ 来表示,网络中任一节点 N_i 拥有状态值 x_i,当 $x_i=0$ 时,说明此时系统处于正常运行状态,没有遭到破坏;x_i 越大,说明系统偏离正常状态越严重,越接近崩溃的状态。系统状态随时间演变的计算公式为:

$$\frac{\partial x_i}{\partial t}=\frac{x_i}{\tau_i}+\varphi\left(\sum_{j\neq i}A_{ji}x_j(t-t_{ji})e^{-\beta t_{ji}/\tau_i}+\sum_k B_{ki}H_k(t)(t-t_{ki})e^{-\beta t_{ki}/\tau_i}\right)+\xi_i(t) \qquad (10.14)$$

公式第 1 项表示节点 i 的自修复能力,τ 为自修复因子,值越大,节点恢复到正常状态所需要的时间越长,自修复能力越差。公式第2项代表节点 i 所有父节点的影响,反映的是所有与 i 关联的关键基础设施系统对系统 i 状态的改变。A_{ji} 是节点 j、i 的连接强度,反映 i 对 j 的依赖程度的大小;t_{ji} 是时延系数,值越大,节点 j 对 i 的破坏越滞后;β 是阻尼系数,描述的是系统扰动在传播过程中的强度,阻尼系数越大,扰动传播的速度越慢;自循环参数 φ 模拟节点内部的级联故障,随时间 t 的增加,φ 增大,节点内部级联故障传播的速度加快。公式第3项描述致灾因子对关键基础设施系统的破坏。同样,B_{ki} 是致灾因子 k 与系统 i 的连接强度,与 k 与 i 受损的共现频次成正比,即致灾因子 k 经常导致系统 i 受损,则连接强度 B_{ki} 较大;$H_k(t)$ 是致灾因子 k 在时间 t 的强度;t_{ki} 为时延系数,表示致灾因子与承灾体接触到造成实质性破坏所需的时间。公式的第4项模拟系统内部的随机噪声。

3. 基于复杂网络的灾害过程模拟

灾害链的研究中定性的经验模型比较多,有的局限于对自然灾害及其次生灾害的案例统计与经验推理,缺乏定量的信息描述。对研究对象的尺度不加区分,将诸如暴雨等空间分布范围广、影响大的事件与广告牌掉落之类影响较小的事件相提并论,一定程度上模糊了应急决策的焦点,还有改进的空间。关键基础设施系统作为城市的生命线系统,不仅组成了灾害链的重要部分,也是决策者关注的重点,系统之间的相互依赖关系也是级联故障进一步蔓延的内因,因此关键基础设施是灾害链分析建模的重要环节。

台风致灾因子仅考虑大风与风暴潮增水,关键基础设施系统仅列举代表性的电网、电力通信网和交通网络,交通网络选择地铁线路。地铁处于地下,受风暴潮增水淹没的影响最大;电网和电力通信网主要受强风影响,容易发生倒杆、短路、强风刮起的异物挂线短路等故障。除了来自外部环境的致灾因子的影响,三个系统的相互依赖关系也会促进故障的蔓延。地铁站点依赖电力系统供电维持正常运行,因此地铁系统与电力系统之间是单向的依赖关系。电网中各级站点依赖电力通信网络进行有效的调度和控制,而通信设备部署在电力站点上,依存于电网,两者是相互依存的。

大风、风暴潮增水、地铁、电力站点等都是具有时空属性的。在实际的应急管理与救援处置中,如果管理者能够明确系统具体的哪个环节在哪一具体位置出现了故障,就能实时、准确调配人员、物资,有的放矢,针对具体情况制定救援处置的方案。既提高救援处置的效率,又能促进精细化应急管理的进步,节约应急管理资源。

【案例】台风灾害作用下的城市关键基础设施级联故障的传播过程

以台风灾害链为例,运用复杂网络的灾害演化模型来模拟台风多灾害作用下,城市关键基础设施系统中级联故障的传播过程。台风灾害链在城市关键基础设施系统之间的传播过程,台风可引发风暴潮、大风、暴雨等一系列次生灾害,对城市关键基础设施系统的正常运行造成威胁与破坏;关键基础设施系统内部及系统之间存在的相互依赖关系使得外部致灾因子引发的故障在系统中进一步传播,造成灾情的进一步累积与放大。

考虑各灾害和关键基础设施传统实际的空间位置分布及其状态随时间的变化模式,对现实中台风多灾害串发、并发的情况下关键基础设施系统的运行情况进行模拟,构建一个动态的台风灾害链的推理、模拟框架,如图10-4所示。模型第一步计算关键基础设施系统外部致灾因子对网络各个节点的破坏程度。其中实心圆表示正常工作的站点,空心圆代表失效的站点。在强风和增水淹没的影响下,电力通信网、电网和地铁线路的部分节点被损坏而失效了。根据强风和增水淹没的范围与强度的空间分布情况,可以判断哪些节点受到何种程度影响;根据基础设施承灾体自身的脆弱性,可以进一步估计受影响节点的损坏程度。

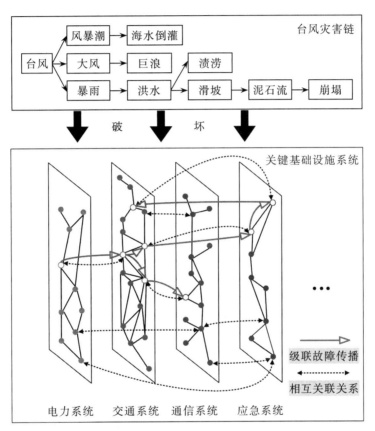

图10-4 台风灾害下的市关键基础设施级联故障示意图
(圆表示正常工作节点,空心圆表示失效节点)

10.2.4 典型灾害情景构建

情景构建是一种灵活的、能应对不确定环境的动态战略规划思想。情景是试图描述一些事件假定的发展过程,这些过程描述有利于对未来变化采取一些积极措施。未来是多样的,几种潜在的结果都有可能在未来实现,通向这种或那种未来结果的路径也不是唯一的,对可能出现的未来以及实现这种未来的途径的描述构成了一个情景。现在大多数国际组织和公司更常用的是斯坦福研究院拟定的六步情景分析法:明确决策焦点;识别关键因素;分析外在驱动力量;选择不确定的轴向;发展情景逻辑;分析情景的内容。我们也采用六步情景分析法,作为情景推演理论框架的核心。

1. 情景构建方法

从完整的事件出发,按照"事件–情景–情景要素"的分级方式将一个事件剖分为多个情景,并将每个情景看作多个情景要素的组合,这种分级形式把一个独特的事件分解成许多相对独立的、可共享的情景要素,既方便计算机存储表达,也便于耦合事件的表示。

将情景要素分为承灾体、致灾因子、抗灾体和孕灾环境四类,如图10-5所示,赋予了情景要素在情景中担当的角色,方便进行情景分析。在灾害情景推演中,每一个情景由致灾因子、孕灾环境、承灾体和抗灾体四个类别的情景要素组成,致灾因子产生于孕灾环境并反过来作用于孕灾环境,它波及承灾体,造成承灾体受损;承灾体的损失又会影响救援力量的投入。其中,致灾因子最重要的属性是它本身的时空信息,反映灾害的蔓延情况,方便分析潜在的影响区域;孕灾环境的重要属性是各类与致灾因子相关的监测指标;承灾体的关键属性是它的位置信息和受损状态、脆弱性;而抗灾体的关键属性是救援队伍和物资装备的状况,以及涉及具体灾害减灾过程的减灾能力。

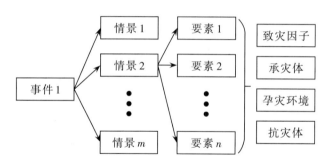

图10-5 事件、情景、要素及要素分类层次关系图

情景要素以用一个整体结构模型来表示,包括要素名称、特征集和属性状态集,其一般结构可以表示成向量:$K=(N,C,Gt)$,N是要素名称,用于区分不同的要素;C为要素的特征,描述要素的数量、质量、价值等基本的通常为静态的特征;Gt为要素的状态,描述要素的空间分布位置、受影响情况等通常默认随时间变化的指标。因此,我们可以将一个情景定义为多维情景要素集合:$St=(H,A,E,M)$,H是致灾因子,A是承灾体,E为孕灾环境,M是抗灾体。整个事件可以表示为多维情景序列,用于安全熵的计算和其他情景评价。

情景大到可以代表一个事件,小到可以表示短短一个时间片段内人物的一个动作。例如,我们分析多事件的耦合关系时,同时发生的每一个灾害都可以看作是一个情景;但是在分析单个事件的发生发展过程时,情景代表的是事件的每个关键的阶段。而到了研究某个过程中各组成部分之间的相互作用关系时,组成部分的某个关键属性变化也可称为一个新的情景。

2. 情景推演基本方法

灾害事件发展的过程,实际上是其影响在时间和空间蔓延的过程。情景分析的空间范围随时间的变化,不同时间节点,事件的影响范围不同,但是也存在重合的部分,如图10-6所示。

情景分析首先必须在时间与空间两个维度加以限定。在这个框架下,我们可以确定情景的内容。致灾因子自身的特性能够为我们确定时空范围提供依据;接着,通过空间分析得到当前时空范围内的承灾体,知识库给出救援措施的推荐。这三类要素有各自的关键属性。致灾因子的关键属性是它的空间分布范围和强度(规模);承灾体的关键属性是空间位置和类别,及其在致灾因子威胁下的暴露性、脆弱性和受损状况;抗灾体的关键属性是它的可达性和有效性。这些关键属性是每个情景要素都具备的,是制定情景要素模板必须包含的内容。

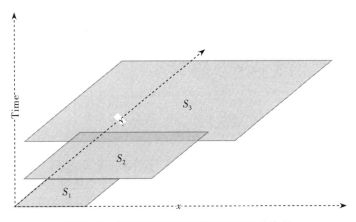

图10-6 情景分析的空间范围随时间的变化

情景推演是基于灾害事件发生的时间序列。将推演中的时间划分为两个维度,一个是当前事件所在的真实时间轴,一个是预测的未来时间轴。可以任意选取真实时间轴上的关键时间点生成初始情景节点,根据模型预报的未来时间点生成情景树的子节点,依此类推,从而生成该时间节点对应的情景树。

情景树节点构建的基本步骤为:

(1)新建情景节点:系统在新建情景节点时,可以手动输入参数创建,也可以在可视化地图上直接读取点信息生成树节点。每一个树节点可以对其进行相应的操作:新增子节点、删除节点、详情展示、模型分析和可视化。

(2)详情展示:对于情景树上每一个情景节点,都可以查看其详情,包括在该节点处的各类要素信息,例如灾害事件参数,影响范围内的各类承灾体信息。

(3)模型分析:每一个树节点都可以进行模型分析,包括次生灾害分析、承灾体脆弱性分析。次生灾害分析是基于灾害事件分析和次生事件链模型,可生成一棵单独的次生事件树,表示在该时间点可能受损的承灾体引发的一系列次生事件;承灾体脆弱性分析则是基于承灾体自身的属性评估其抗灾能力。

（4）可视化：每个情景树节点都可以在可视化界面查看其对应各类要素的可视化结果，以及部分小场景中更为精细的三维模拟效果。

【案例】"山竹"台风登陆淹没情景

选择 2018 年 9 月 16 日在中国广东登陆的"山竹"台风（以下简称山竹）为案例，通过资料搜集分析，提取了山竹灾害过程中关键的事件节点，结合有关部门的灾情报道以及相关模型的计算分析，对事件中的典型情景进行分析以及合理假设，推演再现其发展演化的过程，如图 10-7 所示。

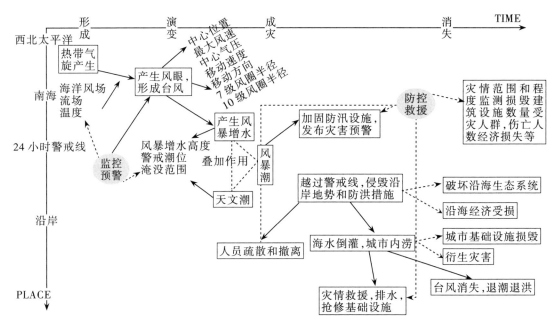

图 10-7　台风典型灾害过程

山竹台风大约在 2018 年 9 月 16 日开始对我国近海地区及沿海城市产生影响，逐渐向广东南部方向移动。选取 9 月 16 日 11 时为一个关键时间节点，构建初始情景，模拟当前时刻的情景推演过程。

情景 1：初始情景构建后（见图 10-8），可以构建下一子节点。在每个真实时间点，都会有多条台风预报路径，每条路径上的任意预报时间点都可以作为情景树的下一节点，每一条路径则可以作为情景树的一条分支。选定一个预报点，即可显示当前时间到该预报时间段中台风路径的缓冲区范围，从而获取该时间段中可能受影响的承灾体信息。推演结果：台风正在向广东省台山市方向移动，台风的核心风圈也已经影响到沿岸，在赤湾站监测的增水达到了 173cm，将会继续影响交通，内陆城市也有被淹没的风险，同时该站点附近的几个发电站、核电站也会受到影响,台风经过的文昌钻井平台也会受到风暴增水带来的冲击。

彩图效果

图 10-8　增水 3 米淹没范围示意图

情景 2:情景节点的构建除了可以选择台风真实或者预报路径上已有的时间点外,也可以在某一时刻的点,人为改变某一类关键驱动力要素,输入相关的节点信息,构建一个认为假设的情景,在该条件下进行情景分析。在中国大陆的预报路径上 4h 的节点处,假设风力比预报的风力值要大,同时相应的增水也会增大,那么此时就会产生一个新的情景(见图 10-9)。风暴增水突然增大,可能导致堤坝溃堤,海水倒灌引发城市内涝。若增水突然增大,很容易引发堤坝溃堤、海水倒灌等灾害,内陆淹没范围也将增加。

彩图效果

图 10-9　增水 5 米后的淹没范围示意图

【案例】武汉市暴雨内涝情景模拟

降雨是城市内涝的直接诱因,在城市降雨–内涝的过程中,主要分为两个部分:产流、汇流。产流过程中,雨水会经过植物截留、地表入渗、蒸发等损耗,剩余的部分形成了地表径流。城市中由于植被少,不透水地表多,所形成的地表径流大,主要通过城市排水系统进行抽排,当单位时间和空间内的径流量超过了排水系统的抽排能力的时候,径流会依据重力作用在局部低洼地区汇流从而形成积水,形成内涝灾害。

采用暴雨淹没模型对 10 年和 100 年重现期情景下的暴雨内涝过程进行模拟,模拟时长为 3 小时。将积水深度划分为 5 个级别:Ⅰ 级:0~5cm,基本不影响交通;Ⅱ 级:5-15cm,造成车辆速度快速降低;Ⅲ 级:15-25cm,车辆倾向于以最低车速行驶;Ⅳ 级:25-45cm,容易造成小车熄火,可能需要交通部门进行交通管制;Ⅴ 级:45cm 以上,大车也不能通行。从图可知 10a 一遇的情景中,绝大部分的地区积水深度在 5-15cm 之间,少部分地区积水深度超过 25cm,对城市的影响比较小;100 年一遇情景下,大部分积水区域深度都超过 25cm。

10.3　城市灾害事件应急决策

应急救援工作往往是在有限或不完整的信息下进行的,主观因素限制了决策结果的正确性和科学性,在候选方案中找出最接近理想解的方案,同时尽量避免在某个标准表现异常差但其他标准表现良好的情况。

例如,在洪涝灾害避难所选择时,应急决策模型主要包括了两个部分:第一部分由不同的决策者对候选避难场所的各项指标进行评估,利用多准则决策模型得到各候选避难场所的评价指数;第二部分是解决多个相互矛盾的目标,同时为应急避难场所选址、受灾人员疏散、救援物资的分配及最优路径规划提供决策支持。

10.3.1　道路疏散影响因素分析

道路风险的影响因素分为了三类:道路疏散难度(RED)、灾害危险性(HDR)和道路行人负荷(RPD)。道路疏散难度反映了行人疏散时基于道路自身客观属性的路网风险,主要考虑了道路宽度(R_w)、道路节点度 K、道路阻力系数(R_{rc})和行人逆流阻力系数(R_{pc})等因素。灾害危险性反映了洪水灾害及其伴随灾害对道路造成的潜在风险性,道路行人负荷反映了不同人群疏散时对道路造成的疏散压力,主要考虑了人口密度、交通方式和弱势群体的比例等因素。道路疏散难度反映了行人疏散时基于道路客观属性的路网风险,主要考虑了道路宽度、带路节点度、道路阻力系数和行人逆流系数等影响因素。

1. 道路疏散影响因素

道路宽度(R_w):道路宽度是一个衡量行人疏散的重要影响因素,它直接决定了疏散时间及难度,道路的宽度越宽,其对行人的承载能力越大。

道路节点度(K):道路节点度反映了道路交叉路口的可达性,表示有多少条道路与交叉路口相连,高节点度分布反映了路网具有较高的网络率、较少的死角、相对较高的可靠性和相对较低的疏散难度。道路节点度的影响具有不确定性,因此本文将节点度的影响设置为

$K^α$,假设 $α = 0.5$,表示相较 T 形交叉路口或没有分支的道路,人们更倾向于选择十字路口进行疏散。

道路阻力系数 (R_{rc}):根据路网与电路的相似性,将路网视为一个电路来计算道路的阻力系数,将道路节点视为电路节点,道路视为节点间电阻,人流视为电流。电阻反映导体对电流的阻碍作用,相应地,道路阻力系数反映道路对人流疏散的阻碍作用。因此根据基尔霍夫定律,道路阻力系数可表示为:

$$R_{rc} = \frac{R_L}{R_w} \tag{10.15}$$

式中,R_L 为道路长度,R_w 为道路宽度。道路阻力系数越大则疏散的难度越大。如果道路畅通、宽且短,则受灾人员可以很快撤离,相反则可能会出现交通堵塞等情况。

行人逆流阻力系数 (R_{pc}):在大量人员疏散到如紧急避难所等公共区域的过程中,经常会出现行人逆流的现象,一些行人可能会试图逆着人流或按照其他疏散路线寻找他们的家人或朋友。有研究采用 STEPS 软件进行了行人疏散的仿真模拟,其结果显示行人逆流阻力系数与道路宽度密切联系,行人逆流在不同宽度的道路会产生不同等级的负面影响。将行人逆流作为道路疏散难度的一部分因素,行人逆流阻力系数定义为行人逆流条件下的延迟疏散时间与理想条件下的疏散时间之比:

$$R_{pc} = \frac{T_{counter} - T_{optimal}}{T_{optimal}} = f(R_w) \tag{10.16}$$

式中,R_{pc} 为行人逆流阻力系数,$T_{counter}$ 是行人逆流条件下的疏散时间,$T_{optimal}$ 是理想条件下的疏散时间。行人逆流阻力系数随道路宽度的增加而减小,行人逆流在狭窄道路上会对疏散造成较大影响,当道路宽度小于等于 0.8m 时会产生约 60% 的延误时间;但当道路宽度大于4m 时,行人逆流的影响可以忽略。

结合以上四种影响因素,道路疏散难度的计算公式为:

$$RED = STD \left(\frac{R_{rc} \cdot (1 + R_{pc})}{R_w \cdot K^α} \right) \tag{10.17}$$

式中,R_{rc} 表示道路阻力系数,R_{pc} 表示行人逆流,R_w 表示道路宽度,K 表示道路节点度,$α$ 为决定节点度权重系数,采用 z-score 进行标准化。

【案例】新奥尔良市道路疏散难度空间分布

以新奥尔良市为研究区域内,新奥尔良市大部分区域的道路宽度为 10m 左右,宽度较窄的道路大部分是公园、河岸等区域的内部道路,因此存在更大的疏散困难。研究区域内道路多为十字路网,因此道路节点度均较高。新奥尔良市主要道路的宽度较宽但节点度较低,住宅区道路宽度较窄但节点度较高,因此需要将两者相结合才能更好地判断各类道路对行人疏散的影响。算得到研究区域内的道路疏散难度,除了西北部及靠近河岸的部分区域,研究区域内大部分区域的道路疏散难度较低。道路疏散难度较高的区域大部分都是公园或河岸,这些区域道路窄且节点度低,因此道路疏散难度较高。

2. 道路行人负荷评估

当洪水等灾害来临时,最可能受到威胁的人是那些暴露在危险中却又无法自行避难的人群,重点集中在以下这四类人群:无车人群(V_0)、未成年人(Min)、老年人(Eld_x)和障碍人群(Dis_x),虽然这些人群不一定会采用步行进行疏散,但这并不能完全排除他们选择步行疏散的可能性。

道路行人负荷指数主要评估弱势人群疏散时对道路造成的额外压力,主要考虑了人口密度、无车人群、弱势群体(未成年人、老年人、障碍人群)等3个影响因素。人口密度越大的区域对道路的需求量越大,因此在人员疏散过程中对道路造成的疏散压力也会更大,相应产生的风险也会更高。评估道路行人负荷的复合因子的表达式为:

$$RPD = STD\left(c_1 \times P \times v_1 + c_2 \times P \times v_2 + \cdots + c_n \times P \times v_n\right) \quad (10.18)$$

式中,c_i代表因子分析中的因子得分,v_i代表评价道路行人负荷中考虑的各群体所占该区块全部人口的比例,即V_0、Min、Eld_x、Dis_x。P代表区块内的人口总数,$P \times v_i$表示各群体的人口数量。

【案例】新奥尔良市道路行人负荷空间分布

根据复合因子表达式计算研究区域内的道路行人负荷。结果表明,研究区域内道路行人负荷的空间分布与人口密度的空间分布相似但部分区域存在明显变化。与仅考虑人口密度对道路造成的疏散压力相比,道路行人负荷在研究区域内西北部和西南部地区对道路造成的压力明显降低,主要原因是这些区域无车人群、未成年人、老年人、障碍人群等弱势群体的比例较小,因此对道路造成的额外负荷也较小。而研究区域中部部分地区风险增高,主要原因是中部地区无车人群、老年人和障碍人群的比例较高,因此对道路造成的额外负荷也因此增高。其他区域的风险也发生了细微变化,但人口密度较低的区域如公园、河岸等区域的风险几乎没有变化,这表明人口密度仍然是衡量道路行人负荷的主要影响因素。

3. 行人疏散的道路风险指数

将道路疏散难度、灾害危险性和道路行人负荷三者相结合,得到评估溃坝洪水灾害下行人疏散的综合道路风险指数(RRI_{PE})。假设三者对行人疏散的道路风险指数具有同等级的影响,所有影响因素分为两个极性,极性为负时,影响因素值增加则道路风险会降低;当极性为正时,影响因素值增加则道路风险升高。

$$RRI_{PE} = STD(RED + HDR + RPD) \quad (10.19)$$

【案例】新奥尔良市行人疏散的道路风险空间分布

研究区域洪水灾害下行人疏散的道路风险指数表明,洪水灾害发生后,研究区域内行人的道路疏散风险较大的区域主要集中在庞恰特雷恩湖沿岸区域,这些区域风险较高的原因是受灾比较严重,其中最严重的区域是西区以及阅读大道东地区,这些区域不仅受灾严重而且道路宽度较窄,疏散难度大,存在很大的疏散风险;研究区域中部部分区域风险较高,主要原因是该区域弱势群体较多,因此对道路造成的疏散压力较大;密西西比河沿岸也有部分区域风险较高,主要原因是该区域道路较窄,疏散难度较大。

10.3.2 多准则决策模型

在选择避难场所时,地势和坡度通常会作为评价因素之一,地势更高的区域在洪水灾害来临时受灾可能性更小,而平坦地形能避免泥石流等次生灾害。离医院、药店、警局、消防站近的避难场所在处理紧急情况时能更便利地获得药品及医疗等帮助。维持日常生活所需的清洁饮用水和能源设施也是重要的衡量标准。溃坝洪水灾害多发于夏季,植被能加强土壤的下渗能力并减少次生灾害的损失,炎热环境下树木还能给受灾人员提供阴凉。共选取了 8 个应急避难场所选址的评价指标分别为:地势、坡度、灾害危险性、医院/药店可达性、警局/消防站可达性、清洁饮用水的可及性、能源设施、植被覆盖面积。

决策者主观评价的权重往往难以与实际情况相匹配,将其与客观赋权的熵权法相结合,弥补单纯采用主观或客观赋权方法的不足。计算步骤如下:①组织专业决策小组,对各项指标及候选方案进行语言描述判断。②采用梯形的模糊转换尺度将 k 个决策者的语言描述判断转换为它们等效的模糊判断数值。

1. 分阶段的双目标应急规划模型

应急避难场所对两类人群十分关键:无法自主疏散到安全场所的人群以及在生活、医疗等方面有特殊需求的人群。因此避难场所根据服务类型分成了两类:基础和医疗。医疗避难场所除了满足基本生活需求外,还提供医疗或心理咨询服务。应急过程分成了两个阶段:临时与短期。临时避难场所是为受灾人员提供紧急服务的临时安置点,随后他们将被重新分配到环境更好的短期避难场所。救援过程中避难场所规划应与物资分配系统相匹配,快速准确地提供各类物资。在灾害发生初期,仅有本地应急物资无法满足避难人员的所有需求,灾情稳定后国家/地区或人道主义组织提供的物资抵达灾区,可以消除救援物资短缺的情况。

构建的分阶段应急救援网络由需求点、应急避难场所、物资中心组成,如图 10-10 所示。随着需求点与应急避难场所间距离的不断增加,需求点对避难场所的疏散需求应该不断降低。采用多级覆盖的思想构建避难场所的边界覆盖函数。

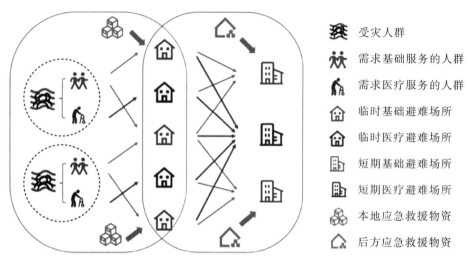

受灾人群
需求基础服务的人群
需求医疗服务的人群
临时基础避难场所
临时医疗避难场所
短期基础避难场所
短期医疗避难场所
本地应急救援物资
后方应急救援物资

图10-10　分阶段应急规划示意图

2. 帕累托最优前沿

帕累托优化是多目标规划问题常用的一种方法,通过求取一系列最优解为决策者提供更多选择,如图10-11所示。图中灰色区域为满足条件的可行解,观察发现,对于目标 $F_1 = F_{1A}$ 的可行解,点 A 目标 F_2 的值小于所有其他可行解,即点 A 在目标 F_2 优于其他可行解;对于目标 $F_2 = F_{2A}$ 的可行解,点 A 目标 F_1 的值小于所有其他可行解,即点 A 在目标 F_1 优于其他可行解,因此称点 A 为一个最优解。同理,点 B 也是一个最优解,这组最优解集合即为帕累托最优前沿,即图中黑色线条。对于帕累托最优前沿上的每一个点,只能通过降低其中一个目标的值来改善另一个目标的结果。以临时避难阶段为例,当选择的临时避难场所条件越好时,通常需要人员的疏散距离及物资的运输距离也会相对应地增加。

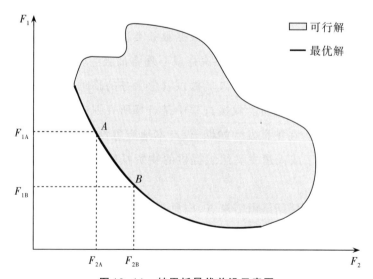

图10-11　帕累托最优前沿示意图

在应急资源的分配过程中,时常会遇到相互矛盾的两个目标,当这两者的优先级无法判断时,采用帕累托最优前沿的思想可以权衡两者之间的关系,双目标应急规划模型其目的是获得一组最优解,而不是单一值。

在应急规划工作中时常会遇到无法衡量的因素或者相互冲突的目标,采用熵权法弥补了单纯采用客观或主观赋权法的不足。分阶段的双目标规划模型考虑了受灾人员横向上多样,纵向上时变的需求,实现了不同应急方案便利性、适用性和成本之间的权衡。在确定避难场所服务范围和最优路径规划时,将考虑道路疏散风险的优化距离作为路径成本,并考虑了道路因积水而丧失功能的情景,能更真实地反映灾后的应急疏散场景。

【案例】 新奥尔良市避难场所选址

临时避难场所通常是具有合适特征的学校、体育馆和公园等开放空间,这些设施能迅速地从其日常的功能转变为应急救援的功能,从而减少撤离人员的伤亡。以新奥尔良市为例,将研究区域内合适的开放空间作为应急避难场所的候选集。

开放空间的数据来自 OSM 兴趣点数据集,提取了学校、公园、高尔夫球场、球场、操场、运动中心、体育馆、大学等类型开放空间作为候选避难场所。根据条件初步筛选 50 个候选避难场所:①最小面积要求(1000m²);②海岸线距离:离海岸线过近区域更易受到溃坝洪水灾害影响,不适合作为避难场所;③形状:形状细长不利于救援物资的分配;④类型:学校、大学等区域并不是整个范围都适合作为避难场所,只选择其中合适的范围如操场、运动场等;⑤空间分布:距离 1km 以内的多个开放空间只选取其中条件最合适的以避免资源浪费。

将地势、坡度、灾害危险性、医院/药店可达性、警局/消防站可达性、能源设施、清洁饮用水的可及性、植被覆盖面积等 8 个影响因素作为评价避难场所选址的指标。在该准则下调查了研究区域内 50 个候选避难所。根据选址指标评分以及各候选避难场所的空间分布,在保证避难场所能较均匀覆盖整个研究区域的情况下,剔除了评分较低的候选避难场所,最终得到的 34 个评分合格的候选避难场所并将它们重新编号。根据潜在的受灾可能以及人口密度的分布情况,在研究区域内选择 22 个点作为临时避难阶段的需求点,再按照需求点 3km 缓冲区内的人口分布及弱势群体比例,设定临时避难阶段各需求点内两种避难需求人口的数量。

短期避难阶段从 34 个候选避难场所中选择了 18 个短期避难场所,分别选择了 11 个短期基础避难场所和 7 个短期医疗避难场所。在两阶段都被选择的避难场所在表中对应的人数指的是不需要疏散的人数,这表明现有的避难场所能满足他们当下的应急需求。短期避难阶段的主要目的是节约成本,因此所设置的避难场所数量受到限制,从而降低了短期避难场所的整体容量,因此临时避难场所的满员率较高。

10.3.3 社区恢复力评估

灾后社区恢复力取决于社区抵抗力和自恢复力,外部的援助也具有一定积极作用。通过讨论压力与抵抗力之间的关系并与社区恢复力关联,从而构建致灾因子、承灾体和抗灾体之间的因果关系。

1. 社区恢复力指标体系

对于社区恢复力的评估,国内外学者提出过诸多不同维度的指标,其中最经典的是Bruneau提出的TOSE框架与"4R"理论,即从技术、组织、社会、经济四个维度评估社区各项韧性指标的鲁棒性、冗余性、资源性及快速性。

在评价指标的选取上,组织维度主要以社区内部人员组织协调能力、通知公告效率为原则,考虑到如今日益发达的移动互联网和网络传媒的影响力,将社区上网人口比例纳入指标体系;社会维度主要以影响社区内部恢复力的固有属性为主,如人口、环境等因素;经济维度上,由于收入因素不透明,因此采用社区平均房价反映该社区的居民收入水平;技术维度主要以外部救援为主,针对台风灾害而言,外部救援包含急救、治安、消防和应急避难四个方面,除了外部救援自身的技术属性外,居民点与救援点之间的空间关系也是影响技术维度的重要因子,因此需综合考虑救援属性与其和居民点之间的空间关联关系,对技术维度进行分析。

外部恢复力主要代表TOSE框架中的技术维度因素,在台风灾害中主要包含急救、治安、消防和应急避难四个方面。外部恢复力不仅仅与上述救援资源的基础设施水平相关,也和居民点、设施点之间的空间关联关系高度相关。结合"4R"理论评估外部恢复力时,居民点与设施点在空间维度上需考虑以下特性(假设其权重相等):

(1)空间可达性,表征居民访问服务设施的便捷程度,代表资源性和快速性,由服务设施的服务能力、交通状况、人口分布等因素共同决定;

(2)可替代性,表征居民周边访问服务设施的稳健程度,当出现异常情况而导致无法访问某一服务设施点时,居民可选择其他同类服务设施点进行代替。

针对城市突发灾害应急资源空间可达性,考虑到应急的时间敏感性,每一个应急资源点都应优先满足其周边居民点,比如急救应优先调度距离居民点最近的急救点,即在较小空间尺度范围下评估设施点与居民点之间的可达性,因此本文采用局部整合度作为设施周边交通环境因素,确定应急资源服务范围。局部整合度描述的是从应急资源设施点周边区域到该点的便捷程度,反映了设施点到居民点的交通难易程度。在交通便利性与社会服务活动强度正相关的基础,引入空间句法理论中的局部整合度概念,使用对数形式构造了设施点潜在优先服务范围 D^s:

$$\ln(D^s)=\beta_0+\beta\cdot c_i \tag{10.20}$$

式中β_0表示正常情况下的平均交通车程距离,c_i表示设施点i在空间距离为β_0范围内的局部整合度。

【案例】深圳市社区–资源邻接OD图

以深圳市为研究区域,获取所有社区的外部急救资源,可建立邻接OD图,并以此为基础得到社区的急救资源可替代性得分。

2. 社区损失空间分布与变化趋势

在社区内部恢复力与外部恢复力共同作用的基础上,在实际应急过程中,应急资源的分配需按照受损程度的高低进行分配,因此在不考虑外部恢复力的情况下,分析各社区的受损程度,可以此为参考来合理优化应急资源的空间分配情况。对比顾及外部恢复力的损失情况,综合二者分析可推理出亟须补充应急设施、在应急应对过程中需优先提供帮助的社区,合理优化应急应对方案以降低整体损失。

将各时间节点上的社区损失情况作为灾情判断指标;在此基础上利用空间自回归模型(OLS、SLM、SEM等)对损失进行空间趋势分析,讨论各社区的灾情演变情况,为应急救灾提供指导。以每一个社区作为基本研究单元,考虑到相邻社区之间的韧性彼此相互独立,不存在空间相关性,因此本文选用OLS模型来对社区损失情况的演变趋势进行分析,其公式如下:

$$Slope = \frac{n\sum_{i=1}^{n}(i \times R_i) - \sum_{i=1}^{n}i \times \sum_{i=1}^{n}R_i}{n\sum_{i=1}^{n}i^2 - (\sum_{i=1}^{n}i)^2} \tag{10.21}$$

【案例】深圳市社区损失空间趋势分析

以台风"天鸽"为例,构建的台风灾害社区压力评估模型和恢复力评估模型,分析深圳市在台风"天鸽"期间的社区损失空间分布情况。在95%置信度下,社区损失随时间的演变表明,随着台风灾害演变,绝大部分社区的损失情况并没有呈现出较显著递增趋势;损失显著递增的社区主要集中在研究区域西部地区,这是由于台风中心是由东向西推进造成的;东部存在少量呈现递增趋势的社区,结合外部恢复力可替代性和可达性分析,可推知弱恢复力是造成其损失递增趋势的主要原因。

3. 应急策略定量化表达

考虑到不同的社区之间存在空间区位和人口经济等因素的差异,从微观层面研究不同重现期情景下的应急策略选择,选择蛇口街道深圳湾社区作为研究对象,讨论不同情景下的应急策略影响,为相关部门制定精准应急方案提供支持。

从韧性的角度出发主要有以下两种应急策略:

(1)加强社区灾害抵抗力,即积极防御策略:通过采取防御手段,如加固建筑、更换大功率泵站提高排水能力等措施,提高社区系统整体的抵抗力,保障系统能够抵御高强度灾害,

不至于完全崩溃;

(2)加强社区外部恢复力,即积极救援策略:投入更多医疗、消防等应急资源,加速恢复能力,使社区系统保持正常运转。

结合社区台风灾害下的耦合韧性表达,防御策略可认为是提高了强风韧性评估模型中的完全破坏阈值和内涝积水失效阈值,由此可引入防御参数 $\lambda_1(\lambda_1 \geq 0)$,令 $\mu_0' = (\lambda_1 + 1)\mu_0$ 作为新的阈值表征社区抵抗力,类似地引入救援参数 $\lambda_2(\lambda_2 \geq 0)$,令 $f_{2,ESN}' = (\lambda_2 + 1)f_{2,ESN}$ 作为新的外部恢复力,由此可通过设置不同参数表征不同应急策略下的社区韧性并估算损失。

【案例】不同重现期情景下应急策略的减灾效果

深圳湾社区位于深圳市南山区蛇口街道,面积约 3.2km²,总人口约 1 万人,主要以高收入居民为主;社区居民受教育程度较高,网络普及率高,便于协调组织;社区周边 3 公里范围内有急救中心 1 所,派出所 2 所,消防站 2 所,应急避难所 6 所,共可容纳 6100 人;该社区地处蛇口港地区,东南临海,易遭受强风袭击。

选取情景 S1(重现期 10a)、情景 S5(重现期 50a)、情景 S9(重现期 100a)为例,评估台风登陆前后 6h 的时间段内深圳湾社区的社区功能损失情况。图 10-12 展示了不同重现期台风情景下,选择不同灾害应对策略时深圳湾社区的减灾情况。

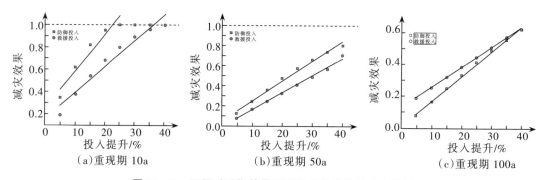

图 10-12　不同重现期情景下两种应急策略的减灾效果

从图(a)可以看出在台风灾害重现期为 10a 时,若采用防御策略,当社区系统抵抗力提高到原有水平的 1.25 倍时可以降低全部的损失,即认为社区系统能够完全吸收灾害带来的影响;若采用救援策略,要抵消相同强度台风带来的影响,需保持外部恢复力为原有水平的 1.4 倍。在投入相同的资源提升应对能力的情况下,防御策略的功能水平提升始终在救援水平之上,综上,说明在应对重现期为 10a 的台风灾害时,无论是在最高减灾条件下还是在资源限制条件下,防御策略均优于救援策略,类似地,从图(b)中分析得到在重现期为 50a 的台风情景下,防御策略完全优于救援策略。图(c)表示重现期为 100a 的台风情景下两种应急策略的减灾水平,不同于前两类情景,此时在投入相同的资源提升应对能力的情况下,救援策略明显优于防御策略,但是随着应急投入增大,两者之间的减灾水平差距在逐渐缩小,说明在应对百年一遇的台风灾害时,只单独提升救援能力的应急方案,其减灾收益呈现递减效应,此时应结合防御策略综合制定应急方案。

思考题

1. 名称解释

 (1)敏感性;(2)脆弱性;(3)熵值法;(4)复杂网络

2. 简述城市洪涝灾害的风险因子指标选取方法。

3. 简述城市暴雨内涝的灾害风险评估方法。

4. 举例说明灾害事件的发展态势研判方法。

5. 举例说明城市灾害事件的应急决策方法。

本章课件

课件

第 *11* 章

应急大数据时空关联分析

突发公共事件包括自然灾害、事故灾难、突发卫生事件和社会安全事件。突发公共事件会导致人群异常聚集、秩序被打破、街道堵塞等现象。典型的突发公共事件如：吉化双苯厂爆炸事件、印度洋地震海啸、SARS事件和密西西比州警民枪战事件。面对各种类型的突发公共事件时，应实现全面的监测和探测，动态、迅速地掌握现场情况，实现应急全过程的科学风险评估，准确预测事件发展趋势，提高突发公共事件防控能力、着力防范化解重大风险。

突发公共事件发生过程中涉及自然环境和人类社会的多个环节，多个要素及其复杂的关系。当灾害发生时，基于应急大数据，才能在第一时间知道灾害发生的位置、灾害发生地的自然与社会环境、周围有无紧急避难所、救灾物资储备等，从而借助时空分析和关联分析对突发公共事件的致灾因子、承灾体和抗灾体进行空间数据分析，有利于及时、快速、科学地应对灾情，减轻灾害损失，保障人民群众的生命财产安全。

11.1 应急大数据探索性分析

应急数据是突发公共事件应急管理的重要资源，在灾害管理各阶段发挥重要作用。在日常监测等备灾阶段，支持大范围的灾情普查分析；在灾害预警阶段，基于应急数据的灾害信息提取帮助救灾人员实时掌握孕灾环境、致灾因子、承灾体等信息，通过对灾害发生的风险等级、区域划分实现灾害风险评估与承灾体脆弱性评估，为应灾减灾准备措施提供依据；灾害应急响应阶段，通过对灾害本身的动态监测与承灾体损失评估，为综合评估、次生灾害的风险预警及灾害救援提供重要的决策依据；在灾后恢复重建期间，应急数据有效支持了灾区恢复重建规划制定，并对恢复重建的进度、效益、质量进行动态评测，为恢复重建和减灾设施建设的成效提供科学的数据参考。

11.1.1 公共灾害三角形

突发公共事件涉及灾害事件、影响的环境和人、采取的应急救援处置措施等多类要素，为了清楚地描述灾害事件，必须对这些要素进行界定和分类。范维澄院士从应急管理角度提出公共安全三角形理论，突发性公共灾害三角形的三条边分别代表突发公共事件、承灾体和抗灾体。其一为灾害体，是突发公共事件本身；其二为承灾体，是突发公共事件作用的对象；其三为抗灾体，是采取应对措施的过程。灾害体、承灾体和抗灾体构成公共安全三角形的三条边,联接三条边的节点统称为灾害要素,分别包括物质、能量和信息。灾害要素本质上是一种客观存在,这些灾害要素超过临界量或遇到一定的触发条件就可能导致灾害事件,在未超过临界量或未被触发前并不造成破坏作用。应急大数据是突发公共事件生命周期中的致灾体、孕灾环境、承灾体、抗灾体等数据集合,其构成如图11-1所示。

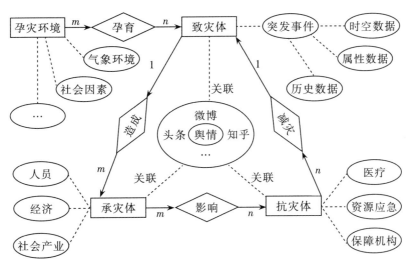

图11-1 应急大数据构成图

1. 灾害体

灾害体是指可能使人、物或社会系统带来灾害性破坏的事件。对突发公共事件的研究重点在于了解其孕育、发生、发展和突变的演化规律,认识灾害体作用的类型、强度和时空分布特性,研究的结果将能为预防突发公共事件的发生、阻断突发公共事件多级突变成灾的过程、减弱突发公共事件作用,并能为突发公共事件的监测监控和预测预警、掌握实施应急处置的正确方法和恰当时机,提供直接的科学基础。

2. 承灾体

承灾体是突发公共事件的作用对象,一般包括人、物、系统等三方面。承灾体在突发公共事件作用下的破坏表现为本体破坏和功能破坏两种形式。承灾体的破坏有可能导致其所孕含的灾害要素的激活或意外释放,从而导致次生衍生灾害,形成突发公共事件链。虽然大部分情况下突发公共事件会有时造成承灾体的本体破坏和功能破坏,但其本体破坏和功能破坏具有不同的机理,对于不同类型的承灾体,研究关注的重点不同。通过对承灾体的研究,可以确定应急管理的关键目标,加强防护,从而实现有效预防和科技减灾;研究承灾载体的破坏机理与脆弱性等,从而在事前采取适当的防范措施,在事中采取适当的救援措施。在事后实施合理的恢复重建:研究承灾载体对突发公共事件作用的承受能力与极限、损毁形式和程度,从而实现对突发公共事件作用后果的科学预测和预警;研究承灾体损毁与社会、自然系统的耦合作用,承灾体孕含的灾害要素在突发公共事件下被激活或触发的规律。从而实现对突发公共事件链的预测预警,采取适当的方法阻断事件链的发生发展。

3. 抗灾体

抗灾体指可以预防或减少突发公共事件及其后果的各种人为干预手段。应急管理针对突发公共事件实施,从而减少事件的发生或降低突发公共事件作用的时空强度;也可以针对承灾体实施,从而增强承灾体的抗御能力。对应急管理的研究重点在于掌握对突发公共事件和承灾体施加人为干预的适当方式、力度和时机,从而最大程度地阻止或控制突发公共事件的发生、发展,减弱突发公共事件的作用以及减少承灾体的破坏。对应急管理的科技支撑,体现在获知应急管理的重点目标、应急管理的科学方法和关键技术、应急措施实施的恰当时机和力度等方面。

在"大应急"形势下,做到系统、科学、有效地管理自然灾害,就必须收集大量的灾害相关信息,并将这些信息的属性数据和空间数据相融合。空间分析是基于地理对象的位置和形态特征的空间数据分析技术,通过对空间数据和空间模型的联合分析来挖掘空间目标的潜在信息。提取和传输空间信息。这样,当灾害发生时,才能在第一时间知道灾害发生的位置、灾害发生地的自然与社会环境、周围有无紧急避难所、救灾物资等。也就是对自然灾害的致灾因子、承灾体和抗灾体进行空间数据分析,有利于及时、快速、科学地应对灾情,减轻灾害损失,保障人民群众的生命财产安全。

11.1.2 应急大数据的时空模型

致灾体相关的数据主要指与突发公共事件相关的时空数据及事件本身属性数据,孕灾环境相关的数据主要是指促使突发公共事件发生的环境、社会等因素数据,承灾体相关数据主要是突发公共事件作用的人口、社会经济及产业等数据,抗灾体数据主要对预防突发公共事件有利的,医疗、资源、保障机构等数据,同时还有伴随整个突发公共事件过程中相关联的微博、知乎等舆情数据。应急时空大数据主要指服务于灾害事件预防与准备、监测与预警、恢复与重建过程中相关的空间基础数据、国情调查、应急专题、网络舆情等多源数据。其中空间基础数据包括路网数据、受灾区域的区划数据、居民地数据、水系等,这些受灾害影响程度较小;国情调查数据包括灾前与灾后人口、财产、农作物、房屋信息等数据;应急专题数据由承灾体、致灾因子和孕灾环境等数据,致灾因子主要是与灾害自身相关的数据,包括其时空路径及属性信息,抗灾体主要是指医疗救援数据、消防力量数据、部队救援力量数据等,承灾体数据主要包括交通分布、学校分布、政府机构、医院等数据,孕灾环境主要是指导致灾害发生的数据,如气候分布、降雨量等,这些数据随时间变化而变化,需要不断地被记录;网络舆情数据主要是指一些传递灾情的新闻信息和微博等信息数据,部分具有空间属性数据。

针对应急大数据的构成集合,先根据应急大数据的类型,在时空基准统一的条件下,时间轴(T)上基于基态修正的时空快照模型进行高效存储与快速查询,基态修正时空快照模型可获取在某一时间节点上的快照片段数据,基态快照表示应急事件的状态,用修正快照表示基于基态快照的时空现象变化,主要包括发生事件涉及的空间区域以及应急数据(致灾因子、承灾体、抗灾体)。事件轴(E)上采用面向过程的思想实现突发公共事件的全生命周期管理,面向应急事件的全生命周期主要利用事件标识从快照片段中进行抽取属于同一事件的快照片段,利用"分级思想"把应急事件分为不同层次结构及组织层次之间的顺序关系、序列关系、关联关系,从而实现对突发公共事件的时空语义和动态表达的完整存储。

将应急时空大数据抽象为数据集{时间(T),空间(X),事件(E)},应急时空大数据具有静态信息和动态信息。静态信息在所需的时间段内,相对不发生变化的对象信息,如:地图、道路、建筑物等。在短时间内不会发生变化,但长时间内则有可能发生变化。所需时间是指具体应用领域中所要求的时间片,动态信息是地理空间对象的信息在所需时间内发生变化。时间的长度按照它的应用领域定义,依据工作域空间的动态主要指以下几个方面:①时间段内的几何变化(受灾区域);②位置变化(灾害轨迹);③属性变化(致灾因子);④以上三种变化的组合或部分组合。

基态修正快照模型的能有效解决数据冗余的问题(见图11-2),非常适合于空间基础数据、应急专题数据中的承灾体和救援力量等数据的管理,这些数据受灾害影响程度较小,不会发生大范围的变化,往往只在受致灾因子的影响时,才会导致其发生变化。且救援力量与受灾体之间在空间上一般不发生关系,即不需要维护对象之间的拓扑关系,因此这些数据作为基态快照的主要组成部分。而致灾因子、孕灾环境和网络舆情数据等随时间变化而变化,且变化较大,因此这些数据作为修正快照的主要组成部分。

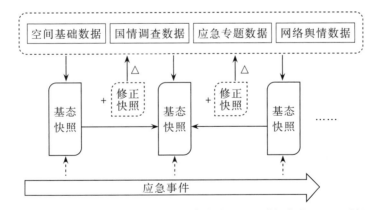

图11-2 基于基态修正时空快照模型的应急时空数据存储流程图

11.1.3 探索性数据分析

基于让数据说话的理念,利用探索性数据分析,进行一般统计分析及空间探索分析,通过显示关键性数据和使用简单的指标来得出模式,避免野值或非典型观测值的误导,揭示统计特征及空间分布模式。对空间分布进行描述和显示,识别非典型空间位置,从而发现空间关联模式。探索性空间分析从大量、有噪声、模糊且随机的原始数据中,分析、加工、提取出有价值的数据、情报和知识,可以应用于统计、评估、决策以及预测全过程。

一组事件点的平均中心是指对所有事件点的空间位置进行算术平均计算,可以根据一组事件点的平均中心发现该组事件点的空间集中位置和随时间偏移的规律,通过计算平均中心位置,可以直观地发现事故的聚集情况。通过不同时间下平均中心的位置偏移,可以挖掘出事件随时间变化的偏移趋势。平均中心的计算公式如下:

$$\bar{X} = \frac{\sum\limits_{i=1}^{n} x_i}{n} ; \quad \bar{Y} = \frac{\sum\limits_{i=1}^{n} y_i}{n} \tag{11.1}$$

其中,$\bar{X}$、$\bar{Y}$表示平均坐标分量;n为交通事故的总数;(x_i, y_i)为第i个事件的空间坐标。

一组数据点在空间上的聚集性和方向性可以用标准差椭圆来描述。以所有事件点的平均中心为基准,计算所有事件点x坐标和y坐标的标准差,然后由标准差的大小来确定椭圆的长半轴和短半轴。标准差椭圆的计算公式如下:

$$\begin{cases} \theta = \arctan \dfrac{\left(\sum a_i^2 + \sum b_i^2 \right) + \left(\left(\sum a_i^2 - \sum b_i^2 \right)^2 + 4 \left(\sum a_i b_i \right)^2 \right)^{\frac{1}{2}}}{2 \sum a_i b_i} \\[4ex] SDE_x = \sqrt{2} \sqrt{\dfrac{\sum\limits_{i=1}^{n} \left(a_i \cos\theta - b_i \sin\theta \right)^2}{n}} \\[4ex] SDE_y = \sqrt{2} \sqrt{\dfrac{\sum\limits_{i=1}^{n} \left(a_i \sin\theta + b_i \cos\theta \right)^2}{n}} \end{cases} \tag{11.2}$$

其中,θ表示标准差椭圆长轴与竖直方向的夹角;SDE_x表示标准差椭圆的长半轴,SDE_y表示椭圆的短半轴;$a_i = x_i - x$,$b_i = y_i - y$,(x_i, y_i)为第i个事件点的空间坐标,(x, y)为平均中心x坐标和y坐标,n为事故点的总个数。

椭圆的长半轴方向代表事件点在空间上的延伸方向,短半轴的长度则体现了事件点的聚集程度,短半轴越短,说明事件点在空间上越聚集。椭圆的扁率越大,即长短半轴的值之比越大,说明事件点越具有明显的方向性;反之,如果椭圆扁率越小,说明事件点越不具有方向性,当椭圆扁率为1时,说明事件点在空间上的分布不具有方向性。

【案例】纽约市MN17区交通事故的空间分布特征

纽约市MN17区面积2.805平方公里,2015年至2018年共发生交通事故18414起,平均每平方公里发生 6565 起,是曼哈顿区平均水平的 2.23 倍。交通事故的空间分布如图 11-3 所示,从图中可以看出交通事故几乎全部分布在道路上。使用平均中心法(MC)和标准差椭圆法(SDE)对 MN17 区的交通事故的空间分布特征进行整体上的描述。交通事故点的平均中心位于第六大道和西 44 街交叉口,附近地标性建筑为纽约竞技场剧院。

为了探究交通事故在空间上分布的方向性和集中程度,使用标准差椭圆对其进行研究。通过计算,可以做出标准差椭圆。通过观察图中标准差椭圆的长半轴方向可以发现,MN17 区的交通事故呈现从西南至东北方向扩散的趋势;通过观察标准差椭圆的短半轴可以发现,交通事故在空间上呈聚集分布。根据自然地理位置及道路交通网络可以发现,交通事故的扩散方向与第五大道、第六大道、第七大道等方向一致,即城市主干道,并且在空间上呈现出聚集分布。

彩图效果

图 11-3 交通事故的空间分布特征

11.2 时空分异特征分析

城市突发公共事件(如犯罪事件)具有明显的时空分异特征。从时间角度分析周期性时间变化特征,从空间角度分析其空间自相关性和异质性。然后,建立时空立方体模型,引入 Mann-Kendall 趋势检验、K-means 聚类和 Getis-Ord Gi^* 统计等方法,研究时空趋势特征及时空聚类情况。

11.2.1 时空立方体模型

时空立方体模型在表达时空交互特征方面具有显著优势,弥补从单一时间和空间角度进行分析的不足。

1. 时空立方体理论

时空立方体模型以二维平面坐标表示要素的空间地理位置,以一维时间轴表示要素的时间特征,通过立体化图形表示地理要素空间位置随时间的动态变化。如图11-4所示,每个立方图格作为时空立方体单元,在空间坐标系和时间坐标轴中具有固定位置。覆盖同一平面位置的立方体共用同一个位置ID,构成时空立方体的条状时间序列。具有相同持续时间属性的立方单元共用相同的时间步长ID,组合构成时空立方体的时间切片。每个立方体单元的属性计数值表示对应时间步长间隔内出现在该空间位置的要素事件数量。

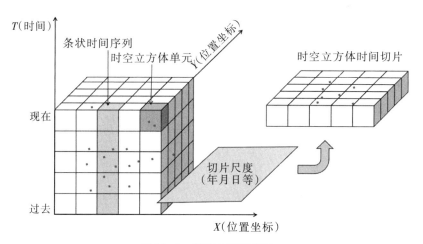

图11-4 时空立方体模型

2. 时空立方体趋势分析

为直观地描述时空立方体中的事件随时间增加或减少的趋势,在每个带有数据的位置上,利用非参数Mann-Kendall趋势检验方法分析数量值及其时间序列的等级,检验数据中存在的持续增长或下降趋势。该趋势检验方法不需数据服从特定分布模式,且数据的偏斜分布状态不会影响趋势检验的显著性结果。

在Mann-Kendall检验中,对于时间序列数据$(x_1, x_2, \cdots, x_n)$,原假设H_0假定在时间上是n个独立的、随机变量同分布的样本;备择假设H_1是双边检验,假设序列中存在某个单调上升或下降的趋势。对于所有的$i, j \leqslant n$,且$i \neq j$,x_i和x_j的分布不同,检验统计量S的计算公式如下:

$$S = \sum_{i=1}^{n-1} \sum_{j=i+1}^{n} \operatorname{sgn}\left(x_j - x_i\right) \tag{11.3}$$

$$\operatorname{sgn}\left(x_j - x_i\right) = \begin{cases} 1 & x_i < x_j \\ 0 & x_i = x_j \\ -1 & x_i > x_j \end{cases} \tag{11.4}$$

当式中$n \geqslant 10$时,表示统计量S服从均值为0的正态分布,方差$V_0(S) = \dfrac{n(n-1)(2n+5)}{18}$,标准化后的检验统计量$Z$计算如下:

$$Z = \begin{cases} \dfrac{S-1}{\sqrt{V_{ar}(S)}} & S > 0 \\ 0 & S = 0 \\ \dfrac{S+1}{\sqrt{V_{ar}(S)}} & S < 0 \end{cases} \tag{11.5}$$

在给定的置信水平 α 上,若 $|Z| > Z_{1-\frac{\alpha}{2}}$,则原假设 H_0 不可接受,说明在置信水平 α 上,序列存在明显上升或下降趋势。具体而言,若 Z 值为正,则 Z 越大时间序列的上升趋势越明显;若 Z 值为负,则 Z 越小下降趋势越明显。

在每个带有数据的位置上,将 Mann-Kendall 趋势测试作为独立的条状时间序列测试进行执行,将前一个时间段的条柱值与后一个时间段的条柱值进行比较,若前者小于后者,则结果为+1;若前者大于后者,则结果为-1;如果二者相等,则结果为0。对每对时间段的比较结果求和,预期总和为0,表示随着时间的推移,值中不存在趋势。依据立方单元格网时间序列值的方差,将关联数、时间段数、实际总和与预期总和进行比较。

【案例】芝加哥市 2011—2020 年犯罪数据时空立方体趋势分析

将芝加哥市 2011—2020 年各类犯罪数据点根据经纬度和时间信息聚合汇总到时空立方体模型上,根据立方体单元的距离和研究数据的经纬度确定空间范围,立方体时间跨度通过时间步长信息确定。发现 10 年间生活质量犯罪基本呈下降趋势,随着时间的推移,暴力犯罪案件点计数在市中心,东北部沿岸和中西部地区具有统计显著性增加的趋势,具有下降趋势的序列主要集中在高—高聚类区的周边地带。

11.2.2 空间格局分布

对事件进行空间统计及聚类和异常值分析,得空间分布特征。时空冷热点分析方法首先通过热点分析计算每个时空条柱的热点统计值,再利用 Mann-Kendall 趋势检验分析方法对热点统计 Z 得分的时间序列进行趋势评估,挖掘时空聚集模式与特征变化。对于热点分析,采用 Getis-Ord G_i^* 统计方法识别研究区域内具有统计显著性的热点或冷点地理单元,其计算公式如下:

$$G_i^* = \frac{\sum_{j=1}^{n} w_{i,j} x_j - \bar{X} \sum_{j=1}^{n} w_{i,j}}{S \sqrt{\dfrac{\left[n \sum_{j=1}^{n} w_{i,j}^2 - \left(\sum_{j=1}^{n} w_{i,j} \right)^2 \right]}{n-1}}} \tag{11.6}$$

其中,x_i 为地理单元 i 的属性值,$w_{i,j}$ 为地理单元 i 和 j 的空间权重,n 为地理单元总数,且满足:

$$\bar{X} = \frac{\sum_{j=1}^{n} x_j}{n} \tag{11.7}$$

$$S = \sqrt{\frac{\sum_{j=1}^{n} x_j^2}{n} - \left(\bar{X}\right)^2} \tag{11.8}$$

根据Getis-Ord Gi*统计结果判断是否存在显著性聚集(热点)或离散(冷点)模式。若Z得分在显著性水平上为正,则Z得分越高表明热点聚集情况越明显;若Z得分在显著性水平上小于0,则Z得分越低说明冷点聚集情况越明显。利用Mann-Kendall检验分析立方体条状时间序列的冷热点变化趋势,根据事件的趋势显著性进行分级。

基于时空立方体模型与时空冷热点分析方法的时空分布模式挖掘具体流程为:①以时空立方体模型为基础数据,设定的邻域距离和邻域时间步长。②根据立方体单元位置的局部Getis-Ord Gi*统计值,得到每个时空条柱的Z得分、p值和热点条柱分类,获得每个立方体中的聚类强度。③利用Mann-Kendall趋势检验方法,根据每个时空条柱Z得分的时间序列确定立方体单元地理位置的热冷点变化趋势。挖掘的时空分布模式。

【案例】芝加哥市10年间犯罪时空分布模式分类

芝加哥犯罪时空分布模式以时空冷点和无模式为主,城市安全问题得到缓解,犯罪冷热点分布较为聚集,且有着明显的界线。

暴力犯罪事件时空立方体包含1126个地理格网,结果显示共832个位置具有时空冷热点模式(占比72.38%),其中热点位置243个(占比21.58%),冷点位置572个(占比50.80%)。暴力犯罪时空冷点地区主要集中在人口密度较低的城市边缘,在过去10年内,芝加哥暴力犯罪形势有所缓解,城市安全问题得到了一定改善,但部分地区形势仍然十分严峻。

生活质量犯罪事件时空立方体包含1137个地理格网,结果显示共1000个位置具有时空冷热点模式(占比87.95%),其中热点位置120个(占比10.55%),冷点位置880个(占比77.40%)。犯罪时空冷点地区同样集中在人口密度较低的城市边缘地区。总体上看,在过去10年内,芝加哥生活质量犯罪得到了很好的控制。

11.2.3 时空分布模式分析

空间分布模式分析是对地理实体或事件的空间点位置进行分析以获得其分布模式,研究分布模式对探索分布模式的形成原因有重要意义,可帮助理解空间点过程,揭示空间点分布隐藏的机理。

空间分布模式一般分为三类:①随机分布,即任何点在任何位置发生的概率相同;②均匀分布,单位个体出现与不出现的概率几乎相同;③聚集分布,大量点集中在少数区域。

　　若某类空间点的分布模式为随机分布,则说明该类空间点所代表实体或事件的出现是不受环境因素影响或研究区域内受同等环境因素影响;而若某类空间点为均匀分布或聚集分布,则说明该类空间点所代表实体或事件受不同的环境因素影响,结合环境数据,对这类空间点进行分析,即可揭示该类点的隐藏机理。

　　Ripley's K 函数便是基于空间点间距离的点模式分析方法,可直观计算空间点的分布模式。Ripley's K 函数是 Ripley 提出的一种对空间点模式分析的方法,因为传统空间点模式分析中的仅使用最短距离进行分析而致使结果中其他模式被掩盖,K 函数方法将研究区域内所有点间距离统一计算,从而分析空间尺度上所有点的分布模式,解决了模式掩盖的问题,可在不同空间尺度下较精确地识别点模式。

　　K 函数假定一系列 d 值,在每一个空间点上以 d 值为半径绘圆,统计落入该圆的空间点数量,对所有空间点所绘圆统计的点数量求平均值,用平均值除以研究区域的空间点密度即可得 d 值距离下的 K 函数估值 $\hat{K}(d)$:

$$\hat{K}(d) = \frac{\sum_{i=1}^{n} \#(S \in C(S_i, d))}{n\lambda} \tag{11.9}$$

式中 d 表示半径距离,$\#(S \in C(S_i, d))$ 为落入以事件点 S_i 为圆心、以 d 为半径的圆内空间点数量,n 为研究区域内空间点数,λ 为研究区域的空间点密度。

　　在普通 K 函数中,两点间距离是用平面最短距离即欧氏距离表示,而实际生活中地理实体点或事件点的分布模式与两点间的路径距离关联更为紧密,对平面 K 函数的一种拓展——网络 K 函数方法,该方法中采用网络距离表示两点间距离,即在给定网络空间中,用两点间最短路径距离衡量地理实体点或事件点的分布模式。在网络 K 函数分析中,若已给定空间道路网,则对任一事件点 S_i 可用 $\hat{L}(d|S_i)$ 表示距点 S_i 网络距离小于等于 d 的点所构成的子网,$\hat{L}$ 表示子网 $\hat{L}(d|S_i)$ 的网络长度,$\#(S \in C(S_i, d))$ 表示子网 $\hat{L}(d|S_i)$ 中除 S_i 点以外的事件点数量,那么网络 Ripley's K 函数在 d 值网络距离下的估值 $\hat{K}(d)$ 可用式(2-4)表示:

$$\hat{K}(d) = \frac{\sum_{i=1}^{n} \#(S \in C(S_i, d))}{n\rho} \tag{11.10}$$

式中 ρ 表示子网 $\hat{L}(d|S_i)$ 中事件点的密度,即 $\rho = \frac{n-1}{\hat{L}}$。

　　在 K 函数基础上加入时空概念,即在每个事件中添加时间标记 t_i,则可计算在时刻 t_i 前后 t 时间的时段内,以任意点 S_i 为中心,以 d 为空间半径绘圆,统计该时段落入圆中的空间点数量,对时空点统计的点数量求平均值,再以平均值除以研究区域内时空点的空间密度和时间密度,即可得时间间隔为 t、空间半径为 d 条件下的时空 K 函数,如图 11-5 所示。

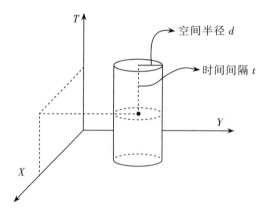

图 11-5　时空 K 函数示意图

在时空网络 K 函数方法是基于单变量 K 函数法在时间及网络空间的拓展,用以研究单一对象在网络距离下的时空分布模式。在单变量 K 函数法基础上展开研究,拓展了双变量 K 函数法,用以研究一类点对象的空间分布模式是否依赖于另一类点对象的分布模式,该方法又被称为交叉 K 函数法。结合拓展的网络空间距离方法,将交叉 K 函数法中的空间距离用网络空间距离替代,即产生了交叉网络 K 函数方法。

时空网络 K 函数分析可分为以下两步展开:①对各类事件进行网络 K 函数分析和时间 K 函数分析,获得各类事件分别在网络空间维度和时间维度的分布模式,再结合时空网络 K 函数,分析各类型事件的时空分布模式;②采用交叉 K 函数对不同类型事件的空间分布模式关系进行分析,研究在相同时段内不同类型事件的分布模式间是否存在相互影响,若存在相互影响则对其影响关系和可能原因进行解释。

【案例】纽约市 2017 年抢劫事件空间分布模式

对纽约市 2017 年共计 14005 起抢劫事件进行了空间网络 K 函数分析和时间 K 函数分析,图 11-6 为空间网络 K 函数分析结果,图中 Obs 曲线表示抢劫事件的实际 K 函数曲线,Exp(Mean)曲线表示为随机分布的 K 函数期望值曲线,Exp(Upper 5.0%)曲线和 Exp(Lower 5.0%)曲线分别代表显著性水平为 0.05 时蒙特卡洛模拟的上限和下限,横轴表示空间网络距离,纵轴表示 K 函数值。

计算结果表明:抢劫事件的空间网络 K 函数曲线在 0-5220m 的空间网络距离下是位于蒙特卡洛模拟的上限之上,并在距离为 3800m 处网络空间 K 函数曲线与蒙特卡洛模拟上限曲线的差异达到最大值,说明在距离为 0~5220m 时抢劫事件表现出空间聚集性且在距离为 3800m 时抢劫事件的空间聚集性表现最明显。而在 5220m 至 5560m 的距离下,抢劫事件的空间网络 K 函数值开始减少并逐渐小于蒙特卡洛模拟下限曲线值,说明在 5220m 及以上的距离上,抢劫事件逐渐表现出空间均匀分布的特征。

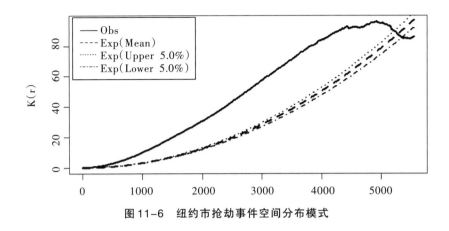

图11-6 纽约市抢劫事件空间分布模式

11.2.4 热点及高危害区域分析

热点分析是分析事件点的空间聚集度,并采用一定形式将事件热点区域直观地将反映在地图上,也可以结合环境因素相关数据为重点分析区域提供指导,探讨热点事件频发的原因。

1. 热点识别

核密度估计可用于测度事件的局部密度变化并探索事件的热点区域,核密度估计利用随机参数本身对参数的分布特征进行研究。核密度估计是对直方图密度函数估计的改善,解决了直方图密度函数估计不连续的问题,采用平滑的核函数对数据进行拟合,从而模拟真实概率分布曲线。

核密度估计基本思想为:空间事件发生的位置是随机的,但在不同位置上事件发生的概率不同。在事件点密集的区域,事件发生的概率高,而事件点稀疏的区域,事件发生的概率低。因此利用已有空间事件点的分布数据,以特定空间点为中心,一定距离为半径,通过核函数估计获得该点处事件发生的概率密度估值。如图11-7所示。

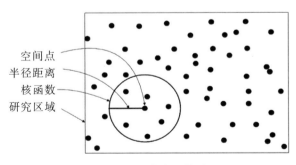

空间点
半径距离
核函数
研究区域

图11-7 核密度估计

在使用核密度估计方法时,需选择合理的核函数 K_h 与带宽 h。带宽的选择对于计算结果影响较大,核函数对带宽较为敏感,随着带宽的增加,空间上点密度的变化更为光滑,而当带宽减小时,估计点的密度变化则突兀不平。常采用自适应确定法选择带宽,根据事件点空

间分布对带宽参数进行修正,该方法对任意事件点 j 计算其对应的带宽 h_j 的计算方法为:

$$h_j = \left\{ \frac{\left[\prod_{k=1}^{n} f(x_k) \right]^{\frac{1}{n}}}{f(x_j)} \right\}^{\alpha} \tag{11.11}$$

式中 α 为灵敏度因子,其取值范围为 $0 \leqslant \alpha \leqslant 1$, α 通常取值为 0.5,当 α 取值为 0 时,则表示带宽固定。

当带宽 h 确定后,不同核函数的影响很小,常用核函数为四次多项式函数与正态函数。采用正态函数作为核函数,计算公式为:

$$K_i(d) = \frac{3}{2\pi h^2} e^{-d_i^2 / 2h^2} \tag{11.12}$$

使用核密度估计时,同样可能会出现边缘效应,因此也采用设置警戒区的方法对边缘效应进行校正。

采用自适应带宽的核密度估计方法对事件热点区域进行识别可分为三步实现:①以研究区域边界以内一定范围为界,建立边缘缓冲区,设置缓冲区中事件点为缓冲点,作为缓冲区范围以内事件点的核密度估计计算参与点;②设置灵敏度因子数值(如0.5),对缓冲区范围以内每个事件点,计算其自适应带宽;③使用正态函数作为核函数,设置带宽参数,计算其核密度估计。

【案例】2017年纽约市不同季度抢劫事件的热点区域

按不同季节、不同时段对三种犯罪事件的热点区域识别,以便发现犯罪事件热点区域的随季节、时段变化而产生的不同分布及变化规律。2017年纽约市不同季度抢劫事件的热点区域表明,在冬季,抢劫事件多发生于曼哈顿区、布鲁克斯区南部、布鲁克林区北部和皇后区中北部。在春季,抢劫事件主要聚集发生于布鲁克斯区南部和皇后区北部;而到夏季后,抢劫事件热点区域从布鲁克斯区南部向南蔓延到曼哈顿区北部,皇后区北部的抢劫事件聚集度则减少;到秋季后,曼哈顿区北部的抢劫事件热点区域继续向南扩散到曼哈顿区南部,皇后区中部、北部和布鲁克林区北部抢劫事件的聚集度相较夏季提高;到冬季后,曼哈顿区南部和北部的抢劫事件聚集度大体持平;总体而言,纽约市抢劫事件的热点区域随时间变化而从布鲁克斯区南部逐渐扩大到布鲁克斯区南部和曼哈顿区,皇后区北部抢劫事件聚集度在夏冬两季有所减少,皇后区中部和布鲁克林区北部抢劫事件聚集度持续增加。

2. 高危害区域分析

高危害区域识别的实现方式与事件热点识别方式相同,在密度函数中设置了事件对应的权值并采用权值进行核密度估计的计算。在事件高危害区域的识别中,将不同类型的事件以权值的方式归一到自适应带宽的核密度估计方法中,且事件造成的社会危害是一个较为长期的社会影响。

【案例】2017年纽约市各季度犯罪事件的高危害区域

纽约市各季度犯罪事件高危害区域聚集于曼哈顿区、布鲁克斯南部和布鲁克林区北部和皇后区北部。在春季,曼哈顿区和布鲁克斯区南部的犯罪事件危害相较于同时段其他区域犯罪事件危害度而言,其危害度较大,因此春季曼哈顿区和布鲁克斯区南部的犯罪危害相对较高。在夏秋两季,曼哈顿区和布鲁克斯区南部犯罪事件危害与同时段其他地区犯罪事件危害度间差异减小且犯罪数量增加,说明各类型、各程度犯罪事件分布差异减小,到冬季后分布差异更小。

对犯罪事件高危害区域展开分析,在曼哈顿区北部和南部的犯罪事件危害度最高,因为曼哈顿区北部是三类犯罪事件的热点区域,犯罪事件的数量较多,所以该地区的犯罪危害度较大;在曼哈顿区南部的盗窃、抢劫事件发生较多,且该地区经济更为发达,致使盗窃、抢劫事件的犯罪程度多为重罪,其权值较大,因此该地区的犯罪事件危害度最高;而在曼哈顿区中部是中央公园,人流量较小,故该区域犯罪事件极少。布鲁克斯南部是三类犯罪事件的热点区域,且犯罪事件聚集度较高,但在该地区发生的犯罪事件大部分是轻罪,所以该地区的犯罪事件危害度不如曼哈顿区北部和南部高。布鲁克林区北部和皇后区北部的犯罪热点区域面积较大,犯罪事件空间聚集度不高,而且在该地区发生的犯罪事件是以轻罪为主,因此这两个地区的犯罪事件危害程度不高。

11.3 时空关联因素分析

为进一步探究事件时空分布模式的潜在关联性,开展驱动要素时空关联分析,将数据挖掘领域的Apriori算法与地理加权回归等地理学模型结合,构成驱动关联研究理论,拓展了关联规则挖掘技术的应用,从横向关联与纵向因子作用的角度对事件驱动原理进行挖掘与分析。

11.3.1 关联规则挖掘

数据挖掘指从海量且有噪声的原始数据中找到隐含且有价值的信息的过程,是当前大数据研究领域的热点问题。关联规则挖掘是数据挖掘的重要研究方向,最早出现于超市销售数据库中不同商品之间的关联关系分析,反映不同事务之间的依存性和关联性,主要用于从海量的数据中发现潜在有用的关联或相关关系。

关联规则反映一个事物与其他事物之间的相互依存性和关联性,Rakesh Agrawal等学者在研究顾客购买商品中的关联规则问题时,对其相关术语做了基本的解释。$I = \{i_1, i_2, i_3, \cdots, i_n\}$ 表示 n 个不同数据项组成的集合,称为数据项集,简称项集,其包含的数据项个数叫做项集的长度,长度为 k 的项集称作 k-项集。在事务数据库 D 中,每个事务 T 是项集的子集,同时每个事务都有唯一与之相连接的标识符 Tid。关联规则表示为 "$X => Y$",其中

$X \subset I, Y \subset I$，并且$X \cap Y = \varnothing$。X称为关联规则前项，即前提，Y为关联规则后项，即结果。

关联规则的度量包括支持度、置信度和提升度。支持度为前项事件和后项事件在整个数据项集I中同时发生的频率，代表项集的重要程度，即：

$$support(X => Y) = \frac{P(X \cup Y)}{P(I)} \tag{11.13}$$

置信度表示在前项事件发生的情况下，由关联规则"$X => Y$"推出后项事件的概率，代表关联规则的可靠性，即：

$$confidence(X => Y) = \frac{P(X \cup Y)}{P(X)} \tag{11.14}$$

提升度表示含有前项事件的条件下含有后项事件的概率与后项事件发生的概率之比，反映了前项事件对后项事件发生概率的影响性。提升度主要用于衡量规则是否具有实际价值，大于1且越高，说明数据项集 X 和数据项集 Y 正相关性越高；小于1且越低，表明其负相关性越高；等于1，表明二者相互独立。

$$lift(X => Y) = \frac{P(Y|X)}{P(Y)} \tag{11.15}$$

关联规则挖掘的主要目的是从大型事务数据库中找到隐藏的关联网络。支持度太低的规则不具有一般性，置信度太低的规则可信程度较差，为了满足实际情况，找到可信且具有代表性的关联规则，需要用户事先设定关联规则的支持度和置信度阈值，即最小支持度$\min sup$ 和最小置信度$\min con$，指标满足二者的规则称为强关联规则。在强关联规则中，并非所有规则都是有效的，通过提升度进一步过滤无效的强关联规则。

关联规则挖掘的过程大体分为以下两步：①生成频繁项集：在事务数据库D中，找出大于等于用户定义最小支持度$\min sup$的项目集合，称为频繁项集。②利用产生频繁项集生成关联规则，对每个频繁项集 l，计算得到每个非空子集 a，如果满足$\frac{support(l)}{support(a)} \geq \min con$，则产生关联规则"$a => (l - a)$"，$\frac{support(l)}{support(a)}$即为关联规则的置信度。根据最小支持度和最小置信度筛选，即可得到强关联规则。值得注意的是，a的非空子集$\tilde{a}$的支持度不超过a的支持度，因此关联规则"$\tilde{a} => (l - \tilde{a})$"的置信度大于等于关联规则"$a => (l - a)$"的置信度，也就是说，若含有关联规则"$a => (l - a)$"，则一定含有"$\tilde{a} => (l - \tilde{a})$"形式的所有规则。

最经典的关联规则挖掘算法是Apriori算法。该算法是一种逐层迭代的频繁模式挖掘方法，通过对事务计数找出频繁项集，再从中推导出关联规则。算法基于两个重要的性质：频繁项的子集仍是频繁的；频繁项的子集仍是频繁的，非频繁项集的超集仍是非频繁的。

【**案例**】**芝加哥市不同类型犯罪之间的相关性分析**

　　为反映不同类型犯罪之间的相关性及犯罪关联的时空变化,将芝加哥市2020年的时空关联规则以关联网络图谱的形式可视化,得到犯罪的时空整体态势,如图11-8所示。图中圆圈大小表示规则的支持度大小,颜色深浅表示置信度的大小,据此分析犯罪事件时空分布模式详细关联情况,由图可知:发现犯罪时空关联主要以低冷点模式关联为主,这种现象在一定程度上表明犯罪模式的时空关联变化受犯罪整体形势的影响。暴力犯罪和生活质量犯罪呈现分散冷点模式,通常作为关联规则的后项,由财产类犯罪和其他一般类型犯罪冷点模式引起;另一方面,这两类犯罪的热点模式又经常作为关联规则的前项,引起财产类犯罪和其他犯罪的热点模式。这表明,在犯罪总体形势较弱的时候,财产类以及一般类型等伤害影响稍弱的犯罪会助长暴力类犯罪行为;而当暴力类犯罪等严重犯罪行为成为主流热点犯罪时,又会反作用于伤害性较轻的一般类型犯罪。

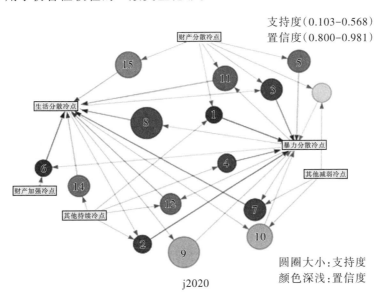

图11-8　芝加哥犯罪时空整体态势

【**案例**】**纽约交通事故数据的关联挖掘分析**

　　以美国纽约2015年交通事故数据展开,含182980条交通事故记录,包含发生时间,案发地经纬度,隶属街区和警局区域等信息。删除位置、时间属性,以及事故描述属性缺失的数据行。对研究区域内交通事故进行逐小时统计,发现0~6点为交通事故的低发期,6~12点为激增期,12~18点为高发期,18~24点为回退期。据此将交通事故数据的时间属性离散化为0_6,6_12,12_18,18_24。

　　将研究区域切割成3km×3km的空间格网,提取出与研究区域相交的共计195个网格,并对网格进行编号。读取预处理后的交通事故数据根据经纬度信息,与这195个网格进行空间连接,为交通事故数据赋予与空间位置相对应的网格编号以便通过Apriori算法进行关联规则挖掘。

对交通事故案件类别、时间段、网格编号等属性信息进行关联规则分析,选择合适的最小支持度和最小置信度。由于数据量过于庞大,为提取出有意义的强关联规则,设置最小支持度为0.00024,最小置信度为0.2,计算提取满足最小支持度与最小置信度的强关联规则集。按照关联规则长度为2,提升度大于1.1的原则进行筛选,得到共计84条强关联规则。通过分析得到的强关联规则,推出地理格网与时间段这两个属性之间所存在的关联关系,进而推测交通的时空规律。通过使用聚类方法将强规则分组,实现强关联规则基于矩阵的可视化,如图11-9所示。圈的大小表示聚合后的支持度,6_12时间段对应31条强关联规则,12_18时间段对应24条强关联规则,18_24事件段对应19条强关联规则。

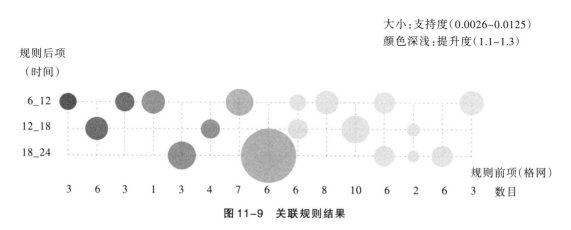

图11-9 关联规则结果

11.3.2 基于贝叶斯网络的相关分析

贝叶斯网络(BN)是基于概率分析和图论对不确定性知识进行表示的推理模型(陈云,2015),它是一种模拟人类推理过程中因果关系的不确定性处理模型。它是由节点和连接节点的有向边构成的有向无环图(DAG),其中,节点表示可观察到的变量、或隐变量、未知参数等随机变量;有向边表示节点之间的因果关系(父节点"因"指向子节点"果"),节点之间因果关系强度用条件概率表示。

1. 贝叶斯网络

贝叶斯网络可以将决策相关的各种信息纳入网络结构中,按节点的方式统一进行处理;并用条件概率表达各个信息要素之间的相关关系,能在不完整、不确定的信息条件下进行学习和推理。贝叶斯网络作为一种不确定性的因果关联模型,具有多元知识图解可视化形式,强大的不确定性问题处理能力以及多源信息表达和融合能力,通过概率推理来实现事件发生的预测,在统计决策、专家系统和学习预测方面得到了较为广泛的应用。

贝叶斯分类器是用于分类的贝叶斯网络,它是各种分类器中分类错误概率最小或者在预先给定代价的情况下平均风险最小的分类器。其分类原理是通过某对象的先验概率,利用贝叶斯公式计算出其后验概率,即该对象属于某一类的概率,选择具有最大后验概率的类作为该对象所属的类。

贝叶斯决策论通过相关概率已知的情况下利用误判损失来选择最优的类别分类。将样本的类别记为 c,样本的特性记为 x,则"风险"(误判损失)就可以用原本为 c_j 的样本误分类成 c_i 产生的期望损失来衡量,期望损失可通过下式计算:

$$R(c_i|x) = \sum \lambda_{ij} \mathop{P}_{j=1}^{N}(c_i|x) \tag{11.16}$$

其中,λ 是误分类所导致的损失。为了最小化总体风险,只需在每个样本上选择能够使条件风险 $R(c|x)$ 最小的类别标记。

朴素贝叶斯分类器是贝叶斯分类器中最简单,也是最常见的一种分类方法。朴素贝叶斯算法是有监督的学习算法,解决的是分类问题。基于属性条件独立性假设,后验概率 $P(c|x)$ 的估计公式为:

$$P(c|x) = \frac{P(c)P(x|c)}{P(x)} = \frac{P(c)}{P(x)} \prod_{i=1}^{d} P x_i|c) \tag{11.17}$$

其中,d 为属性数目;x_i 为 x 在第 i 个属性上的取值;$P(c)$ 是类"先验"概率,$P(x|c)$ 是样本 x 相对于类标记 c 的类条件概率;$P(x)$ 是用于归一化的"证据"因子,对于给定样本 x,证据因子 $P(x)$ 与类标记无关。于是,估计 $P(c|x)$ 的问题变为基于训练数据来估计 $p(c)$ 和 $P(x|c)$。$P(c)$ 可通过各类样本出现的频率来进行估计。

【案例】纽约市曼哈顿区交通事故

对 2014 年至 2017 年的交通事故数据构造朴素贝叶斯网络,对事故中伤亡人数进行分析。数据集共 6025 条,内容包括伤亡人数、季节、工作/休息日、节假日、天气、时间段、风速、气温、邮政区、事故因素、事故车是否是大型车辆等数据属性。计算结果如图 11-10 所示。根据结果显示,该地区的交通事故的伤亡人数主要与天气、时间段、工作/休息日、气温、事故因素类型、事故车辆是否是大型车辆、事故车辆类型等因素有关。同时,事故因素类型、事故车辆类型与时间段、天气等又存在内在联系。

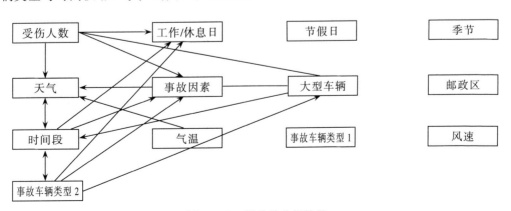

图 11-10 相关性分析结果

2. 犯罪风险贝叶斯时空模型

建立犯罪风险贝叶斯时空模型,将犯罪事件总数量作为结果变量,通过包括时间,空间和时空随机效应等参数来进行估计。人口密度、商超设施、宗教设施、交通站点密度和道路密度等对犯罪都具有显著的促进作用。通过警片 i 的人口 P_i 与第 t 月研究区域案发率的乘积计算,相对风险 ρ_{it} 主要受商超、宗教等城市建成环境及交通站点密度、道路密度等位置连通性因素影响。在时空模型框架内,将 ρ_{it} 分解为研究区域的总体时间风险,空间风险和时空效应如下:

$$\log\left(\rho_{it}\right) = b_0 + \mu_i + \nu_i + \gamma_t + \varphi_t + \delta_{it} \tag{10.18}$$

其中, b_0 为截距项,表示平均对数相对风险。 μ_i 和 ν_i 可看作是地区 i 的隐藏变量,表示每个研究单元自身的犯罪风险与研究区域平均风险的差异。 μ_i 表示犯罪风险在研究区域的非结构化随机效应,与犯罪风险的空间结构分布无关, ν_i 表示空间结构化效应。 γ_t 和 φ_t 为月份 t 的隐藏变量,用于衡量研究区域犯罪风险的总体时间变化趋势。 γ_t 为第 t 月的非结构化效应,代表不具备时间结构的特征, φ_t 为第 t 月的结构化效应。时空相互作用项 δ_{it} 表示每个研究单元自身的时间变化趋势与研究区域总体时间变化趋势的差别,主要用于估计特定地区犯罪风险对主要空间和主要时间效应的偏离情况。

【案例】芝加哥犯罪空间风险分析

芝加哥犯罪时间风险的整体变化与验证集 2020 年实际犯罪数量变化如图 10-11 所示,相比于非结构化时间效应的全年波动,结构化时间效应曲线更贴近犯罪总体时间风险。全年内犯罪风险整体上呈先下降后上升再下降的趋势。3 月份犯罪风险最低,从 5 月份开始,犯罪风险有一个明显增加的趋势,在 9 月份达到最高,随后逐渐回落。犯罪风险的主要时间效应代表了一年中对警务资源配置需求的基本性变化,犯罪风险在 9~10 月份达到高峰,测

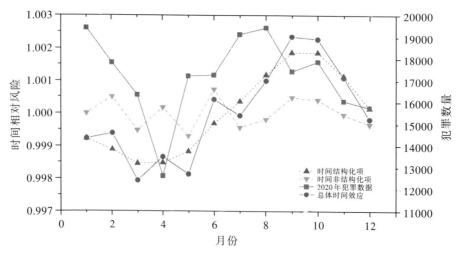

图 11-11 犯罪风险主要时间效应及对比

试集中该时间段共有437418起犯罪事件,包括暴力犯罪53423起,生活质量犯罪82072起,财产犯罪147532起,其他犯罪154391起。考虑犯罪驱动原理,在警力资源较为紧张的情况下对于高风险时段9~10月份,应优先从城市基础设施和位置连通性等角度打击暴力犯罪,重点关注宗教设施,商超设施,金融设施等区域,进而遏制城市整体犯罪形势。3~5月为城市犯罪低风险阶段,警务工作重点主要抑制其他一般类型犯罪,关注城市商业区的同时给予居住区一定的警务资源。

由于在模型中顾及了时间、空间和时空交互作用的综合影响,因而得到的犯罪空间风险分布更具有稳定性和代表性。计算2020年芝加哥各警片每千人的案发数量,使用自然断点法进行分级,得到验证集中的犯罪率实际分布情况。模型计算得到的犯罪空间相对风险分布与2020年各警片的实际犯罪率分布的对比情况说明,犯罪风险值大于1的地区称为风险区,应该引起重视。总的来说,犯罪高空间风险集中分布在中部和南部地区,北部地区风险值较低。此外,研究区域出现了两块极高犯罪风险区,分别为16号警区西部和1号警区西北部,前者主要是由于居住人口远远少于其他地区,因此预期的犯罪较少而犯罪空间风险较高,这是利用居住人口计算预期犯罪数量的一个弊端;相比之下,1号警区西北部位于市中心,人口稠密仍表现为较高的犯罪风险。犯罪空间相对风险与实际犯罪情况较为接近,建立的时空模型可以很好地解释芝加哥市对警力资源需求的空间分布特征。空间效应主要突出了对警务资源需求的一般空间模式。具有高空间风险的地区有持续的高犯罪数量,因此是一年内所有时间段都应该被警务部门重视的地区。了解这些风险区的分布特点和可能存在的原因有助于实现警力资源的最佳配置。

11.3.3 利用聚类和异常值分析法进行交通事故黑点识别

对纽约市交通事故进行空间热点分析时,选用聚类和异常值分析法来对计算出结果进行挖掘。根据数据计算出每个样本的局部莫兰指数,从而鉴别出具有统计显著性的热点、冷点和空间异常值。

聚类和异常值算法通过计算局部莫兰指数、Z得分等,进而得到每个时空子路段具有统计显著性的聚类类型,包括以下四种:高值(HH)聚类、低值(LL)聚类、高值主要由低值围绕的异常值(HL)和低值主要由高值围绕的异常值(LH),并据此绘制Moran散点图,它主要描述某一空间单元的观测变量x与其空间滞后变量Wx(即该空间单元周围单元的观测变量值的加权平均值)之间的相关关系。

莫兰散点图分为四个象限,分别对应四种不同类型的局部空间关联模式:右上象限(H-H):观测值大于均值,其空间滞后也大于均值;左下象限(L-L):观测值小于均值,其空间滞后也小于均值;左上象限(L-H):观测值小于均值,但其空间滞后大于均值;右下象限(H-L):观测值大于均值,但其空间滞后小于均值。

【案例】纽约市MN17区交通事故黑点识别

选取时空子路段的加权网络核密度估计值作为样本的属性值,计算每个时空子路段的聚类类型,并选取置信度为95%的统计显著性,聚类类型为高值(HH)聚类的时空子路段为研究区域内的交通事故发生的热点区域,如图11-12所示。底图为MN17区遥感影像,黄色边框为MN17区的边界,红色部分为置信度为95%的统计显著性的黑点时空子路段,将其分成A~I共9个区域,如黑色椭圆所示。识别出的黑点在不同时刻的分布情况。

A区域为百老汇大街与西55大街和西54大街交叉口路段,此区域内有许多银行、宾馆、餐厅等建筑。B区域为第六大道与西51大街和西57大街交叉口路段及其支路路段。C区域为第五大道与东55大街和东58大街交叉口及其支路路段。D区域为最大的黑点区域,为百老汇大街中部路段及其支路路段,黑点中心为时代广场。E区域为东51大街与第五大道和公园大道交叉口路段,附近是纽约中央火车站。G区域为西38大街和西39大街在第五大道与第六大道中间的路段。H区域为西35大街和36大街在第五大道与第六大道中间的路段。I区域为第五大道与32大街和34大街交叉口路段、西34大街东段和东32大街西段。

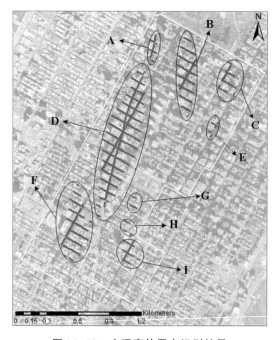

彩图效果

图11-12 交通事故黑点识别结果

分析发现,MN17区的交通事故主要集中百老汇大街中段与第七大道所形成的椭圆区域、第七大道与西29大街和西35大街交叉口及其邻近路段等黑色椭圆区域,为道路安全管理工作中应重点关注的区域路段。应该根据时间的不同对相应时间段内的交通事故黑点区域加强疏导和管理,有所侧重地调配警力资源,完善相应路段道路设施,从而削减黑点交通事故的发生及其造成的损失,最终消灭黑点。

11.3.4 利用粗糙集理论进行成因分析

粗糙集理论是一种分析不确定数据的挖掘算法。基本原理是根据已知数据库中的知识来对知识系统中不确定或者不明确的知识进行描述刻画。在粗糙集理论中,"分类"是指在特定的空间上的一种等价替代关系,"概念"是指由等价关系对特定空间"分类"后所形成的集合。粗糙集理论把特定空间"分类"后形成的集合对某一"概念"赋予三种支持程度:一定支持、一定不支持和可能支持,分别对应粗糙集理论中的正域、负域和边界域。粗糙集理论能够在保持原有的分类能力不变的前提下,去除数据中的冗余信息。主要分类的方法对信息和知识进行描述和刻画,涉及的主要概念有信息系统和知识、不可分辨关系和上下近似、知识约简和属性重要度、决策规则。

1. 信息系统和知识

粗糙集理论的主要研究对象为信息系统,也称作决策表,用信息系统来对研究对象进行刻画。信息系统包含所要研究的所有数据,一般使用一个数据表来表示。比如交通事故数据可以视为一个信息系统,每一行即一起交通事故记录,数据表中每一列代表交通事故记录中包含的属性信息,如位置信息、时间信息、致因因素等。用一个四元组来描述信息系统如下:

$$S = (U, A, V, f) \tag{11.19}$$

其中,U 为包含所有研究对象的非空有限集合,即论域;A 是包含所有属性的非空有限集合,包括条件属性 C 和决策属性 D,$A = C \bigcup D$,$C \bigcap D = \varnothing$;$V = \bigcup_{a \in A} V_a$,$V_a$ 是属性 a 的值域;f 表示为每个研究对象的每个属性赋予一个属性值的信息函数。

在粗糙集理论中,"知识"象征为分辨能力,这种分辨能力可以根据事物的不同特征对其进行正确分类。

将交通事故数据视为一个信息系统,每一行即一起交通事故记录,数据表中每一列代表交通事故记录中包含的属性信息,如位置信息、时间信息、致因因素等。对纽约市 MN17 区的交通事故黑点进行影响因素分析前,首先进行数据预处理。首先以识别出的 9 个黑点路段区域做缓冲区,然后收集每个区域内的交通事故记录并整理,以黑点编号为名称分别存储在文件中。编程对黑点区域内的交通事故数据进行离散化处理。首先根据交通事故记录中的日期字段与每日气象数据相关联,为每条事故记录增加事故发生当天的天气、平均温度,降雨等属性。并且由于粗糙集理论只可以用来处理离散型属性,所以对连续属性进行属性离散化处理。

根据纽约市警局对交通事故致因因素的分类,将事故致因因素分成人的因素、车的因素与环境因素三大类,其中与人有关的因素共有 27 种,如路怒、酒驾、使用电话、司机注意力不集中等,与车有关的因素共有 4 种,包括刹车失灵、汽车失控、特大型车辆和其他车辆,与环境有关的因素共 7 种,包括动物行为、眩光、车道标志不当、道路湿滑、障碍物、路面缺陷和视线受阻。

将交通事故严重程度属性离散为"一般""轻微""严重"三类,其中一般事故的严重程度为"0",轻微事故的严重程度为"0.02",严重事故的严重程度为"0.02以上"。

根据粗糙集理论及离散后的交通事故数据构建MN17区交通事故黑点影响因素挖掘分析模型,构建交通事故知识系统:

$$\begin{cases} S = (U,A,V,f) \\ U = \{e_1,e_2,\cdots,e_n\} \\ A = C \cup D, C \cap D = \varnothing \end{cases} \quad (11.20)$$

其中,e_i为第i条交通事故记录,C={季节,时段,雨雪天气,雾霾天气,温度等级,人的因素,车的因素,环境因素},D={交通事故严重程度}。

2. 不可分辨关系和上下近似

从条件属性中提取出属性核是粗糙集理论算法的重点,为此,需要了解不可分辨关系、上(下)近似、粗糙度。

知识库$K=\{U,R\}$是由一个个小的颗粒组成。"知识"是具有颗粒性的,颗粒性越小说明越能精确地表达更多的概念。不可分辨关系是指当两个对象无法根据已有的知识进行区分时,此时两个对象之间的关系,也被称作等价关系。

基本集是论域知识中最小的颗粒,它是由论域中所有属性都相同的物体所构成的集合,同一个基本集中的不同对象之间的关系是不可分辨的。因此,"知识"亦可认为理解为将论域划分为一系列等效类的等效关系。

假设$P(P \subseteq R)$为论域U中的一个属性集合,IND表示不可分辨关系,IND(P)则表示在属性集合P上的不可分辨关系。进而U/P(或U/IND(P))则表示论域U被IND(P)分割成不同的部分记作。

在粗糙理论中,对象a与属性集合P之间的关系有以下三种:①对象a一定属于集合P;②对象a部分属于集合P;③对象a一定不属于集合P。这种关系的划分建立在知识系统中所拥有的"知识"的基础上。

对交通事故记录进行属性离散化处理后,基于粗糙集理论设计交通事故知识系统。将交通事故记录中的属性分为条件属性和决策属性,然后将交通事故数据集转换成一个二维表格,表格中的行代表一条交通事故记录,表格中的列代表交通事故记录中的属性,而每一个元素都对应着其所在列的相应属性的属性值。

为分析黑点区域的交通事故严重程度与其他属性的关系,以事故严重程度为决策属性,季节、时段、雨雪天气等其他因素为条件属性,构建交通事故严重程度的决策表。

3. 知识约减和属性重要度

知识约简是指在知识系统分类能力不变的情况下,对冗余知识进行剔除,对知识系统中不可缺少的知识进行保留。设有两个互相不重复的属性集合P和Q,其中Q不为空。如果

$Q \subseteq P$ 和 $IND(P) = IND(Q)$ 同时成立,则把 Q 称为 P 的一个约简(Reduce),用 $Red(P)$ 来表示。属性集合 P 的核表示属性集合 P 中所有不能省去的属性的集合,用 $Core(P)$ 来表示,$Core(P) = \cap Red(P)$,从中可以发现核是知识系统中不可缺少的部分,通过约简可以得到所有约简和核的关系。

在决策规则的生成中,起决定性作用的是约简后的属性。约简后的属性数量与决策规则的数量之间成正相关。知识系统中等价关系之间的依赖关系是知识约简的基础和前提。

在信息系统中,属性的重要度表示属性对分类的影响程度。重要度可能是人为赋予的,也被称作"权重",但是在粗糙集理论中,这种重要度不依赖任何先验知识,是仅仅从数据本身出发而得到的客观值。

对每个黑点路段区域交通事故决策表进行属性约简,得到各黑点路段区域内交通事故决策表条件属性的属性重要度,并与所有黑点路段区域和整个 MN17 区进行对比。

对于所有黑点区域和整个 MN17 区域,"人的因素"的属性重要度均为所有影响因素中最高的,说明"人的因素"对于交通事故的严重程度分类贡献最大,即交通事故的严重程度受"人的因素"的影响最大。

在粗糙集理论中,可以根据条件属性的属性重要度得到属性的核和约简属性,进而得到约简决策表。各黑点区域的约简决策表中属性如下表所示。

4. 决策规则

对于决策表 $(U, C \cup D)$,论域 U 被条件属性 $C = \{C_1, C_2, \cdots, C_n\}$ 所划分而成的集合用 $\{U/IND(C_1), U/IND(C_1), \cdots, U/IND(C_n)\}$ 来表示,记作 $\{c_1, c_2, \cdots, c_n\}$,U 被决策属性 D 所分割的集合用 $U/IND(D)$ 来表示,记作 $\{d\}$。条件属性 C_i 的等价类 c_i 的取值用 $Des(c_i)$ 来表示,决策属性 D 的等价类 d 的取值用 $Des(d)$ 来表示。因此规则的表示如下:

$$Des(c_1) \wedge Des(c_2) \wedge \cdots \wedge Des(c_n) \Rightarrow Des(d) \tag{11.21}$$

满足条件 $Des(c_1) \wedge Des(c_2) \wedge \cdots \wedge Des(c_n)$ 的等价类用 $[x]_c$ 来表示,满足 $Des(d)$ 的等价类用 $[d]_D$ 来表示,则上述规则的置信度的计算公式如下:

$$\alpha = \frac{Card([x]_c \cap [d]_D)}{Card([x]_c)} \tag{11.22}$$

上述规则的支持度的计算公式如下:

$$\varsigma = \frac{Card([x]_c \cap [d]_D)}{Card(U)} \tag{11.23}$$

删除约简决策表中的重复实例,然后总结影响各黑点路段区域不同严重程度的交通事故的决策规则,并计算每条规则的支持度与置信度,并引入关联规则挖掘中的评价指标 Kulc 系数作为决策规则选取的评价指标,Kulc 系数值越大,说明决策规则越具有信服力,Kulc 系数的计算公式如下:

$$\begin{cases} \alpha_{C \to D} = \dfrac{Card([x]_C \cap [d]_D)}{Card([x]_C)} \\[3mm] \alpha_{D \to C} = \dfrac{Card([x]_C \cap [d]_D)}{Card([d]_D)} \\[3mm] Kulc_{C,D} = \dfrac{\alpha_{C \to D} + \alpha_{D \to C}}{2} \end{cases} \qquad (11.24)$$

其中,$\alpha_{C \to D}$ 为规则 $Des(c_1) \wedge Des(c_2) \wedge \cdots \wedge Des(c_n) \Rightarrow Des(d)$ 的置信度。

计算每条决策规则的支持度、置信度和 Kulc 系数,对 Kulc 系数由高到低进行排序,可以得到决策规则集。由决策规则集可以总结出各个黑点区域的交通事故影响因素决策规则。限于篇幅,此处仅给出黑点 D 区域的计算结果,不一一给出对于其他区域的计算结果。黑点 D 区域的约简属性为时段、雾霾天气和人为因素。对于黑点 D 区域,可以总结出:①司机注意力不集中是导致交通事故的主要原因,贯穿在一天中从早上到深夜;②非法吸食毒品会造成严重的交通事故;③一般事故主要发生在中午时段,主要致因因素为司机注意力不集中和跟车过紧。

【案例】黑点 D 区域交通事故影响因素决策树

为了验证基于粗糙集理论对黑点影响因素分析结果,使用决策树对识别出的交通事故黑点路段事故的影响因素进行分析。决策树是一种通过建立树状选择结构分类规则来模拟决策时考虑多因素流程顺序的分类算法,在决策树模型中,使用 CART 算法进行模型的构建,对黑点路段发生的交通事故的影响因素进行分析。黑点 D 的交通事故影响因素决策树(见图 11-13),主要结论为:①春季温度等级为严寒、寒冷或温凉时容易发生一般事故;②春季温度等级为温暖或炎热时,早上 8 点之前由于司机注意力不集中容易导致轻微事故,而在早上 8 点之后容易导致一般事故;③除春季外,其他季节容易发生一般事故。

通过对比,可以发现两种模型方法都可以总结出不同黑点路段交通事故影响因素的决策规则,这两种模型方法都是从数据本身出发对 MN17 区交通事故黑点路段事故中的影响因素进行规则的挖掘,所挖掘出的规则存在异同。在决策树模型中若不对生成的决策树进行剪枝,则会导致生成的规则过于细致,使得模型的泛化性能不够理想,经过剪枝操作,模型的泛化性能虽然得到提高,但是相应地会丢失一些细节,而与基于决策树构建的模型相比,基于粗糙集理论构建的模型不对原始数据进行过多操作,能够尽可能多地保留数据中的细节。同时,决策树模型中对属性特征的划分可解释性较差,而基于粗糙集理论构建的模型可以计算出每个属性对于整个数据集的属性重要度,进而根据属性重要度选择重要的属性来对整个数据集进行描述。

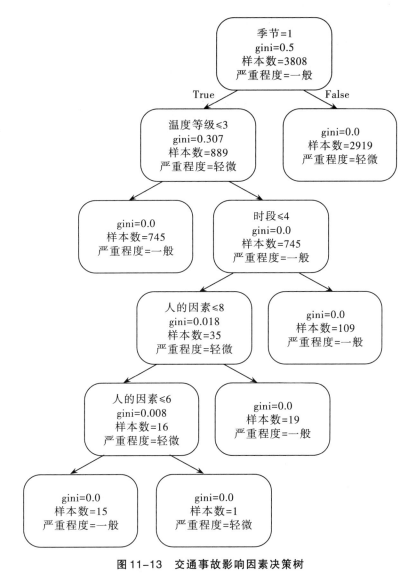

图 11-13　交通事故影响因素决策树

思考题

1. 名称解释

(1)突发事件;(2)灾害体;(3)承灾体;(4)抗灾体;(5)时空立方体模型;(6)空间分布模式;(7)贝叶斯网络

2. 简述公共灾害三角形。

3. 简述突发事件的误差椭圆的构建方法。

4. 举例说明突发事件热点区域的识别方法。

5. 举例说明突发事件的关联规则挖掘方法。

第 12 章

时空大数据及其城市应用

12.1　大数据概述

最早提出"大数据时代到来"的是全球知名咨询公司麦肯锡,其称"数据已经渗透到当今每个行业和业务职能领域,成为重要的生产因素。人们对于海量数据的挖掘和运用,预示着新一波生产率增长和消费盈余浪潮的到来"。2012年以来,大数据被越来越多地提及,人们用它来描述和定义信息爆炸时代产生的海量数据。有的学者甚至认为,这是一场革命,庞大的数据资源使得各个领域开始了"量化"进程,无论学界、商界还是政府,所有领域都将开始这种进程(见图12-1)。正是这种一切皆可能"量化"的趋势,截至2012年,数据量就已经从TB级跃升到PB、EB甚至ZB级。国际数据公司IDC的研究表明,2011年数据总量高达1.82ZB,相当于全世界平均每人生产200GB以上的数据。国际计算机公司IBM的研究表明,整个人类文明所获得的全部数据中,有90%是2011-2012年产生的;预计到2020年,全世界所产生的数据规模将是2012年的44倍。这的确将是一个"除了上帝,任何人都必须用数据来说话"的时代的到来。

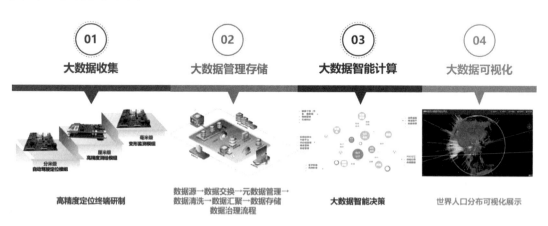

图12-1　大数据平台

12.2　大数据定义

什么是大数据?目前虽然没有一个统一的说法,学者广泛认为,大数据是指其规模(体量)和复杂程度(多样性,见图12-2)常常超出现有数据库管理软件和传统数据处理技术在可接受的时间内(快速)收集、存储、管理、检索、分析、挖掘和可视化(价值)能力的数据集的聚合。这样对大数据的定义,也符合大数据体量大(volume)、数据类型多(variety)、价值含量高(value)等特征。其中价值是最为值得关注的,如果没有对大数据的统计分析与挖掘,大数据就只能还是数据,无法从中提取有用的知识,实现大数据的"增值"。因此,发挥大数据"预测"的核心价值才是大数据的关键。

图12-2 大数据多样性

12.3 时空大数据

12.3.1 时空大数据内涵

地理学研究范畴是空间乃至时空尺度上的有趣现象,因此我们更关心的是时空大数据。所谓时空数据就是指在统一的时空参考下地球或者其他星体上的所有与位置有关的地理要素或者现象的数据集合,而在现实世界中有超过百分之八十的数据都和地理位置相关。作为大数据的重要组成部分,时空大数据具有空间、时间、专题三个基本属性,具体特点如下:

(1)存储现象、对象、事件在空间、时间、专题尺度上的基础信息,包括发生的时间、地点以及内容。

(2)表征现象、对象、事件在空间、时间、专题尺度上的动态变化,记录现象、对象、事件在空间、时间、专题尺度上的实时变化。

（3）挖掘现象、对象、事件在空间、时间、专题尺度上的关联与约束,分析现象、对象、事件在空间、时间、专题尺度上与周边环境的相互作用。

（4）获取现象、对象、事件在空间、时间、专题尺度上的特征与模式,实时分析现象、对象、事件在特定时空的行为特征,并对未来进行预测。

12.3.2 时空大数据挑战

那么,时空大数据时代的到来,给我们带来了什么挑战? 又给我们带来了什么机遇? 王家耀院士等给予了全面的解答:①时空大数据带来的科学范式的变化。以时空大数据为基础,以互联网、物联网、云计算为技术手段,解决研究中面临的理论、方法、技术、数据层面的挑战,转变科研方式,改变学者思维模式。②时空大数据带来的时空认知与传输模式的变化,包括"感知地理"、"认知地理"的出现,对现实世界进行重构,对物联网获得的感知世界进行分析、理解、挖掘、智能决策等。③时空大数据带来的地图学与GIS的变化。从数据源、算法、理论、模型等角度,使地图学更智能化、GIS更多源化。④时空大数据带来的理论、技术与产业的变化,包括构建时空大数据的理论、方法、技术、产品体系,实现"数据-分析-信息-知识-理论-应用(决策)-产品"的流线。

12.3.3 时空大数据之交通大数据

城市交通大数据是指由城市交通运行管理直接产生的数据(包括各类道路交通、公共交通、对外交通的线圈、GPS、视频、图片等数据)、城市交通相关的行业和领域导入的数据(气象、环境、人口、规划、移动通信手机信令等数据),以及来自公众互动提供的交通状况数据(通过微博、微信、论坛、广播电台等提供的文字、图片、音视频等数据)构成的,用传统技术难以在合理时间内管理、处理和分析的数据集。可见城市交通大数据中同时包含了来自交通行业的和交通行业之外的格式化和非格式化数据。

城市交通大数据领域涵盖交通数据、遥感数据、气象资料、环境数据等多方面数据集,通过机器学习、数据挖掘、统计学、可视化等技术,分析数据规律和模式,归纳推理潜在关系,辅助市场决策。通常的研究方法包括支持向量机、神经网络技术、贝叶斯网络、决策树等方法。具体特点如下:

1.数据量大

城市交通时时刻刻都在产生大量的数据,包括视频、图片等非结构化数据和车流量等结构化数据,结合社会经济、气象、环境等数据,直接导致城市交通大数据的数据量成倍增加。对于像上海这样的大城市,仅每天产生的结构化交通数据就达到了30GB以上,如果再算上道路监控视频和卡口照片等非结构化数据,数据量更是巨大。

2.数据种类多样

城市交通产生的数据多样,包括复杂的道路网、公共交通等,还整合了社会经济、气象、环境、人口移动等数据,以及政策等重大活动关联数据。数据类型上,更为复杂,包括结构化数据,非结构化数据以及半结构化数据。

3.价值大

智慧交通可辅助交通应急决策,实现交通突发状况的应急指挥,也为城市规划、功能区设置决策依据。通过大数据分析与挖掘技术,进行交通预测,进一步分析,如设置功能区后是否会导致交通拥堵,如对交通管理措施的有效性进行评价,如深度挖掘交通拥堵的关键因素等。

4.时效性强

长时序的城市交通大数据,可用于预测重大活动、极端天气车流量状况,进而对交通进行实时预警、干预,防止人群危险聚集发生。此外,结合近期和历史数据可对交通管理和城市规划进行辅助决策。

12.3.4　时空大数据之医疗大数据

医疗与公共健康领域每年都会产生海量数据,包括患者基础信息、住院记录、医疗影像数据、药史记录、手术记录等。结合大数据挖掘技术,可以辅助临床决策、优化临床方案等,可以对流行病进行建模、分析和预测等。目前,医疗大数据应用主要包括"医疗支付""临床医疗业务""药物研发""新型商业模式""公众健康监控"。

1. 临床医疗业务

根据麦肯锡的估计,可将大规模减少医疗开支。

(1)比较效果研究:将患者的个人特征信息、疾病相关数据和治疗效果数据进行全面比对分析,进而对多种治疗措施进行深入比较,最终确定适用于特定患者的最佳治疗方案。

(2)临床决策支持系统:通过数据驱动的临床决策支持系统,利用大数据分析技术,使自身更加智能化,可以提高医务工作者的工作效率和医疗服务质量。

(3)医疗大数据可视化:提升了医疗数据及过程的透明度,其一可以促进医疗业务流程的优化,降低医疗成本,提升医疗服务质量;其二医疗工作者和患者之间在医疗行为上更为透明,有效缓解医疗矛盾和并减少医疗纠纷的发生。

(4)远程实时监测:通过各种可穿戴健康设备对慢性病患者进行远程监测并记录相关数据,通过大数据的收集和分析可以帮助医务工作者为患者制定治疗措施。

(5)高级分析:对患者档案进行大数据分析可以预测患者对各种疾病的易感性。

2. 医疗支付

可更好地对医疗服务进行定价。

(1)自动化系统:通过大数据检测医疗索赔案件中的欺诈行为,让医疗支付透明化、合理化。

(2)基于卫生经济学和疗效研究的定价计划。

3. 药物研发

药物研发,提高研发效率。拿美国为例,这将创造每年超过1000亿美元的价值。

(1)预测建模:研发新药物的时候,可以通过数据建模和分析,确定最有效率的投入产出比,从而最佳组合资源,极大地降低医药产品公司的研发成本并更快地得到回报。

(2)提高临床试验设计质量的统计工具和算法。

(3)临床药物试验数据分析:通过对临床试验数据和患者就诊记录以及疗效数据进行大数据分析可以发现药物隐含的适应证及相关副作用。

(4)个性化治疗:对临床业务大数据和基因大数据的整合和分析,发现适合个体患者的个性化治疗方法,将使治疗过程更有针对性,有助于降低治疗成本和周期,提高治疗效果,真正实现"以病人为中心"的理念。

(5)疾病模式分析:如流感、埃博拉病毒等大规模传染病的疾病模式分析,包括传染模式、发病周期、病毒基因序列等相关大数据分析,可以帮助国家和药物研发机构快速地制定研发战略,配备研发资源。

4. 新型商业模式

网络平台和社区,普通民众在Twitter、微博等互联网社交平台上包含医疗信息的日常记录,以及谷歌、百度等搜索引擎上部分疾病和家用药品产品的搜索记录,都可以用于相关疾病的大数据分析和预防。此外还有一些专门的健康相关网络平台,例如PatientsLikeMe、Sermo、丁香园等,利用大数据技术,患者及医生可以方便地找到与之有关的患者、治疗方案等信息。

5. 公众健康监控

公共卫生部门可以通过覆盖全国的医疗数据中心,对传染病、大规模伤亡事件等进行全面监测,并通过集成疾病监测和响应程序,快速进行响应。如图12-3所示。

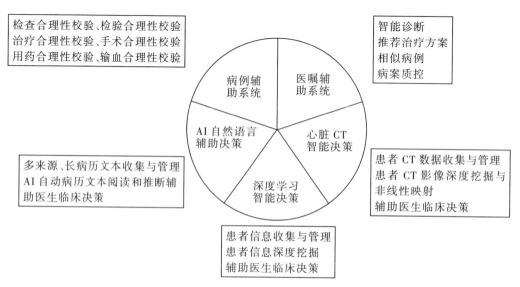

图12-3　医疗大数据

12.4 大数据案例应用之智慧医疗

12.4.1 掌上医院

掌上医院作为在网络信息技术快速发展之后所建立的成果,从以往的一片空白到如今的逐步完成,已经经历过较长一段时间的发展。在国外,掌上医院已经可以较好地使患者通过网络与医院进行联系,建立起完善的挂号、就诊、缴费、病情咨询等完整体系的服务系统。而在国内,掌上医院也建立起了的不同模式、不同范围的网络程序,让患者与医院的远程沟通中,有效地减少病人因长时间等待而出现的焦虑等情绪,使患者可以享受到便捷的远程就诊。郑州大学第一附属医院,作为人口大省河南省顶尖医疗机构,承担着全省大部分危重症病人救治工作,来医院看病的患者超过2万人/天。为了能更高效服务患者,医院围绕"诊前、诊中、诊后"患者就医全流程优化管理,开发应用掌上医院 APP,提高患者就医获得感,如图12-4所示。

诊断前:面向患者的综合信息,应用平台掌上医院 APP 可满足患者在线咨询、预约挂号、一键支付等功能。

诊断中:主要包括智能导航、智能提醒、智能医学检验预约。其中,智能提醒使用的频率较高。智能医学检验预约平台是医院建设和发展的重点。医院结合医院面积大、患者多的实际情况,为患者提供智能预约服务,并结合所有检查排队人员的情况和患者自身的身体状况,智能推送合理的预约方案,优化检查流程。

诊断后:主要包括自助打印、诊后随访等。对于自助打印,2019年推出的病历自动归档系统,让患者能够轻松实现自助打印。其中,住院患者在病历提交后,手机上会得到自助打印提醒。诊断后随访系统可以实现对患者治疗各个环节的满意度评价。

图12-4 电子医疗

12.4.2　辅助决策

人工智能辅助医疗决策系统被寄予厚望,主要是因为它们能够将医生和科研人员从烦琐的数据分析工作中解放出来,使得诊断疾病在几分钟内即可完成,极大地提高效率。北京大学第一医院采用飞利浦提供的智能图像全流程解决方案,即将飞利浦 ISAl 人工智能平台和 ISP 星云三维图像后处理平台嵌入到飞利浦 PACS/RIS 系统中,使医院在影像过程中可以根据自身的数据训练引入许多 AI 模型(见图 12-5),包括:前列腺癌模型、前列腺体积、良性病变、囊肿、出血、增生等,可以整合到过程中,实现统一处理并同步输出结果。当不同的序列进入不同的模型时,会得到不同的结果,包括:各种定量数据、定性诊断数据、前列腺癌定位等 AI 检测结果可以自动填入报告,最后生成给患者的报告。

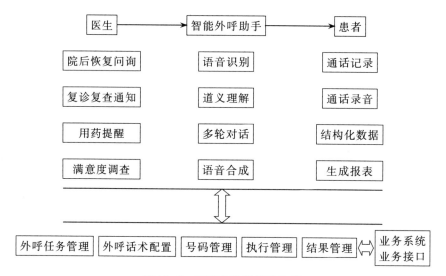

图 12-5　医疗大数据辅助决策

12.4.3　教学与科研

华西医院是一所国家级教学科研医院。教学、科研和临床是这家医院的三大任务。基于以上三重目标,华西医院联合飞利浦共同打造虚拟仿真实验教学中心和智能化临床双创实验中心,并引入"飞利浦星云三维影像后处理平台"(Intellispace Portal,以下简称 ISP)和"飞利浦星云探索平台"(IntelliSpace Discovery,以下简称 ISD)。

教学:目前,华西医学院正在基于飞利浦星云三维图像后处理平台设计课程,开展图像后处理和医学图像数据深度挖掘方面的教育。此外,这种教学不仅面向在校学生,也面向已进入临床工作的外科医生和医师。为他们掌握基本的医学影像后处理技能提供培训,从而帮助他们做好临床诊断和治疗工作。

科学研究:依托飞利浦 ISP 和 ISD 双创科研平台,提供结构化报表,使图像云数据中心的数据存储能够运用于科研创新。近日,华西医院和武汉协和医院龚启勇教授联合发表在 Frontiers in Endocrinology(IF=3.52)上的文章 *Altered Gray Matter Volume in Patients With Type 1 Diabetes Mellitus*。本文的发表体现了数据分析对合作伙伴的帮助和价值。

临床诊疗:双创中心使用的ISP作为临床影像诊断平台,能实现不同品牌、不同种类影像设备的图像融合,提供多模态影像的高级可视化处理和疾病影像特征挖掘、病灶的纵向追踪及高级特征描述功能,辅助临床医生基于影像,做出快速、精准的临床诊断决策,规划个体化治疗方案,跟进疾病治疗;另一方面,提供了一个平台,将优质医疗资源下沉到基层,通过远程影像、远程诊疗等方式,提升基层医疗服务的能力和质量。

思考题

1. 论述大数据的三大特征。
2. 阐述医疗大数据国内外现状。

第 **_13_** 章

云平台在城市空间监测中的应用

13.1 地球空间大数据云计算平台(GEE)简介

13.1.1 地球空间大数据云计算平台(GEE)

地球空间大数据云计算平台(GEE)的英文全称为 Google Earth Engine。该平台是一个可以批量处理卫星影像数据进行数据运算的云平台,其集科学分析及地理信息数据可视化为一体。该平台提供丰富的 API,以及工具帮助方便查看、计算、处理、分析大范围的各种影像等 GIS 数据。除此以外,GEE 还存放了大量可公开获得的地理空间数据集,包括各种卫星和航空影像、气候产品数据、地表温度数据、土地利用数据、夜间灯光数据、地形和社会经济数据集等,供科研人员、教育人员、非营利性机构、企业及政府机构等用户使用。GEE 云平台为用户提供免费云端硬盘,支持多种格式(PNG、JPEG、CSV 文件格式、MP3 视频格式)导出结果,可以随时查看修改,也可以下载结果在本地显示。除了 GEE 平台自带的数据之外,GEE也可以上传自己的数据。

GEE 可以使用 JavaScript 和 Python 语言进行编程运算,其线上运算和存储的能力是线下的电脑或者计算机所无法比拟的,可以进行大数据量、大尺度范围的研究。GEE 平台将Landsat/Sentinel 等可以公开获取的遥感图像数据存储在谷歌的磁盘阵列中使得 GEE 用户可以方便地提取、调用和分析海量的遥感大数据资源 GEE 在设计之初就是为了服务科研人员而构建的。因此在概念上可以将 GEE 视为一种工具,类似于菜刀之于厨师或者猎枪之于猎手而不应该将其当作一种复杂的计算机编程平台。GEE 的出现为海量遥感大数据的快速处理提供了前所未有的发展机遇。目前,有很多学者利用 GEE 云平台开展了有关于城市或城市群内的海量数据处理分析,包含各种遥感数据处理的分类分析,国内外学者对于该部分的研究已有一些成果,例如:农作物面积提取、植被变化监测、流域周边环境变化监测以及城市面积变化监测、土地覆盖与土地利用动态监测与建模、生态系统过程监测与建模、城市和人口动态特征描述、水资源监测与建模以及生态系统对气候变化的响应等。

13.1.2 地球空间大数据云计算平台(GEE)的发展历程

Google Earth Engine 在 2011 年由 Google 公司与卡耐基梅隆大学、美国航空航天局 NASA

（National Aeronautics and Space Administration）、美国地质调查局 USGS（United States Geological Survey）联合开发,属于美国"政产学研用"深度融合的产物。该平台生产就是针对遥感影像信息提取的智能化、大批量化、快速化设计的。2013年学者逐步使用该平台实现全球森林变化监测,2014年有学者完成全球疟疾风险分布评估,2015年实现作物产量估算和建筑用地提取,2016年完成与 Collect Earth 等第三方应用的整合,进而完成对于洪水监测、全球地表水变化、深度学习等方面的研究;2017年突出的成果是完成了有色可溶性有机物和可溶性有机碳的量化全球作物产量估算半干旱地区生态系统评估;2018年有研究对于全球蒸散和初级总生产量、全球干旱评估和海岸线监测的内容;2019年至今主要有在 GEE 上应用深度学习提取地表覆盖产物以及更加精细的水葫芦灾害防治、非洲湿地的分类、作物测绘等等。

13.2 地球空间大数据云计算平台（GEE）基础架构

GEE云平台的结构包括 3 大部分:前端、后台以及前端后台的交互,其前端为 Python 桌面客户端或 JavaScript 网页客户端,后台为数据库,存储数据集以及用户上传数据,前端后台的交互即使用客户端函数库通过 Web REST APIs 向系统发送交互式或批量查询的请求,这些请求由前端服务器处理成一系列子查询请求并传给主服务器,然后主服务器将请求分配给子服务器计算,如果请求计算量较小,服务器则进行动态计算,如果请求计算量较大,则进行批处理;计算完成后将结果传给前端经过解析后进行显示,用户便得到最终分析结果,其架构如图13-1所示。

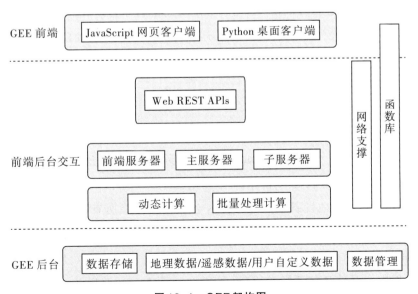

图13-1　GEE架构图

13.3 Earth Engine中重要概念介绍

13.3.1 服务器和客户端

在 Earth Engine 问世后,衍生出服务器(Server)和客户端(Client)两个概念,具体指的是服务器端编程语言(Earth Engine 编程语言)和客户端编程语言(JavaScript 编程语言)。Earth Engine 编程语言在服务器端运行,JavaScript 编程语言在浏览器中运行,而这些定义仅针对 Earth Engine 平台上使用。

下面代码使用的是 JavaScript 代码定义的字符串变量,运行显示数据类型为"string"。

```
var Client ="ABC";
print(typeof Client);
```

下面代码使用的是 Earth Engine 编程语言定义的字符串变量,运行显示数据类型为"object"。

```
var Server=ee.String("ABC");
print(typeof Server);
```

由此可以看出。普通 JavaScript 编程语言定义的字符串是 string 类型。Earth Engine 编程语言定义的是 object 类型,需要注意的是,这个 object 类型只能在 Earth Engine 服务器中使用。

13.3.2 影像

影像在遥感领域通常指的是卫星、航拍飞机或者无人机等飞行设备远距拍摄的影像。其储存格式包括 GeoTIFF、hdf 等。Earth Engine 中影像与本地遥感图像处理平台软件的区别在于它是基于 Google 定义的一种格式存储的,而非本地格式文件。使用时需要通过 Image API 调用获取。本地设备在处理影像时会对整张影像所有像素做遍历,而 GEE 平台不需如此,它在 Earth Engine 内部实现整体操作。对比本地,Earth Engine 中的运算效率和运算能力得到大幅提高。

Image 影像的主要信息包括影像的 ID、类型 type、版本 version 以及波段信息和属性信息,如图 13-2 所示。

```
Image LANDSAT/LC08/C01/T1_TOA/LC08_123032_20180102 (12 bands)
type: Image
id: LANDSAT/LC08/C01/T1_TOA/LC08_123032_20180102
version: 1655337549451297
bands: List (12 elements)
  ▶ 0: "B1", float, EPSG:32650, 7761x7891 px
  ▶ 1: "B2", float, EPSG:32650, 7761x7891 px
  ▶ 2: "B3", float, EPSG:32650, 7761x7891 px
  ▶ 3: "B4", float, EPSG:32650, 7761x7891 px
  ▶ 4: "B5", float, EPSG:32650, 7761x7891 px
  ▶ 5: "B6", float, EPSG:32650, 7761x7891 px
  ▶ 6: "B7", float, EPSG:32650, 7761x7891 px
  ▶ 7: "B8", float, EPSG:32650, 15521x15781 px
  ▶ 8: "B9", float, EPSG:32650, 7761x7891 px
  ▶ 9: "B10", float, EPSG:32650, 7761x7891 px
  ▶ 10: "B11", float, EPSG:32650, 7761x7891 px
  ▶ 11: "BQA", unsigned int16, EPSG:32650, 7761x7891 px
properties: Object (118 properties)
  BPF_NAME_OLI: LO8BPF20180102024639_20180102042532.01
  BPF_NAME_TIRS: LT8BPF20171221134040_20180102115508.01
  CLOUD_COVER: 6.71999979019165
  CLOUD_COVER_LAND: 6.71999979019165
  COLLECTION_CATEGORY: T1
  COLLECTION_NUMBER: 1
  CPF_NAME: LC08CPF_20180101_20180331_01.01
  DATA_TYPE: L1TP
  DATE_ACQUIRED: 2018-01-02
  DATUM: WGS84
  EARTH_SUN_DISTANCE: 0.9832884073257446
  ELEVATION_SOURCE: GLS2000
  ELLIPSOID: WGS84
  FILE_DATE: 1515037230000
  GEOMETRIC_RMSE_MODEL: 8.777999877929688
```

图13-2　影像信息展示

　　ID信息是一张影像的唯一标识。波段信息记录一景影像的所有波段信息,包括波段值类型,投影信息和影像的宽高。属性信息则有很多,包括拍摄日期、轨道号、云量等属性信息。

13.3.3　影像集合

　　影像集合(imageCollection)是把许多单张遥感影像放在一起作为一个列表对象存储。这一概念实现了集合内所有影像的统一快速处理,也是胜于本地设备的优势所在。应用影像集合的概念,可以更好地方便用户查找、归类影像,然后通过筛选得到自己需要的资源。

　　影像集合的主要信息包括影像集合的ID、类型type、版本version以及影像列表和影像集合的属性信息,如图13-3所示。

```
▼ImageCollection LANDSAT/LC08/C01/T1_TOA (23 elements, 12 bands)
    type: ImageCollection
    id: LANDSAT/LC08/C01/T1_TOA
    version: 1655337549451297
  ▶bands: List (12 elements)
  ▼features: List (23 elements)
    ▶0: Image LANDSAT/LC08/C01/T1_TOA/LC08_123032_20180102 (12 bands)
    ▶1: Image LANDSAT/LC08/C01/T1_TOA/LC08_123032_20180118 (12 bands)
    ▶2: Image LANDSAT/LC08/C01/T1_TOA/LC08_123032_20180203 (12 bands)
    ▶3: Image LANDSAT/LC08/C01/T1_TOA/LC08_123032_20180219 (12 bands)
    ▶4: Image LANDSAT/LC08/C01/T1_TOA/LC08_123032_20180307 (12 bands)
    ▶5: Image LANDSAT/LC08/C01/T1_TOA/LC08_123032_20180323 (12 bands)
    ▶6: Image LANDSAT/LC08/C01/T1_TOA/LC08_123032_20180408 (12 bands)
    ▶7: Image LANDSAT/LC08/C01/T1_TOA/LC08_123032_20180424 (12 bands)
    ▶8: Image LANDSAT/LC08/C01/T1_TOA/LC08_123032_20180510 (12 bands)
    ▶9: Image LANDSAT/LC08/C01/T1_TOA/LC08_123032_20180526 (12 bands)
    ▶10: Image LANDSAT/LC08/C01/T1_TOA/LC08_123032_20180611 (12 bands)
    ▶11: Image LANDSAT/LC08/C01/T1_TOA/LC08_123032_20180627 (12 bands)
    ▶12: Image LANDSAT/LC08/C01/T1_TOA/LC08_123032_20180713 (12 bands)
    ▶13: Image LANDSAT/LC08/C01/T1_TOA/LC08_123032_20180729 (12 bands)
    ▶14: Image LANDSAT/LC08/C01/T1_TOA/LC08_123032_20180814 (12 bands)
    ▶15: Image LANDSAT/LC08/C01/T1_TOA/LC08_123032_20180830 (12 bands)
    ▶16: Image LANDSAT/LC08/C01/T1_TOA/LC08_123032_20180915 (12 bands)
    ▶17: Image LANDSAT/LC08/C01/T1_TOA/LC08_123032_20181001 (12 bands)
    ▶18: Image LANDSAT/LC08/C01/T1_TOA/LC08_123032_20181017 (12 bands)
    ▶19: Image LANDSAT/LC08/C01/T1_TOA/LC08_123032_20181102 (12 bands)
    ▶20: Image LANDSAT/LC08/C01/T1_TOA/LC08_123032_20181118 (12 bands)
    ▶21: Image LANDSAT/LC08/C01/T1_TOA/LC08_123032_20181204 (12 bands)
    ▶22: Image LANDSAT/LC08/C01/T1_TOA/LC08_123032_20181220 (12 bands)
  ▶properties: Object (37 properties)
```

图13-3　影像集合信息展示

13.3.4　矢量数据

GEE平台上的矢量数据可以选择自己上传矢量或者平台提供。本地矢量数据通常为 shapefile格式或者KML格式存储,Earth Engine的矢量数据大部分为矢量数据集合。主要有三种类型几何图形类(Geometry)、矢量数据类(Feature)和矢量数据集合(Feature Collection)。

1. Geometry

Geometry包含多种几何图形类型有点、线、面等。通过指定几何图形的类型和坐标点定义几何图形。如图13-4所示。

```
Point (116.40, 39.91)
    type: Point
  ▶coordinates: [116.40089991215444, 39.90834693198469]
```

图13-4　Geometry的信息组成

2. Feature

对 Geometry 包装后的矢量为 Feature，其主要信息包括：ID、类型说明、集合图像 Geometry 和 Feature 的基本属性。如图 13-5 所示。

```
▼Feature 0 (Polygon, 2 properties)
    type: Feature
    id: 0
  ▼geometry: Polygon, 5 vertices
      type: Polygon
    ▶coordinates: List (1 element)
  ▼properties: Object (2 properties)
      location: 成都
      name: 天府广场
```

图 13-5　Feature 的信息组成

13.3.5　地图

地图是平台界面下方的地图（Map）展示区，此区域可以任意展示影像栅格数据、矢量数据，或者计算生成的新数据。

展示的方式为：Map.addLayer(eeObject，visParams，name，shown，opacity)

13.4　Google Earth Engine 概述

本节将简要介绍有关 Google Earth Engine 代码编辑器 IDE 的界面选项以及 Google Earth Engine 中所包含的各类数据以及检索数据的方法。

13.4.1　代码编辑器 IDE 简介

https://code.earthengine.google.com/ 上的 Earth Engine 代码编辑器是用于 Earth Engine JavaScript API 的基于 Web 的 IDE。它需要使用已启用地球引擎访问权限的 Google 账户登录。代码编辑器功能旨在快速轻松地开发复杂的地理空间工作流程。代码编辑器具有以下元素，如图 13-6 所示。

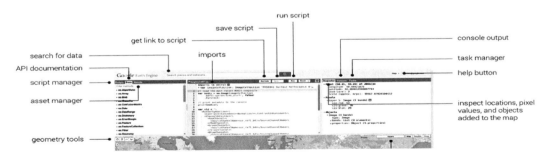

图 13-6　GEE 代码编辑器

代码编辑器 IDE 登录流程：在 Google Chrome 浏览器中导航至 URL: https://code. earthengine.google.com/。在注册账号后将会出现提示，请允许 Earth Engine 代码编辑器访问 Google 账户，进入"代码编辑器"界面。在 Scripts 选项卡下有各种预加载的示例脚本，这些脚本演示了功能并提供了可用于分析的代码，可以查看这些内容以开始了解 Earth Engine 可以执行哪些操作。在当天创建并保存脚本之后，该脚本将在专用存储库中提供。在"Docs"标签下，有一个可搜索的文档列表用于预定义的 GEE 对象类型和方法。请注意这些是按类型分类和组织的。选择一个感兴趣的对象，然后单击它以查看信息窗口。其中包含方法和相关参数的描述（必填和可选）。任何可选参数均以斜体显示。（示例脚本包括许多此类方法的示例，请尝试使用脚本搜索栏搜索它们）单击右上面板中的 Inspector、Console 和 Tasks 选项卡。使用 Inspector（类似于 ArcMap 中的标识工具）来轻松获取有关地图上指定点（通过在"Map Panel"中单击指定）的图层信息。Console 用于在脚本运行时返回消息并打印有关数据、中间产品和结果的信息。它也记录任何诊断信息，如有关运行时错误的信息。Tasks 选项卡用于管理数据和结果的导出。单击右上角的帮助按钮（见图 13-7）然后选择"Feature tour"以了解有关 API 的每个组件的更多信息：单击"Feature tour"中的选项，以更加熟悉代码编辑器的每个组件。

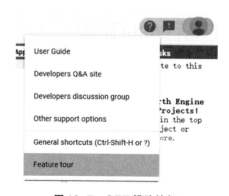

图 13-7　GEE 帮助按钮

13.4.2　使用 Google Earth Engine 检索数据

在网络浏览器（例如 Google Chrome）中打开 Google Earth Engine 主页：https:// earthengine.google.com/后单击右上角的数据集 Datasets，这将使用户快速概览 Earth Engine 中可用的某些数据，数据包括遥感影像、地球物理数据、气候和天气以及人口统计数据的信息。平台中的影像数据包括 Landsat 系列卫星影像、Sentinel 系列卫星影像、MODIS 系列卫星影像、ASTER 等。其他主要栅格产品还有土地利用产品（如 Glob Cover）、气象数据集、人口数据集等等，都可以通过代码直接调用。以下代码调用 Landsat 数据计算 NDVI 示例。该代码调用了影像数据集 LANDSAT/LC08/C01/T1_TOA，选定研究区（roi）和研究日期为（2018-1-1至 2019-1-1）计算了 2018 年的研究区 NDVI 值并在影像上添加了 NDVI 波段。

```
var  sCol = ee.ImageCollection("LANDSAT/LC08/C01/T1_TOA")
            .filterBounds(roi)
            .filterDate("2018-1-1","2019-1-1")
            .map(function(image){
              var ndvi = image.normalizedDifference(["B5", "B4"]);
              return image.addBands(ndvi.rename("NDVI"));  });
```

13.5 地球空间大数据云计算平台在城市空间监测中的应用

GEE对于影像的预处理,更加的简单和高效,通过直接调用官方经过辐射标定、大气校正等标准预处理的地表反射率SR数据等,避免了烦冗的预处理过程,并且简短的时间和空间的过滤筛选代码,就可在云端实现遥感影像的快速调用,且能在云端实现管理,不需要在本地存储。不仅如此,GEE还提供了大量遥感数据处理的函数,通过在代码窗口编写相应需要处理的代码,即可在云端进行计算,并在结果窗口查看返回的结果,地图窗口对数据进行可视化查看。因此,常用于城市空间的监测过程。

13.5.1 基于GEE遥感地物分类

研究背景:地物分类一直以来都是遥感影像分析处理的基本内容,Earth Engine也能实现与本地平台(例如ArcGIS、ENVI)相似的地物分类流程,且其在设备配置要求、运算速率等方面都有一定的优势。在GEE上可以实现的地物分类有非监督分类、监督分类和面对对象分类三种。下面以非监督分类为例进行介绍。

研究内容:非监督分类是以不同影像地物在特征空间中类别特征的差别为依据的一种无先验类别标准的图像分类,是以集群为理论基础,通过计算机对图像进行集聚统计分析的方法。根据待分类样本特征参数的统计特征,建立决策规则来进行分类。非监督分类只能把样本分为若干类别,不能给出类别的描述,其类别属性需要在实体考察的基础上对分类结果进行目视解译获得。图13-8为非监督分类的流程图。

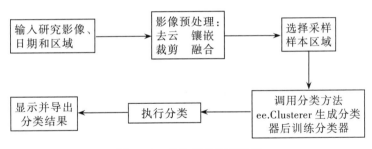

图13-8 非监督分类流程图

主要步骤为：

(1)筛选确定要使用的影像数据。

(2)数据预处理。

(3)确定采样区域生成训练样本。由于非监督分类的本质是做聚类操作，所以需要有一个初始化的训练数据。可以调用Image中的sample方法生成训练数据。

(4)训练分类器。用上述数据训练分类器，此处示例采用K-Means方法。

(5)分类。直接调用Image中的cluster()方法即可进行分类操作。

(6)结果显示。此处展示第3-5步骤的代码：

```
var training = l8Image.sample({
    region: roi,
    scale: 30,
    numPixels:5000
});
var count = 10;
var clusterer = ee.Clusterer.wekaKMeans(count)
                        .train(training);
var   result = l8Image.cluster(clusterer);
```

研究结果如图13-9所示。

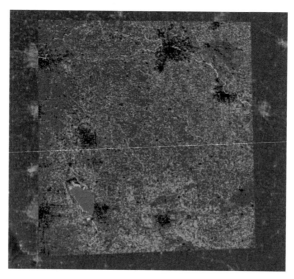

图13-9　非监督分类结果图

13.5.2 计算时间序列的城市生态环境变化分析

对于生态环境质量的评价,一般从定性和定量两方面进行:定性评价大都选取对生态环境影响较大的指标,根据该指标的大小或者优劣程度评判生态环境质量状况,从最早的单一要素评价,到多要素评价,及后来被广泛承认和使用的"压力-状态-响应"(1999)模型等。定量评价则是运用一定的公式或者模型对指标系统进行计算,根据计算结果的大小对生态环境质量状况进行评判。其中主成分分析法具有较强的客观性,权重分配不受人为等主观因素影响。

随着遥感云计算平台的出现,该研究摆脱了本地硬件条件的限制,让生态环境质量评价可应用于更大的尺度范围,及更长周期的时空序列分析。

本例以京津冀地区为研究对象,利用2000-2020年的MODIS遥感影像及其产品,应用GEE平台对研究区的生态环境质量进行量化评价,通过合适的评价模型和时间序列分析方法,定性、定量的研究其生态环境质量的变化情况,并充分了解其变化及发展趋势。图13-10为实验路线图。

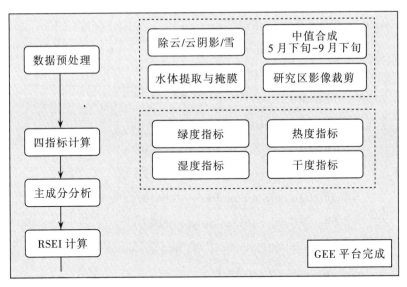

图13-10 时间序列的城市生态环境变化分析实验路线图

湿度(WET)、干度(NDBSI)、绿度(NDVI)、热度(LST)四个特征分量完成构建遥感生态指数(RSEI)。生态环境中的湿度与土壤的含水量相关,故以含水量表征湿度指数。干度指数用于表征地球表面的"干化"程度,以城市建筑指数(IBI)和裸土指数(SI)的平均值表征。归一化植被指数(NDVI)可反映地表植被覆盖程度,能够较好表征绿度分量。热度分量热度指标由地表温度(Land Surface Temperature, LST)代表。本文采用的是MODIS陆地标准产品中的MOD11A2 V6影像集。

即：$RSEI = f(WET, NDBSI, NDVI, LST)$。

$$WET = \rho_{red} + \rho_{nir} + \rho_{green} + \rho_{blue} - \rho_{swir1} - \rho_{swir2}$$

$$IBI = \frac{\dfrac{2\rho_{swir1}}{\rho_{swir1} + \rho_{nir}} - (\dfrac{\rho_{nir}}{\rho_{nir} + \rho_{red}} + \dfrac{\rho_{green}}{\rho_{green} + \rho_{swir1}})}{\dfrac{2\rho_{swir1}}{\rho_{swir1} + \rho_{nir}} + (\dfrac{\rho_{nir}}{\rho_{nir} + \rho_{red}} + \dfrac{\rho_{green}}{\rho_{green} + \rho_{swir1}})}$$

$$SI = \frac{(\rho_{swir1} + \rho_{red}) - (\rho_{blue} + \rho_{nir})}{(\rho_{swir1} + \rho_{red}) + (\rho_{blue} + \rho_{nir})}$$

$$NDBSI = (IBI + SI)/2$$

$$NDVI = (\rho_{nir} - \rho_{red})/(\rho_{nir} + \rho_{red})$$

式中：ρ_{red}、ρ_{nir}、ρ_{blue}、ρ_{green}、ρ_{swir1}、ρ_{swir2}分别表示 Landsat 卫星传感器的红波段、近红外波段、蓝波段、绿波段、中红外波段1和中红外波段2的地物反射率。

以下为提取并打印湿度分量代码：

```
function getWET(dr){
    var srIMG = MOD09A1.filterDate(dr).filterBounds(roi).map(cloudfree_mod09a1)
                        .mean().clip(roi)
    var rawWET = srIMG.select(0).multiply(0.1147)
                .add(srIMG.select(1).multiply(0.2489))
                .add(srIMG.select(2).multiply(0.2408))
                .add(srIMG.select(3).multiply(0.3132))
                .add(srIMG.select(4).multiply(-0.3122))
                .add(srIMG.select(5).multiply(-0.6416))
                .add(srIMG.select(6).multiply(-0.5087))
                .multiply(0.0001).rename('wet').updateMask(WaterMask)
    var minMax = sts_minmax(rawWET)
    var WET = rawWET.unitScale(minMax.get(1),minMax.get(0))
    return WET}
var WET=DateRG.map(getWET)
print(WET)
```

得到四指标计算分量后，进行主成分分析提取关键信息。从几何的角度来分析，主成分分析是将数据从原坐标系，经过平移、旋转和拉伸，变换到一个新的相互正交的坐标系中。

所有数据点分散最开的方向,作为该坐标轴的方向,即各主成分的方向,并提取数据的特征分量。根据获得的特征值的大小来排列这组新的坐标轴。

由于四个指标有不同的取值范围和单位,若直接进行主成分分析,会致使四个指标的权重失衡。因此,需要在进行 PCA 计算之前,对四个指标进行归一化,将量纲统一在[0,1]之间,公式如下:

$$DNM_i = \left(M_i - M_{min}\right) / \left(M_{max} - M_{min}\right)$$

式中,DNM_i 为归一化后的某个指标值,M_i 为该指标在像元 i 的某个原始指标值,M_{max} 为该指标的最大值,M_{min} 为该指标的最小值。

经过归一化后的四个指标,可以进行 PC1 的计算。因为 NDVI 和 WET 两个指标对生态起正面影响,在 PC1 中这两个指标的载荷值符号应为正号,同时,NDBSI 和 LST 对生态起负面影响,载荷值应为负。由于 PCA 计算具有方向性,会出现与上述情况相反的符号,此时,则需要对 PC1 的值进行处理,用 1 减去 PC1,获取初始的生态指数 $RSEI_0$:

$$RSEI_0 = \begin{cases} PC1\left[f\left(RSEI\right)\right], & \lambda_{wet} \geq 0 \\ 1 - PC1\left[f\left(RSEI\right)\right], & \lambda_{wet} < 0 \end{cases}$$

式中,λ_{wet} 指的是,PC1 中 WET 指标的载荷值。

为了更好地对时间序列的 RSEI 值进行度量和比较,对 $RSEI_0$ 进行归一化得到最终的 RSEI 值。公式如下:

$$RSEI = \left(RSEI_0 - RSEI_{0\_min}\right) / \left(RSEI_{0\_max} - RSEI_{0\_min}\right)$$

当 RSEI 值越接近于 1,生态质量越好;当 RSEI 值越趋近 0,生态质量越差。

以下为上述过程主成分分析(PCA)代码:

```
function pca_model(image){
    var scale = 500;
    var bandNames = image.bandNames();
    var region = table;
    var meanDict = image.reduceRegion({
        reducer: ee.Reducer.mean(),
        geometry:region,
        scale: scale,
        maxPixels: 1e9});
    var means = ee.Image.constant(meanDict.values(bandNames));
    var centered = image.subtract(means);//decentralization
```

```
var getNewBandNames = function(prefix) {
var seq = ee.List.sequence(1, bandNames.length());
return seq.map(function(b) {
  return ee.String(prefix).cat(ee.Number(b).int());
})};
var arrays = centered.toArray();
var covar = arrays.reduceRegion({
  reducer: ee.Reducer.centeredCovariance(),
  geometry: region,
  scale: scale,
  maxPixels: 1e9
});
var covarArray = ee.Array(covar.get('array'));
var eigens = covarArray.eigen();
var eigenValues = eigens.slice(1, 0, 1);
var eigenVectors = eigens.slice(1, 1);
var arrayImage = arrays.toArray(1);
var principalComponents = ee.Image(eigenVectors).matrixMultiply(arrayImage);
var sdImage = ee.Image(eigenValues.sqrt())
  .arrayProject([0]).arrayFlatten([getNewBandNames('sd')]);
return principalComponents
  .arrayProject([0])
  .arrayFlatten([getNewBandNames('pc')])
  .divide(sdImage)
}
```

研究结果如图 13-11 所示。

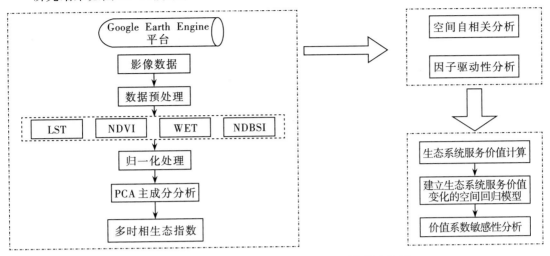

图 13-11　京津冀地区各年份 RSEI 不同等级占比图

13.5.3　计算时间序列的不透水面

不透水面（impervious surface area，ISA）是指由不透水材料覆盖的地表，通常包括屋顶、停车场及道路等渗透率较小的表面，是城市化最显著的特征。城市扩张导致不透水面取代了地表自然景观，给城市生态带来了负面影响。遥感以其快速、大范围、多尺度对地观测的优势，可以很好地量化城市不透水面的位置和范围以对其对生态环境的负面影响做出准确量化评价。

本例以北京市为研究区域，对 1985-2018 年时间序列的不透水面进行提取。采用清华大学宫鹏老师的不透水面数据集"Tsinghua/FROM-GLC/GAIA/v10"。该数据集利用谷歌地球引擎平台上 30 米分辨率的 landsat 数据，绘制了 1985 年至 2018 年的年度 GAIA。通过辅助数据集，包括夜间灯光数据和 Sentinel-1 合成孔径雷达数据，评估了 1985 年、1990 年、1995 年、2000 年、2005 年、2010 年和 2015 年的 GAIA 数据，平均总体精度高于 90%。

下述代码是计算每一年的像素个数，并进行像素统计。并逐年计算不透水面面积和研究区不透水面像素统计，得到时间序列的不透水面变化趋势图。

```
var imagecount = image.selfMask().reduceRegion({
  reducer: ee.Reducer.count(),
  geometry: roi,
  scale: 30,
  maxPixels:1e13
});
```

```
var unit_area = ee.Number(0.0009)
var year_area = imagecount.getNumber("change_year_index").multiply(unit_area);
var studyarea = image.reduceRegion({
  reducer: ee.Reducer.count(),
  geometry: roi,
  scale: 30,
  maxPixels:1e13  });
var study_area = studyarea.getNumber("change_year_index").multiply(unit_area);
```

研究结果如图13-12、13-13所示。

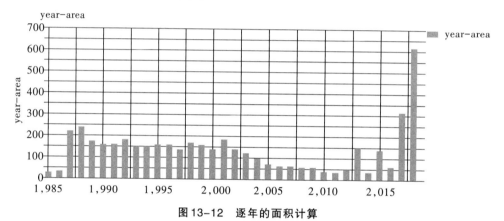

图13-12　逐年的面积计算

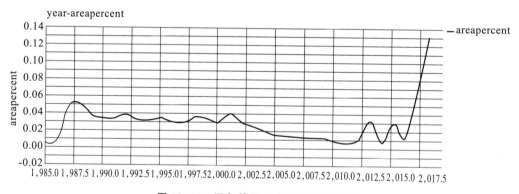

图13-13　逐年的不透水面积所占比例

思考题

1. 简述GEE编辑界面由哪些部分组成,并说明各部分的功能。

2. GEE平台处理遥感数据有哪些优势? 简述其原因。

3. 除了本章中的示例,GEE在城市空间监测中还可以应用于哪些方面?

参考文献

[1]AghaKouchak，A.，Huning L.S.，Mazdiyasni O.，et al. How do natural hazards cascade to cause disasters?[J]. Nature，2018，561(7724)：458-460.

[2]边馥苓.空间信息导论[M].北京：测绘出版社，2006.

[3]Barabási，Albert. Emergence of scaling in random networks[J]. Science，1999，286(5439)：509-512.

[4]蔡翠.我国智慧交通发展的现状分析与建议[J].公路交通科技(应用技术版)，2013，9(6)：224-227.

[5]蔡文海，李焱，王东军，等.智慧交通实践[M].北京：人民邮电出版社，2018.

[6]曹海军，侯甜甜.我国城市网格化管理的注意力变迁及逻辑演绎——基于2005-2021年中央政策文本的共词与聚类分析[J].南通大学学报(社会科学版)，2022，38(2)：73-83.

[7]陈丹霞，陈国波.智能交通系统中交通信息采集技术应用进展[J].运输经理世界，2021(29)：82-84.

[8]陈锦伟.基于MySQL的空间数据库关键技术研究[D].南京：南京邮电大学，2013.

[9]陈敏.关键基础设施系统中台风灾害链的复杂网络建模研究[D].武汉：武汉大学，2020.

[10]陈楠枰，钟南."新基建"风口下，智慧交通的"破"与"立"——专访中国交通通信信息中心智慧交通事业部副总经理钟南[J].交通建设与管理，2021(4)：22-25.

[11]陈平.网格化城市管理新模式[M].北京：北京大学出版社，2006.

[12]陈亚东，董春华，王丽，胡建平.城市地下空间信息三维可视化技术的研究[J].内蒙古农业大学学报，2009，30(1)：201-204.

[13]陈勇.掌上医院助力百姓就医新体验[J].智慧健康，2018，4(28)：29-30+33.

[14]陈勇恒.基于多源数据融合的城市交通拥堵机理分析[D].济南：山东交通学院，2021.

[15]陈远龙.城市动态交通信息采集与交通诱导技术研究[D].南京：南京邮电大学，2014.

[16]承继成，王浒.城市信息化的基本框架[J].测绘科学，2000(4)：17-20+2.

[17]程昌秀.空间数据库管理系统概论[M].北京：科学出版社，2011.

[18]程鹏飞，成英燕，秘金钟，等.国家大地坐标系建立的理论与实践[M].北京：测绘出版社，2017.

[19]党安荣，王飞飞，田葳，韩雯雯，田颖.城市信息模型(CIM)赋能新型智慧城市发展综述[J].中国名称，2022，36(1)：40-45.

[20]邓仕虎.WebGIS在重庆高新区数字城管应用中若干问题的研究[J].西北大学学报，2007，6(3)：6-8.

[21]丁柏群，王月红.基于WSID的交通信息采集系统[J].重庆理工大学学报(自然科学版)，2018，32(6)：153-159.

[22]董伟.城市智能交通系统的发展现状与趋势[J].科技资讯，2022，20(10)：31-33.

[23]杜明义，李英冰，蔡国印，等.城市空间信息学[M].武汉：武汉大学出版社，2012.

[24]方建明，刘明，朱泽彪.城市更新背景下基于CIM的新型智慧城市建设和运行分析[J].智能建筑与智慧城市，2022，5：163-165.

[25]方守恩."互联网+"下的道路交通安全研究[J].交通与运输，2015，31(4)：1-3.

[26]冯帅.测绘中几种常用坐标之间的转换[J].硅谷，2008(13)：58+99.

［27］冯伟国.视频监控中运动对象提取与海量对象快速检索［D］.合肥:中国科学技术大学,2015.

［28］冯永玖,李鹏朔,童小华,等.城市典型要素遥感智能监测与模拟推演关键技术［J］.测绘学报,2022,51
（4）:577-586.

［29］甘琴瑜,侯静.RFID 在交叉口交通信息实时采集系统中的应用研究［J］.内江科技,2013,34(5):170-
171.

［30］高艳.基于辐射传输方程和分裂窗算法的 Landsat 8 数据地表温度反演对比研究［J］.甘肃科技,2016,32
（2）:4.

［31］龚健雅.空间数据库管理系统的概念与发展趋势［J］.测绘科学,2001(3):4-9+2.

［32］龚强.关于网格特征的研究［J］.信息技术,2004(10):1-2,50.

［33］郭晓明,周明江.大数据分析在医疗行业的应用初探［J］.中国数字医学,2015,10(8):84-85+111.

［34］韩桂馨,秦小冬,马周.国内外智慧交通信息服务平台发展的经验及启示［J］.现代商业,2017(12):56-
57.

［35］韩佳伟,李英冰,张岩.顾及空间约束的犯罪时空关联分析组合算法［J］.测绘科学技术学报,2021,38
（2）:206-212.

［36］韩家伟.芝加哥市犯罪事件的时空关联挖掘与风险演变分析［M］.武汉:武汉大学出版社,2022.

［37］韩雪娜,李晖.基于 RFID 技术的食品物流车辆管理系统设计［J］.包装与食品机械,2021,39(3):73-77.

［38］何承,朱扬勇.城市交通大数据［M］.上海:上海科学技术出版社,2015.

［39］何阳.郑州市暴雨内涝的情景构建与风险识别研究［D］.武汉:武汉大学,2022.

［40］侯宇初,张冬有.基于 Landsat8 遥感影像的地表温度反演方法对比研究［J］.中国农学通报,2018,35
（10）:142-147.

［41］胡德勇,乔琨,王兴玲,赵利民,季国华.单窗算法结合 Landsat8 热红外数据反演地表温度［J］.遥感学报,
2015,19(6):964-976.

［42］胡俊聪.台风灾害的社区韧性动态评估研究［D］.武汉:武汉大学,2022.

［43］黄铎.三维城市模型的数据内容［D］.武汉:武汉大学,2004.

［44］霍文莉.典型城市盗窃类犯罪时空特征挖掘及形成机制研究［D］.南京:南京师范大学,2020.

［45］"互联网+"时空大数据与"GIS"的演进和发展［EB/OL］.(2020-08-06)［2022-08-28］.https://www.
doc88.com/p-57416985106533.html

［46］Howard L. The climate of London, deduced from meteorological observations［M］. Cambridge Universi-
ty Press,2012.

［47］姜桂艳,常安德,吴超腾.基于 GPS 浮动车的交通信息采集方法［J］.吉林大学学报(工学版),2010,40
（4）:971-975.

［48］金烨.浅议大数据时代对医院财务管理发展的影响［J］.经济研究导刊,2018(9):114-115.

［49］鞠津京.融合 GPS 和 GIS 的车辆管理系统［J］.北京测绘,2020,34(11):1653-1656.

［50］Kuttler W. Urban climate and global environmental change［M］. Berlin: Springer, 1997.

［51］孔凡敏,苏科华,朱欣焰.城市网格化管理系统框架研究［J］.地理空间信息,2008(4):28-31.

［52］赖清南.动态交通信息采集与处理技术的研究与开发［J］.运输经理世界,2021(19):90-92.

[53]李朝衍.探讨智慧交通信息诱导系统的关键技术[J].通讯世界,2017(22):54-55.

[54]李成名,安真臻,王继周,印洁.城市基础地理空间信息共享原理与方法[M].北京:科学出版社,2005.

[55]李德仁,郭晟,胡庆武.基于3S集成技术的LD2000系列移动道路测量系统及其应用[J].测绘学报,2008
(3):272-276.

[56]李德仁,郭晟.移动测量与导航数据采集与更新[J].ITS通讯,2005,7(1):25-28.

[57]李德仁,李清泉.论地球空间信息科学的形成[J].地球科学进展,1998,13(4):319-326.

[58]李德仁,李宗华,彭明军,等.武汉市城市网格化管理与服务系统建设与应用[J].测绘通报,2007(8):1-
4,44.

[59]李德仁,邵振峰.论物理城市、数字城市和智慧城市[J].地理空间信息,2018,16(9):1-4.

[60]李德仁.移动测量技术及其应用[J].地理空间信息,2006(4):1-5.

[61]李攀,李力.基于"互联网+"医疗的掌上医院服务体系研究[J].电脑知识与技术,2018,14(6):27-28.

[62]李鹏,魏涛.我国城市网格化管理的研究与展望[J].城市发展研究,2011,18(1):135-137.

[63]李强,刘晓峰.智慧交通信息诱导系统关键技术的研究[J].电视技术,2014,38(21):73-75.

[64]李书.先进的公共交通系统(APTS)实现方案[D].成都:西南交通大学,2003.

[65]李舒.城市网格化管理的运行机制研究[D].上海:复旦大学,2008.

[66]李新,程国栋.地学研究中的可视化计算与应用[J].地球信息,1997(1):34-37.

[67]李彦林,董德发.射频识别技术在智能交通信息采集中的设计与应用[J].电子技术应用,2007,33(5):
83-85.

[68]李阳,段光锋,田文华.我国医疗卫生大数据应用分析[J].解放军医院管理杂志,2020,27(1):48-50.
DOI:10.16770/J.cnki.1008-9985.2020.01.015.

[69]李英冰,陈敏.典型自然灾害时空态势分析与风险评估[M].武汉:武汉大学出版社,2021.

[70]李英冰,张岩.应急大数据的空间分析与多因素关联挖掘[M].武汉:武汉大学出版社,2021.

[71]李喆,王平莎,张春辉,等.国内智慧交通总体架构建设模式分析[J].交通节能与环保,2014,10(2):85-
88.

[72]刘海珠.台风"山竹"时空演变与社会响应[D].武汉:武汉大学,2019.

[73]刘平,刘雨濛.物联网智能车辆管理系统的实现[J].科技与创新,2018(16):115-116.

[74]刘双.台风-内涝灾害链的城市脆弱性评估[D].武汉:武汉大学,2019.

[75]刘晓锋,彭仲仁,张立业,等.面向交通信息采集的无人飞机路径规划[J].交通运输系统工程与信息,
2012,12(1):7.

[76]陆化普.智能交通系统主要技术的发展[J].科技导报,2019,37(6):27-35.

[77]罗亦泳,杨伟,张立亭,等.城市网格化管理部件数据采集与处理[J].地理空间信息,2008(3):74-77.

[78]Longley Paul A., Goodchild Michael F., Maguire David J., Rhind David W., Geographic Information
Systems and Science[M]. 2nd. New York: John Wiley & Sons, Ltd, 2005.

[79]马坤,李森,于海平.基于5G的智慧交通信息安全体系研究[J].电脑知识与技术,2022,18(1):37-41.

[80]马丽莉,杨芳宇,任幸,邓婷.大数据在护理领域的应用与前景[J].中华现代护理杂志,2017,23(3):
308-312.

[81]马宁宁.城市内涝模型及其空间数据库应用研究[D].张家口:河北建筑工程学院,2019.

[82]Manley G . On the Frequency of Snowfall in Metropolitan England[J]. Quarterly Journal of the Royal Meteorological Society,1958,84(359):70-72.

[83]Oke T R . The energetic basis of the urban heat island[J]. Quarterly Journal of the Royal Meteorological Society,1982,108(455):1-24.

[84]裴俊红.浅谈我国几种常用坐标系的建立及其应用[J].科技创新导报,2012,11:227-229.

[85]彭少麟,周凯,叶有华,等.城市热岛效应研究进展[J].生态环境,2005,14(4):6.

[86]瞿畅,王君泽,张小萍,黄希.采用GIS-VRML技术的地下管线三维可视化与管理[J].工程图学学报,2009,5:22-26.

[87]钱健,谭伟贤.数字城市建设[M].北京:科学出版社,2007.

[88]Qin Z,Berliner A K & P. A mono-window algorithm for retrieving land surface temperature from Landsat TM data and its application to the Israel-Egypt border region[J]. International Journal of Remote Sensing,2001,22(18):3719-3746.

[89]Roth M,T. R. OKE & W. J. EMERY. Satellite-derived urban heat islands from three coastal cities and the utilization of such data in urban climatology[J]. International Journal of Remote Sensing,1989,10(11):1699-1720.

[90]史培军,吕丽莉,汪明,等.灾害系统:灾害群、灾害链、灾害遭遇[J].自然灾害学报,2014,23(6):1-12.

[91]宋挺,段峥,刘军志,等.基于Landsat 8数据和劈窗算法的地表温度反演及城市热岛效应研究[J].环境监控与预警,2014,6(5):4-14.

[92]宋挺,段峥,刘军志.Landsat 8数据地表温度反演算法对比[J].遥感学报,2015,19(3):451-462.

[93]孙柏瑛,于扬铭.网格化管理模式再审视[J].南京社会科学,2015(4):65-71,79.

[94]孙保学.人工智能辅助医疗决策并未挑战尊重自主原则[J].伦理学研究,2019(6):81-86.

[95]孙小涛.基于CityGML的城市三维建模和共享研究[D].重庆:重庆师范大学,2011.

[96]Sobrino,José A,Juan C Jiménez-Muñoz, and Leonardo Paolini."Land Surface Temperature Retrieval from Landsat Tm 5." Remote sensing of environment 90,2004(4):434-40.

[97]覃志豪,李文娟,徐斌,等.陆地卫星TM6波段范围内地表比辐射率的估计[J].国土资源遥感,2004,16(3):28-32.

[98]谭清华,曾祥新,张任.BJS54测绘成果到CGCS2000的转换方法应用[J].全球定位系统,2010,35(2):36-38.

[99]唐海吉,李英冰,张岩.基于空间网格和AHP熵值法的武汉内涝风险评估[J].城市勘测,2021(2):18-23+28.

[100]唐海吉.暴雨内涝灾害下的武汉市道路风险分析与评估[D].武汉:武汉大学,2021.

[101]唐宏,盛业华.城市空间信息的特点与城市三维GIS数据模型初探[J].城市勘测,2000,3:24-26.

[102]Voogt J A ,Oke T R. Thermal remote sensing of urban climates[J]. Remote Sensing of Environment, 2003,86(3):370-384.

[103]汪科,季珏,王梓豪,张艾嘉.城市更新背景下基于CIM的新型智慧城市建设和应用初探[J].建设科

技,2021,3:12-15.

[104]王枫云,林志聪,陈嘉俊.从网格化城市管理走向网络化城市治理:必然与路径[J].广州大学学报(社会科学版),2016,15(2):39-43,78.

[105]王洪伟,魏勇敢.智能交通技术在交通信息采集中的应用[J].公路交通科技(应用技术版),2014,10(4):309-312.

[106]王家耀,武芳,郭建忠,成毅,陈科.时空大数据面临的挑战与机遇[J].测绘科学,2017,42(7):1-7.

[107]王家耀.空间信息系统原理[M].北京:科学出版社,2004.

[108]王军.浮动车技术在动态交通系统中的应用[J].科学与信息化,2022(14):166-168.

[109]王威,李英冰.卡特里娜飓风引起的新奥尔良市溃坝洪水演进过程模拟[J].水利水电技术(中英文),2022,53(6):56-65.

[110]王威.顾及道路疏散风险的溃坝洪水双目标应急避难规划研究[D].武汉:武汉大学,2022.

[111]王伟明.分析智慧交通信息诱导系统关键技术[J].黑龙江交通科技,2020,43(1):219-220.

[112]王喜,杨华,范况生.城市网格化管理系统的关键技术及示范应用研究[J].测绘科学,2006,31(4):117-119,8.

[113]王新歌,季珏,姚怡杨.CIM基础平台建设和应用的激励机制设计及思考[J].建筑,2022,14:33-37.

[114]王艺.基于医疗大数据的可视化算法研究与应用[D].天津:天津工业大学,2018.

[115]王永君,陈青燕,杨玉娇,陈学业,孙剑.语义辅助的CityGML模型一致性检测方法[J].测绘学报,2021,50(5):664-674.

[116]王子熙.智能交通系统在公共交通的应用分析——以澳洲公交为例[J].综合运输,2021,43(9):126-131.

[117]韦英岸.城市犯罪时空分析与场景风险预测[D].南宁:南宁师范大学,2021.

[118]魏建龙.网格化城市管理的探索与思考——以福州市鼓楼区城市网格化管理为例[J].福州党校学报,2015(3):34-36.

[119]吴薇."大数据时代"来临[N/OL],2012-06-15[2013-05-20].http://bjwb.bjd.co m.cn/html/2012/06/15/content_100013.htm.

[120]WAN F, LI M. RFID based intelligent traffic information acquisition system[J]. International Journal of RF Technologies,2020,11(1):45-58.

[121]向红梅,郭明武.城市地理时空大数据管理与应用平台建设技术和方法研究[J].测绘通报,2017(11):5.

[122]肖建华,罗名海,王厚之,肖剑平,城市基础地理信息集成与综合管理[M].北京,测绘出版社,2006.

[123]肖鸣.基于Geodatabase的空间数据库系统设计与实现[D].武汉:武汉大学,2005.

[124]谢花林,温家明,陈倩茹,等.地球信息科学技术在国土空间规划中的应用研究进展[J].地球信息科学学报,2022,24(2):202-219.

[125]须伟峰,保丽霞,袁超.基于汽车电子标识的快速路交通参数采集及计算方法研究[J].中国市政工程,2020(2):115-116+120+137-138.

[126]徐大刚,吴叶.智能交通技术在公共交通系统中的应用[C]//第一届中国智能交通年会论文集,2005:729-735.

[127]徐魁.国内城市智慧交通发展探讨[J].西部交通科技,2017(1):71-73+97.

[128]徐仕琪,张晓帆,周可法,赵同阳.关于利用七参数法进行 WGS-84 和 BJ-54 坐标转换问题的探讨[J].测绘与空间地理信息,2007,30(5):33-42.

[129]许洁,王茂军,王晓瑜.北京城市空间认知的影响因素分析[J].人文地理,2011,2:49-55.

[130]薛元飞.物联网技术下的智能车辆管理系统设计和应用[J].电子技术与软件工程,2019(9):258.

[131]艳琳.大数据应用之道[J].科学大观园,2013(12):75-76.

[132]杨琪,刘冬梅.交通运输大数据应用进展[J].科技导报,2019,37(6):66-72.

[133]杨双慧,相海泉.健康界研究院在利好政策陆续发布.中国智慧医疗2021十大发展趋势[EB/OL].(2020-12-15)[2022-08-28].https://www.cn-healthcare.com/article/20201208/content-547267.html.

[134]于静,杨滔.城市动态运行骨架——城市信息模型(CIM)平台[J].中国建设信息化,2022,3:8-13.

[135]余柏蒗.基于面向对象理论的城市空间信息遥感分析研究[D].上海:华东师范大学,2009.

[136]苑宇坤,张宇,魏坦勇,等.智慧交通关键技术及应用综述[J].电子技术应用,2015,41(8):9-12+16.

[137]曾侃.基于开源数据库 PostgreSQL 的地理空间数据管理方法研究[D].杭州:浙江大学,2007.

[138]曾绍炳,洪中华,周世健.城市网格化管理关键技术与系统构成[J].铁道勘察,2009,35(5):39-42.

[139]张超.城市地理信息系统——原理、应用与项目管理[M].北京:科学出版社,2008.

[140]张浩.城市交通事故的黑点识别及其影响因素分析[D].武汉:武汉大学,2020.

[141]张俊友,王树凤,谭德荣.智能交通系统及应用[M].哈尔滨:哈尔滨工业大学出版社,2017.

[142]张岩,李英冰,郑翔.人口迁徙格局在重大突发公共卫生事件的时空关联性研究[J].测绘地理信息,2020,45(5):66-71.

[143]张岩.基于多源数据的 COVID-19 疫情时空演化分析[D].武汉:武汉大学,2020.

[144]掌建铭.RFID 技术在智能交通中的应用[J].交通科技与管理,2021(5):63-65.

[145]赵俊钰,刘芳玉,黄剑琪,等.智慧交通顶层架构研究[J].邮电设计技术,2013(6):14-18.

[146]赵旺.智慧交通综合管理信息服务平台建设研究[J].创新科技,2019,19(5):75-82.

[147]赵莹,胡畅达,王国宇.三种关系型空间数据库比较[J].科技创新与应用,2021,11(19):62-64.

[148]甄峰,张姗琪,秦萧,席广亮.从信息化赋能到综合赋能:智慧国土空间规划思路探索[J].自然资源学报,2019,34(10):2060-2072.

[149]郑士源,徐辉,王浣尘.网格及网格化管理综述[J].系统工程,2005(3):1-7.

[150]周光华,辛英,张雅洁,胡婷,李岳峰.医疗卫生领域大数据应用探讨[J].中国卫生信息管理杂志,2013,10(4):296-300+304.

[151]周宁.基于 CityGML 的城市三维信息描述方法研究[D].阜新:辽宁工程技术大学,2009.

[152]周婷,商林.智能交通背景下交通信息采集技术介绍[J].四川水泥,2019(8):133-134.

[153]周旭.智能公交调度监控软件的研究与开发[D].南京:南京理工大学,2013.

[154]朱林海.基于 RFID 的交通信息采集系统的研究与设计[D].湖南:长沙理工大学,2015.